专业技术人员职业道德修养与自主专业发展

邹尚智　编著

国家行政学院出版社

图书在版编目(CIP)数据

专业技术人员职业道德修养与自主专业发展/邹尚
智编著.—北京:国家行政学院出版社,2012.9（2017.5重印）
ISBN 978 - 7 - 5150 - 0391 - 7

Ⅰ.①专… Ⅱ.①邹… Ⅲ.①专业技术人员—职业道
德—研究 ②专业技术人员—工作—研究 Ⅳ.①C962②G316

中国版本图书馆 CIP 数据核字(2012)第 215827 号

书 名	专业技术人员职业道德修养与自主专业发展
作 者	邹尚智 编著
责任编辑	沈桂晴
出版发行	国家行政学院出版社
	(北京市海淀区长春桥路6号 100089)
	(010)68920640 68929037
	http://cbs.nsa.gov.cn
编 辑 部	(010)68922648
经 销	新华书店
印 刷	河北伟琪印刷有限公司
版 次	2012 年 9 月北京第 1 版
印 次	2017 年 5 月第 3 次印刷
开 本	880 毫米×1230 毫米 32 开
印 张	10.75
字 数	288 千字
书 号	ISBN 978 - 7 - 5150 - 0391 - 7/G · 034
定 价	28.00 元

本书如有印装质量问题,可随时调换,联系电话:(010)68929022

前　　言

　　提高专业技术人员的基本素质,关键在于加强职业道德建设。推进专业技术人员的专业发展,关键在于培育专业技术人员真正的内在追求。

　　本书分为两部分。

　　第一部分为专业技术人员职业道德与修养。在撰写过程中,我们以中共中央《关于构建社会主义和谐社会若干重大问题的决定》、《公民道德建设实施纲要》等文献为指导,努力体现科学发展观、社会主义荣辱观和社会主义核心价值理念的要求,紧扣时代的脉搏,科学、全面、系统地阐释了职业、道德和职业道德的基本理论。由此出发,分析专业技术人员的专业特点,揭示了专业技术人员职业道德的基本构成、核心和原则;论述了专业技术人员职业道德与专业技术人员专业发展的辩证关系;重点阐述了会计、科研、卫生、教师、新闻、律师等行业道德的具体内容和特有形式;探讨了提高专业技术人员职业道德素质的途径和有效方法。

　　第二部分为专业技术人员自主专业发展理论与策略。专业技术人员专业素质的变化取决于内因和外因两方面的因素。本部分追踪专业技术人员专业发展的前沿,及时反映科研新成果、新进展,注重国内外研究成果的整合,聚焦专业技术人员内在发展及其机制的探讨,并努力追求创新。科学论述了专业技术人员自主专业发展的必然性,揭示了专业技术人员实现专业发展的动力机制,系统阐述了专业技术人员职业生涯发展阶段理论,探讨了专业技术人员自主专业发展的内涵、特点和理论基础,探明了专业技术人员自主专业发展的基本步骤,全面、详尽地阐述了专业技术人员高效自主专业发展的关键性策略——制定自主专业发展规划、反思、行动研究、终身学习。

　　本书具有以下五大特点。

　　(1)时代性。从组织材料到历史研究、理论概括等方面,注意继承历史上的优秀传统,着力体现当今专业技术人员职业道德修养和专业发展的最新成果与新趋势,观念新、思想新、材料新、信息新。

（2）典型性。用案例解读理论，不仅使案例得到了理论上的扩展、升华，而且做到了内容详实、语言生动、言简意赅、深入浅出，培养人们解决问题的实际能力。本书通过大量的典型案例来具体地说明某一理论和策略。这些案例都是现实中的真实案例，具有典型性、代表性，并且，每个案例后面都有相应的点评，让读者既知其然，又知其所以然。

（3）操作性。突出理论与实践的结合，对理论阐述得确切、具体，突出对现实问题的理性追问和思考，贴近现实，贴近专业技术人员的实际，为专业技术人员提供一些可操作性的意见和建议，从而使专业技术人员在理论与实践两个方面都有收获。

（4）实用性。对专业技术人员职业道德修养、自主专业发展规划、反思、行动研究、终身学习等策略，表述得全面、详尽，都可以在本书找到相应的指导内容，获得实际操作性的提示和理性化的启示。看过此书之后，轻松掌握具体操作方法。

（5）可读性。本书行文生动活泼、内文穿插了令人感动的故事或案例分析，阅读它既有轻松愉快之感，还有指导实际工作之实惠，能拨动读者情感的弦，具有较强的可读性。

在撰写本书的过程中，我们参阅了专家、学者的著述，对本书引用的材料和观点，尽可能地做了注解，但难免有所遗漏，在此，我们特向所有原材料的作者、出版者表示衷心的感谢！

本书具有较高的理论价值和实践价值，是一本不可多得的专业技术人员继续教育培训教材和论著，也是专业技术人员提升职业道德素质，快速成为优秀人才的案头书。

邹尚智

2012 年 3 月

目　录

第一部分　专业技术人员职业道德与修养

第一章　职业与专业技术人员职业道德

道德伴随着人类社会的产生而产生、发展而发展。本章重点讨论道德、职业道德、专业技术人员职业道德的内涵、特征、本质和作用。探讨职业道德的历史变化，揭示职业道德的变化原因和规律。

本章学习目标

了解职业的含义、特征和作用；理解道德的含义、特征和作用；正确认识道德的本质；掌握职业道德的含义、特征和作用；了解职业道德的历史发展过程；掌握社会主义职业道德的要求及其基本特征；正确认识专业技术人员职业道德对专业技术人员自身发展的作用。

第一节　职业、道德与职业道德

科学地阐明职业的本质、产生、分类和发展趋势，以及道德的本质、结构、范畴、框架和作用，揭示职业道德的基本特征、构成要素和社会作用，对于促进经济的发展、构建和谐社会、提高全社会道德水平有十分重要的意义。

一、职业的本质、产生、分类和发展趋势

对职业的内涵、职业的产生、职业的分类和职业的发展趋势等进行认真分析和明确界定，有利于了解整个国家的社会经济和科技发展情况，掌握每个职业的自身特点，更好地服务于社会经济和劳动保障管理工作。

（一）职业的含义和特征

随着社会的进步和发展，人类在长期生产活动中产生了劳动分工，职业由此产生和发展。

1. 职业的含义

职业到底意味着什么，这个既浅显又深奥的问题不时在困扰着我们，而时不时就会有人猛地发问，什么是职业呢？对这个问题，《中华人民共和国职业分类大典》做了如下定义："职业是从业人员为获取主要生活来源所从事的社会工作类别。"

2007年12月国际劳工组织（简称ILO）召开了国际标准职业分类修订大会，国际标准职业分类修订大会进一步澄清了两个基本概念，即工作（job）和职业（Occupation）。工作（job）是"某人为雇主（或自雇）而被动（或主动）承担的任务和职责的总和"，职业（Occupation）是"主要任务和职责高度相似的工作的总和"。作为个人来说，可能会更换工作，而这些工作极有可能属于同一职业。一般来说，涉及专业技术的劳动力，其职业变换的可能性较小，但是更换工作的可能性较大，新兴的信息技术、网络游戏等产业尤其如此。[①] 职业是具有一定特征的社会工作类别。它是一种或一组特定工作的统称。一般来说，一个职业包括一个或几个工种，一个工种又包括一个或几个岗位。例如，运动员是一种职业。

可从以下四个方面把握职业的含义。第一，职业必须是社会分工产生的，为社会所承认的有益的工作。第二，职业必须是相对稳定的，不是可有可无的，也不是临时的，有一定的连续性。第三，职业必须是"为群服务"的，是服务于社会也是社会所必需的，从而也是个人发展和实现人生价值的主要渠道。第四，职业是能够"为己谋生"的，是个人愿意以此获取生活资料的主要来源。[②] 职业的本质是社会职能专业化与人的角色社会化的有机统一。

2. 职业的特征

职业是个人在社会中所从事的作为主要生活来源的工作。职业具有

---

① 张迎春. 国际标准职业分类的更新及其对中国的启示[J]. 中国行政管理,2009(1).
② 刘彦文. 职业的含义、特点及发展趋势[J]. 职业,2008(31).

下列特征。

（1）目的性。职业以获得现金或实物等报酬为目的，或得到某种生理、心理上的满足，以维持自己的生活水平，改善自己的生活质量，进而实现自己的人生价值。

（2）社会性。职业是具有一定就业能力，具有一定数量的人所从事的社会活动。

（3）稳定性。职业的产生、发展和消亡是一个较长的周期过程，受多种因素的综合影响。职业必须具有在一定时期内的相对稳定性，但一些职业随着技术的更新速度的加快，其消亡周期在缩短。临时性的活动不能称之为职业。

（4）规范性。职业的存在必须符合国家法律和社会道德规范，以及职业所具有的特定工作程序或标准。

（5）群体性。职业必须具有一定的从业人数。

（二）职业的产生

职业是人类社会生产力发展到一定阶段的产物，是随着社会分工的产生而出现的。马克思主义认为，职业的形成是社会分工的结果，也是社会分工的表现形式。在原始社会初期社会没有分工，也没有职业。在原始社会后期发生的三次社会大分工，产生了人类社会最初的职业：农夫、牧人、工匠、商人等。职业是随着人类社会进步和劳动分工而产生和发展起来的，它是社会生产力发展和科技进步的结果。一个国家的经济体制、产业结构和科技水平决定着社会的职业构成，而职业的发展变化又客观地反映着经济、社会和科技等领域的发展和结构变化。职业的出现和发展是人类文明的标志。正如马克思、恩格斯所说："一个民族的生产力发展的水平，最明显地表现在该民族分工的发展程度上。"①

任何一种职业的演变过程几乎都包括萌芽期、发展期、成熟期和消亡期四个阶段，我们可以将其形象地称为"职业的生命周期"。

（三）职业分类

职业的产生是人类社会分工的结果。人类发展历史表明，经济发展

---

① 马克思恩格斯选集(第一卷)[M].北京:人民出版社,1972:25.

和社会生产力水平的提高将不断推动社会劳动分工和社会职业结构演变。同样,社会职业结构变化也会客观地反映出一个国家的社会经济和科技进步的发展水平,以及社会劳动力的分布状态和流动趋向。

1. 什么是职业分类

职业分类是国家依据一定的科学方式和标准,对不同职业进行的系统划分和归类。

2. 国际标准职业分类

国际劳工组织(ILO)从1949年就开始研究制定供各国参考的国际标准职业分类。早在1958年就出版了供各国参考的《国际标准职业分类》,并于1968年和1988年进行了两次修订。1988年版的《国际标准职业分类》(ISCO-88)结构分为10个大类、28个中类、116个小类和390个细类。国际劳工组织通过的《国际标准职业分类(2008)》是对1988年版分类的更新。

表1-1 ISCO—08 与 ISCO—88 大类名称对比表①

1988年职业分类	2008年职业分类	名称有无改变
1 立法者、高级官员和管理者	1 管理者	有
2 专业人员	2 专业人员	无
3 技术和辅助专业人员	3 技术和辅助专业人员	无
4 职员	4 办事人员	有
5 服务人员、商店与市场销售人员	5 服务与销售人员	有
6 农业与渔业技工	6 农业、林业和渔业技工	有
7 工艺与相关行业工	7 工艺与相关行业工	无
8 工厂、机械操作与装配工	8 工厂、机械操作与装配工	无
9 初级职业	9 初级职业	无
0 武装军人	0 武装军人职业	有

① 张迎春.国际标准职业分类的更新及其对中国的启示[J].中国行政管理,2009(1).

国际劳工组织通过的《国际标准职业分类(2008)》把职业分为10个大类,即①管理者;②专业人员;③技术和辅助专业人员;④办事人员;⑤服务与销售人员;⑥农业、林业和渔业技工;⑦工艺与相关行业工;⑧工厂、机械操作与装配工;⑨初级职业;⑩武装军人职业。

世界上许多国家和地区都十分重视职业分类工作,目前,美国、加拿大、英国、德国、澳大利亚、日本等140多个国家和地区参照国际劳工组织通过的《国际标准职业分类》,制定了符合本国国情的职业分类,广泛运用于经济信息交流、人口统计、就业服务、职业培训等领域。

例如,加拿大职业分类体系可概括为根据职业特点划分为9大行业,即①金融、行政事务;②自然科学、应用科学;③医疗保健;④社会科学、教育、政府部门、宗教;⑤艺术、文化、体育;⑥产品销售与服务;⑦手工艺、交通设备操作及相关行业;⑧基础工业;⑨生产加工与公用事业。每一行业都按照职业对知识、技能和能力的要求,划分为两个层次,即管理层和技术层。在技术层,依据不同职业对知识、技能和能力的不同要求及职责范围,划分为若干个技能水平。在每一技能水平里,都包含数目不等的职业。在每一职业里,又包含一定数量的工作岗位。

又如,美国现行国家职业分类系统包括23个大类,96个中类,449个小类和821个细类(职业)。23个大类的情况见表1-2。

表1-2　美国职业分类系统的23个大类表①

代　　码	名　　称
11-0000	管理类职业
13-0000	商业和金融事务类职业
15-0000	计算机和数学类职业
17-0000	建筑和工程类职业
19-0000	生命、体育和社会科学类职业

---

① Pollack, L. J., Simons, C., Romero, &H., Hausser, D. A Common Language forClassifying and DescribingOccu-pations: The Development, Structure, and Application of theStandard Occupational Classification [J]. Human esourceManagement, 2002, 41(3): 297 - 307.

代　码	名　称
21 – 0000	社区和社会服务类职业
23 – 0000	法律类职业
25 – 0000	教育、培训和图书馆相关职业
27 – 0000	艺术、设计、娱乐、体育和传媒类职业
29 – 0000	保健实践和技术类职业
31 – 0000	保健支持类职业
33 – 0000	保卫以及服务类职业
35 – 0000	食品加工和餐饮相关职业
37 – 0000	建筑和地面清洁类职业
39 – 0000	个人护理和服务类职业
41 – 0000	销售以及相关职业
43 – 0000	办公、行政支持类职业
45 – 0000	农业、林业和渔业
47 – 0000	建筑和酿造业
49 – 0000	安装、维护和维修类职业
51 – 0000	生产类职业
53 – 0000	交通和运输职业
55 – 0000	军队特殊职业

3. 中国职业标准分类

　　我国是最早进行职业分类的国家。远古时代,社会生产劳动以采集和狩猎为主,不存在现代意义上的职业。经过奴隶社会的进化,特别是到了春秋时代,社会生产力有了长足的发展,完成了农业、畜牧业、手工业的社会大分工。随着冶铁技术的发明,大型水利工程的实施和医术的发展,社会上出现了不少专门的生产领域,它们涉及运输和生产工具、兵器、乐器、容器、玉器、皮革、染色、建筑等 30 项生产部门,并随之而形成了以掌握上述领域的生产技术为谋生手段的专职人员队伍。"攻木之工七,攻金之工六,攻皮之工五,设色之工四,刮摩之工三,搏填之工二",这些工种就是著名的史志典籍《周礼·考工记》所做的记载。当时,几乎每个生产部门都有具体的分工,如车辆的制作有专门造轮子的"轮人",专门制车厢的"舆人"和专门制车辕的"轵人"。据《考工记》称,当时"国有六职",即"王公、士大夫、百工、商旅、农夫和妇功"。六职的划分,可谓我国最早的职业分类。①

20 世纪 50 年代以来,我国有关部门为满足国民经济发展、社会人口普查及劳动人事规划指导等方面服务的需求,根据我国国情,开展了大量的职业分类调查研究工作,先后制定了《职业分类和代码》国家标准、《中华人民共和国工种分类目录》,并根据社会经济发展的需要,修订了《职业分类和代码》国家标推。从 1995 年起,由劳动和社会保障部、国家质量技术监督局、国家统计局组织近千名专家、学者共同编纂《中华人民共和国职业分类大典》,经过 4 年的努力,1999 年 5 月正式颁布实施。《中华人民共和国职业分类大典》的职业分类结构包括 4 个层次,即大类、中类、小类和细类,依次体现由大到小的职业类别。细类作为我国职业分类结构中最基本类别,即职业。《中华人民共和国职业分类大典》将我国社会职业归为 8 个大类,66 个中类,413 个小类,1838 个职业。例如,把教师归在第二大类"专业技术人员"之中,定义为"从事各级各类教育教学工作的专业人员",下分高等教育教师、中等职业教育教师、中学教师、小学教师、幼儿教师、特殊教育教师、其他教学人员等 9 小类。8 个大类分别内容如下。

第一大类:国家机关、党群组织、企业、事业单位负责人;

第二大类:专业技术人员;

第三大类:办事人员和有关人员;

第四大类:商业、服务业人员;

第五大类:农、林、牧、渔、水利业生产人员;

第六大类:生产、运输设备操作人员及有关人员;

第七大类:军人;

---

① 冯桂林.我国职业分类发展史[J].中国培训,1996(1).

第八大类：不便分类的其他从业人员。

《中华人民共和国职业分类大典》的编纂是参照国际标准职业分类，从我国实际出发，在充分考虑经济发展、科技进步和产业结构变化的基础上，按照工作性质同一性的原则，对我国社会职业进行了科学的划分和归类。它突破了"一个行业部门一个类别"的分类模式，突出了职业应有的社会性、目的性、规范性等特征，为中国职业分类做出了开创性贡献。它是我国第一部对职业进行科学分类的权威性文献，是一部具有国家标准性质的职业分类大全。它科学地、客观地、全面地反映了当前我国社会的职业构成，填补了我国长期以来在国家统一职业分类领域存在的空白。

（四）职业的发展趋势

随着我国社会主义市场经济体制的不断完善和科学技术的快速发展，职业也表现出一些新的发展趋势。

1. 职业的综合化、智能化、专业化程度越来越高

IT业是当前新职业产生最多的行业。目前已经公布的新职业中八成以上的与IT业有直接关系。例如，形象设计师、模具设计师、景观设计师、动画设计员等都与计算机有着千丝万缕的联系。

2. 职业门类增加，出现了新的职业

根据1999年公布的《中华人民共和国职业分类大典》，我国共有8个大类1838种职业。随着社会经济发展和技术进步，新职业层出不穷。新职业至少具有以下特性。一是目的性，即有人专职从事此业，赖以谋生。二是社会性，即为他人提供产品或服务。三是规范性，即是合乎法律规范的。四是群体性，一般要求有不少于5000人的从业人员。五是要求具有稳定性和技术独特性。[①] 加上从2004年8月建立新职业发布制度以来，经过论证、筛选及市场的检验，正式发布的12批共122种新职业，到目前为止，我国共有职业2005种。例如，健康管理师、公共营养师、芳香保健师、医疗救护员、紧急救助员、宠物健康护理员、宠物驯导师、宠物医师、房地产经纪人、体育经纪人、咖啡师、信用管理师、黄金投资分析师、商务策

---

① 张棋午. 新职业新方向——基于已发布新职业的统计分析[J]. 职业技术教育,2009 (33).

划师、形象设计师等职业。

3. 一些传统的职业消失

未来学家预测,21世纪,人类社会的职业大约每过15年就要更新20%,而50年后,现存的大部分职业将退出历史舞台,取而代之的是我们难以想象的职业。有数字显示,我国的旧职业已经消失了约3000种。例如,科技发展使通信越来越快速便捷,不仅让寻呼机"下岗",就连曾让人们依赖已久的电报业也急剧萎缩。像修理钢笔、印刷厂里的排字工等这样的老行当,也同样在科技潮流的冲击下,从我们的生活中逐渐消失。

二、道德的本质、结构、范畴、框架和作用

道德是民族的灵魂,是维系社会的凝聚剂。只有弄清道德的特征、道德的本质和道德的作用,才能真正理解道德是什么。

(一)道德的含义与特征

1. 道德的含义

在古代典籍中,道德最早是分开使用的两个概念。"道"原指道路、交通规则,引申为事物运动变化的规律和规则。从伦理学意义上讲,"道"指做人的准则和规矩,与人交往的原则和规范。"德"与"得"意义相近,即人对道的获得,人们认识和遵行了"道","内得于己,外施于人",便称之为"德"。从文字结构上看,"德"是"人人从直从心",把心放端正即为德。伦理学意义上的"德"是指人们践行了"道"而获得的心理意识、观念情操、品质境界等,即人遵循为人之道所引起的收获体验。[①]"道德"二字连用始于荀子《劝学》篇:"故学至乎理而止矣,夫是之谓,道德之极"。

关于道德的定义,《中国大百科全书》这样表述:道德是一种社会意识形态,指以善恶评价的方式调整人与人、个人与社会之间相互关系的标准、原则和规范的总和,也指那些与此相应的行为、活动。[②]《社会历史观大辞典》对道德的表述:"道德是一种社会意识形态……道德是人类社会生活中所特有的、由经济关系决定的、依靠人们内心信念和社会舆论维系

---

① 田秀云.社会道德与个体道德[M].北京:人民出版社,2004:4.
② 中国大百科全书·哲学[Z].北京:中国大百科全书出版社,1985:123.

的、并以善恶进行评价的原则、规范、心理意识和行为活动的总和。"①关于道德的定义主要有以下三层意思:第一,道德是调整人与人、个人与社会之间相互关系的行为规范;第二,道德用善恶的标准评价人们在社会生活中的各种行为;第三,道德依靠信念、习俗和社会舆论的力量调整人们在社会生活中的各种行为。

2. 道德的基本特征

(1)道德具有阶级性。在阶级社会里,道德具有阶级性,不同的道德代表不同阶级的利益。恩格斯指出:"社会直到现在还是在阶级对立中运动的,所以道德始终是阶级的道德;它或者为统治阶级的统治和利益辩护,或者当被压迫阶级变得足够强大时,代表被压迫者对这个统治的反抗和他们的未来利益。"②先进阶级代表着社会的发展方向,道德是社会政治稳定的基础。

(2)道德具有继承性。马克思主义认为,道德本来就具有历史性,从来也没有适应一切时代的抽象的道德。道德是在不断发展变化的,有的道德观念和规范被历史所淘汰,有的则被后人继承下来。这是因为"人类共同的社会历史条件发展的共同性、连续性,人类共同的生活利益的一致性,道德本身逻辑发展的继承性,必然造成道德发展的继承性"③。如诚实、守信、助人等,这就是道德的继承性。

(3)道德具有规范性。道德的规范性是指道德对于人们的社会约束性和导向性。在人类的道德生活中,不仅道德意识、道德情感、道德修养要以一定的道德规范为依据,而且道德评价、道德教育也必须按照一定的道德规范去进行操作。这表明,道德对人的行为的约束、教育和导向,对人与人、人与社会、人与自然关系的调节,都是以一定的道德规范为基本依据的,都是通过道德规范的规范作用来行使和实现的。④ 道德作为一种柔性的社会规范,依靠教育、情感、说理、关心、爱护等手段,通过对社会成员内在的价值引力,达到劝善的目的。法律作为一种刚性的社会规范,以

① 周隆宾.社会历史观大辞典[Z].济南:山东人民出版社,1993:557.
② 马克思恩格斯选集(第三卷)[M].北京:人民出版社,1972:134.
③ 王伟光.关于道德的阶级性与继承性[J].高校理论战线,2009,(8).
④ 王凤美.论道德的规范性与主体性问题[J].山东理工大学学报(社会科学版),2004(5).

其权威性和强制性规范社会成员,达到惩恶的目的。

(4)道德具有稳定性。道德的造就是一个缓慢的过程。一个民族的道德框架和体系是由该民族的历史文化长期积淀而形成的,具有跨时代的长期稳定性。[①] 因为,道德是调节人们行为的,这种调节主要靠人们的道德情感、道德信念来起作用,而道德情感、道德信念一旦形成,深入人们的内心深处,就有较大的稳定性。例如,今天我国已进入社会主义初级阶段,仍有特权思想、男尊女卑、封建迷信等封建道德残余存在,就足以证明道德具有较强的稳定性。

(5)道德具有实践性。道德从根本上来说是实践,是知与行的统一。道德教育在本质上不是去传播道德知识,而是塑造道德人格。传播道德知识只是塑造道德人格的必要手段而已,其目的是要将社会道德规范内化为人们的道德品质,进而转化为人们的行为习惯。

(二)道德的本质

道德的本质是对事物内在的、根本的规定性。马克思主义伦理学从人类活动和社会关系出发,正确揭示出道德的历史起源和个体发生过程,进一步明确了道德的本质内涵。马克思主义关于道德本质的基本观点主要体现在恩格斯的著作《反杜林论》中。他指出:人们在从事物质生产的过程中必然会形成各种社会关系,在人们的交往活动中,必然会产生个人与集体、个人与社会、个人与个人之间在利益上的矛盾和冲突。为了解决这些矛盾和冲突,调节社会关系,就逐渐产生了一些行为准则和观念,这就是道德。对于道德的本质,马克思主义认为,道德作为一种社会意识形态,它是社会存在的反映,社会的经济生活和政治状况决定社会的道德原则和规范,制约着人们的道德思想和道德行为。换句话说,道德是由一定的社会经济基础决定的,并为一定的社会经济基础服务。

(三)道德的基本结构、基本范畴和基本框架

1. 道德的基本结构

道德由道德认识、道德情感、道德意志、道德信念、道德行为五大部分

---

① 夏保成.论当代中国的道德建设[J].焦作工学院学报(社会科学版),2002(1).

构成。也有人称之为道德的五大要素。

2. 道德的基本范畴

道德范畴不是一成不变的,而是随着时代的发展而不断地变化更新的。

在当代的伦理学中,道德范围主要有善恶、义务、良心、荣誉、幸福、尊严、友谊、正义等。

3. 道德的基本框架

关于道德的框架主要有两种分法:一种是分为公德和私德,另一种是分为家庭美德、社会公德、职业道德。

(四)道德的作用

道德是一定社会调整人们之间及个人和社会之间关系的行为规范的总和。道德的作用主要表现在以下方面。

(1)道德促使社会经济基础更加巩固和发展。道德总是以自己特有的善恶标准,阐明它赖以产生和存在的社会经济基础的合理性和正义性,而谴责各种危害它的经济基础的思想和行为,使经济基础得到巩固和发展。道德在社会经济活动中的调节作用主要表现在以下方面。[①] 一是具有调动人们积极性的激励作用。二是具有提高效率及经济效益的促进作用。三是具有促进节约"交易成本"的协调作用。道德可以协调人们之间的利益关系或减少人与人之间的摩擦,强化人们行为的确定性。四是具有调节分配的稳定作用。道德不仅能促使第一次分配和第二次分配更趋公平合理,而且能使人们产生爱国、爱社会的情感和同情弱者的慈善心理,有益于缩小第一、二次分配造成的差距。五是具有影响人们的精神取向、人格素质、工作态度的导向作用。六是具有净化市场秩序和社会环境的监督作用。

(2)道德是影响生产力发展的一种重要精神力量。道德是人立身处事之本。人的劳动能力的发展直接受着道德素质的制约。邓小平指出:"马克思说过,科学技术是生产力,事实证明这话说得很对。在我看来,科学技术是第一生产力。"科学技术要成为现实的第一生产力,也需要依靠

---

① 周忠高.充分发挥道德力量在经济发展中的调节作用[J].求是,2000(6).

先进的道德来保证。科学技术是人创造的，也是由人来掌握和运用的。从科学技术本身来看，它是一把双刃剑，它可以为人类造福，但也可以给人类带来灾难。良好的道德能优化生产力发展的环境，促进生产力发展。落后的道德对生产力发展则起消极的阻碍作用。一个没有道德"灵魂"的人，是不可能最大限度地去激活死的生产力的，当然也就谈不上发展生产力。

（3）在阶级社会里，道德是阶级斗争的工具。不同的阶级有不同的道德，每一阶级的道德都是为本阶级利益服务的，与对立阶级进行阶级斗争。"各个阶级总是力图用自己的道德来调整阶级成员间的关系，以维护本阶级内部的团结和统一，向敌对的阶级进行斗争；同时，他们又用本阶级的道德去影响敌对阶级的成员，以增强在阶级斗争中的自身力量。"①

（4）道德对调节社会关系、维护社会生活秩序具有重要作用。每一个人都生活在一定的社会关系结构中，都有一张有形和无形的社会关系网环绕着他，都是社会关系的一个缩影。马克思曾经说过："人的本质并不是单个人所固有的抽象物，在其现实性上，它是一切社会关系的总和②。"2000年6月，江泽民同志《在中央思想政治工作会议上的讲话》中提出："法律与道德作为上层建筑的组成部分，都是维护社会秩序、规范人们思想和行为的重要手段，它们互相联系、互相补充。法治以其权威性和强制手段规范社会成员的行为。德治以其说服力和劝导力提高社会成员的思想认识和道德觉悟。道德规范和法律规范应该互相结合，统一发挥作用。"道德通过是非、善恶、公平、正义等观念对人们的思想和行为进行评价，促使人们遵守社会公认的道德规范，并依靠道德舆论、社会习俗和人们的内心信念来维持，从而维护社会生活的稳定、和谐。

三、职业道德的本质、构成要素和社会作用

职业道德是道德的重要组成部分。科学地阐明职业道德的本质和作

①　中华人民共和国教育部.教师职业道德[M].北京:新华出版社,2003:14-15.
②　马克思.关于费尔巴哈的提纲[M].马克思恩格斯选集(第一卷),北京:人民出版社1972:18.

用,对促进行风好转具有十分重要的意义。

(一)职业道德的内涵和特征

1. 职业道德的内涵

职业道德有广义和狭义之分。广义的职业道德是指所有从业人员在职业活动中应该遵循的行为准则,涵盖了从业人员与服务对象、职业与职工、职业与职业之间的关系。狭义的职业道德是指人们在从事某种职业的过程中,应遵循的、体现本职业特征的、调整本职业关系的职业行为的规范和准则的总和。治学有"学术道德",执教有"师德",行医有"医德"。各行各业都有与本行业和岗位的社会地位、功能、权利和义务相一致的道德准则和行为规范。

职业道德是社会的主体道德。每个从业人员,不论是从事哪种职业,在职业活动中都要遵守道德。职业道德不仅是对本职业人员在职业活动中行为的要求,而且还是本职业对社会所负的道德责任与义务。职业道德是道德的一个特殊领域,表达形式具体、灵活、多样。职业道德是调节职业活动形成的各种职业关系的手段。

2. 职业道德的特征

职业道德除了有家庭美德、社会公德的共性外,它自身还具有如下特点。

(1)职业性。由于每一种职业的职业责任和义务不同,从而形成了各自特定的职业道德的具体规范。正如恩格斯所指出的:"实际上,每一个阶级,甚至每一行业,都各有各的道德①。"这里所说的每一个行业的道德,就是指职业道德。某一种职业道德规范,只适用于某一种职业活动领域的从业人员,不具有普遍适用性。例如,教师这一职业有教师职业道德,医生这一职业有医生职业道德,但教师职业道德规范只适用于教师,医生职业道德规范只适用于医生,不适用于其他职业从业人员。因此,职业道德具有鲜明的职业特点。

(2)继承性。职业道德是在长期实践中形成的。由于职业具有不断发展和世代延续的特征,而职业道德规范与职业本身的特点密切相关,所

① 马克思恩格斯选集(第四卷).北京:人民出版社,1995:240.

以,职业道德有明显的继承性。例如,古往今来,教师的职业道德规范都强调"有教无类","学而不厌,诲人不倦"。又如,律师职业道德内容之一——"忠于法律和事实",在我国古代就有之。但职业道德受当时经济关系的制约和占统治地位的道德原则的影响,不同社会形态下的职业道德规范又呈现差异性。

(3)有一定的强制性。职业道德的一个重要特征是与职业责任、义务紧密相联系,规定人们在履行职业责任、义务中"应该"怎样,"不应该"怎样。职业道德有时又以章程、条例等规章制度的形式表达,在实现方式上就具有了一定程度的强制性,让从业人员认识到职业道德又具有纪律的约束性。

(4)多样性。职业道德的多样性特点表现在两方面。一是职业道德规范的标准多样。不同种类的职业道德,在具体内容上有不同的要求。因此,不同的职业有不同的职业道德标准。社会上有多少种职业,就会有多少种职业道德规范标准。例如,目前我国有两千多种职业,就有两千多种职业道德规范标准。二是职业道德规范的表达形式具体、灵活、多样。职业道德往往采用制度、章程、公约、工作守则、条例、规程、格言等形式表达,使职业道德的内容具有可操作性。

(5)实践性。职业道德总是与具体的职业活动紧密联系,其作用是调整职业关系,对从业人员职业活动的具体行为进行规范,解决现实职业活动中的具体道德冲突。新的职业道德观念、道德行为都不是天生的,而是依靠社会舆论、人们的信念、传统习惯和教育的力量而形成,是一个从他律到自律的形成过程。古希腊伟大的唯物主义哲学家德谟克利特说过:"许多人品德高尚往往是实践的结果,而不是天性使然。"因此,职业道德具有较强的实践性。

(二)职业道德的构成要素

职业道德是道德的一个特殊领域,是职业范围内特殊的道德要求,是一般道德在职业生活中的具体体现。职业道德的基本要素包括职业理想、职业态度、职业义务、职业技能、职业纪律、职业良心、职业荣誉、职业作风。

（三）职业道德的社会作用

在整个社会道德体系中,职业道德占有十分重要的地位。对社会而言,职业道德的作用主要有以下几方面。

（1）职业道德有利于促进生产力的发展,巩固和发展经济基础。职业道德能够为完善和发展经济提供精神动力。职业道德与经济发展二者之间既相互促进又相互制约。职业道德的能动作用主要体现在可为经济发展提供可靠的人才保证。良好的职业道德驱动从业人员追求行业一流质量。具有良好职业道德的从业人员其社会责任感和事业心是极强的,高标准、高质量、创造性地做好本职工作,就能够保证各项工作的顺利进行,促进经济效益的增长。因此,良好的职业道德,能促进经济的发展。

（2）职业道德是调节职业活动形成的各种职业关系,促进社会和谐发展的重要手段。职业道德的基本职能是调节职能。调节职业内部人与人之间的关系,调节从业人员与服务对象之间的关系,调节该职业集团与其他职业集团之间的关系,对维护正常的生产、生活秩序起着重要作用。良好的职业道德对构建和谐社会具有支撑性作用,有利于建立从业人员与服务对象的和谐关系,有利于促进职业活动与从业者之间的和谐,有利于促进职业与职业之间、职业与经济社会之间的和谐,有利于从业者在职业活动中与自然界的和谐。正如胡锦涛同志指出的:"一个社会是否和谐,一个国家能否实现长治久安,很大程度上取决于全体社会成员的思想道德素质。没有共同的理想信念,没有良好的道德规范,是无法实现社会和谐的。"

（3）职业道德的发展对整个社会的道德进步和发展起着重要作用。人类社会的进步,很重要的是人类道德的进步。职业道德是社会文明素质在特定行业内的特殊实践和具体体现。职业道德是职业活动中"做人、做事"的基本规范。它不仅涉及每个从业者如何对待职业,如何对待工作,而且涉及一个职业集团全体人员的行为表现。职业道德不仅是精神文明的内容,而且是精神文明的标志。如果每个职业集团的全体人员都具备良好的职业道德,对整个社会道德水平的提高肯定会发挥重要作用。

（四）职业道德对专业技术人员发展的作用

道德的发展是人的全面发展的重中之重。对专业技术人员个人而言,职业道德不仅是一种谋生的手段,而且是提高个人人格境界,促进专业技术人员发展的重要途径。职业道德对专业技术人员发展的作用主要表现在以下几方面。

(1)良好的职业道德有利于推动专业技术人员的全面发展。人的全面发展,是人类社会追求的最终目标。在影响人的科学发展的一切因素中,人的道德因素尤为重要。人的道德素质是人的素质科学发展的灵魂,人的道德能力是人的能力科学发展的关键,人的道德境界是人的科学发展的核心。良好的职业道德有利于提高专业技术人员的精神境界,促进专业技术人员的自我完善,推动专业技术人员的全面发展。

(2)良好的职业道德是专业技术人员事业成功的重要支柱。道德人格在人的全面发展中起着决定性的作用。道德为人格发展提供了真、善、美的标准,确立努力的方向和内心的信念。良好的职业道德可以促使人自觉履行道德义务,培养理想人格,造就良好德行,把自己的潜在能力最大限度地开发出来,从而促进人的全面发展。一个专业技术人员只有把自己的奋斗同国家的强盛和民族的发展联系起来,才会显得崇高和伟大,才会有用之不竭的动力。这种远大的理想来自对国家、对民族的真挚的爱,来自对社会、对未来的责任感和使命感。有明确道德理想的专业技术人员,就可能沿着正确的方向,茁壮成长为国家栋梁之材。反之,就可能事倍功半,甚至走向歧途。

(3)良好的职业道德有利于为专业技术人员创造专业发展的外部环境。人的成才,既取决于客观条件,也取决于主观努力。良好的职业道德有助于建立和谐的人际关系,创造自身和专业发展有利的外部环境。

职业道德是专业技术人员的立身之本。对专业技术人员而言,职业道德是人们进行科学研究的行为规范,良好的职业道德和卓越的成就一并构成扬名身后的无字碑。例如,英国科学家戴维就是因为妒忌他的学生法拉第,而越过了道德的底线,在法拉第被人诬陷"剽窃"时置若罔闻,最终使自己的科学形象大为减损。1820年,人类已经发现了电流的磁现象,跟法拉第同时代的沃例拉斯顿设计了一个使磁铁绕导线自转的实验,却以失败告终。法拉第经过反复思考和实验,终于制作出了一个通电导线绕磁铁公转的装置,被后人称为"世界上第一台电动机"。然而,这在当时非但没有得到赞赏,反而罹临指责。有人甚至撰文指责法拉第"剽窃沃拉斯顿的研究成果"。不过,沃拉斯顿清楚事情的原委,他观看完法拉第的演示后,对他的成功表示祝贺。如果此时同样知晓事情原委的科学权威戴维能够说句公道话,立刻就能证明法拉第的"剽窃"实际是子虚乌有。可是,戴维最终选择了沉默,而此时的沉默甚过恶毒的中伤,人们藉此对法拉第的怀疑持续了很久。究其原因,是因为戴维在这个研究领域无功而返,而他的学生却取得了成功,相形之下,嫉妒在他的心中横生,最终使这位科学巨人错走了小人行径。从中我们可以看出,科学家专注于科研博得盛名固然重要,但如果不加珍惜,越过了道德规范,那么,骂名就会和他的成就一道被载入史册。……科学的殿堂是神圣的,唯有时刻循着科学道德规范这一准绳,才能百世屹立。①

第二节 职业道德的产生和发展

职业道德的历史源远流长,它是历史发展到一定阶段的产物。职业道德是随着社会分工的发展并出现相对固定的职业集团时产生的,并随着社会分工和职业的发展而发展。人们的职业生活实践是职业道德产生的基础。

从历史的角度去考察职业道德的历史变化,有助于我们认识和把握职业道德的发展规律。

一、原始社会后期是职业道德的萌芽期

人类从古猿转变为真正的人距今有 300 万年的历史。人类首先进入了原始社会的蒙昧时代。蒙昧时代是人类的童年,不会用火,不会制造工具。进入蒙昧时代的高级阶段,人类学会打制石器工具,并逐渐进入磨制石器工具时期。其时,生产力水平极其低下,人们靠采野菜、野果、打鱼狩猎为生。男女老幼一起参加这些劳动,没有专门的社会分工,就没有专门

---

① 胡海生,魏旭刚. 道德是立身之本[N]. 解放军报,2008-07-10.

的职业,也就不存在职业道德。①

职业道德产生于原始社会最初的社会分工。第一次社会大分工发生在野蛮时代的中级阶段。人类在早期征服自然的过程中,有些部落学会驯养动物以取得乳、肉等生活资料。随着较大规模畜群的形成,这些部落就主要从事畜牧业,使自己从其余的野蛮人群中分离出来,成为游牧部落,从而在人类社会出现了第一次大分工,即畜牧业与农业分离。畜牧业与农业分离之后,人类社会出现了最初的商品交换,即物物直接交换。继第一次社会大分工以后随着农业、畜牧业的发展,手工业的生产也日趋专门化。制陶业上,捏陶坯的制作方法发展成了陶轮,纺织业中出现了简单的纺织机。此外,酿酒业、榨油业、武器制造业等许多部门也越来越专门化。这样,自然而然地就形成了一些职业集团。由于生产力逐渐发展,劳动产品有了剩余,有了商品交换,也产生了手工业与农业分离,即人类社会第二次大分工。人类社会的第一次大分工只是简单的部落内部和部落间的物物交换,而人类社会第二次大分工使得产品交换成为社会的必要手段。

由于人们长期过着不同的职业生活,从事着不同的职业实践,承担着不同的职业责任及同其他职业集团交换劳动产品应有的责任感,于是就形成了不同的劳动习惯、生活习惯,产生了各自的职业利益和需要,形成了因行业不同而产生的职业联系和职业关系,慢慢地萌发了调节、指导、约束人们职业行为的职业道德。由于原始社会的生产力还不发达,分工也比较简单,调整人们之间职业分工的职业道德较少,所以,原始社会的职业道德尚处于萌芽阶段。②

二、奴隶社会是职业道德的形成期

职业道德的真正形成是在奴隶社会,由于社会大分工的发展出现了相对稳定职业,人们才在长期的职业生活实践中产生职业道德观念和传统。

① 吕一中.职业道德教育与就业指导[M].北京:北京师范大学出版社,2008:12.
② 吕一中.职业道德教育与就业指导[M].北京:北京师范大学出版社,2008:12.

　　奴隶社会进一步巩固和发展了原始社会两次社会大分工所形成的职业活动,而且发生了第三次具有决定意义的社会大分工,即商人阶层的出现。与此同时,由于脑力劳动和体力劳动的分离,以及不可调和的阶级对立和斗争,在社会的上层建筑领域内,也出现了明显的分工。由此社会上出现了专门的农业、畜牧业、手工业和商业,社会分工促进了生产的发展。职业道德也就不断发展和日臻完善。据先秦古籍《周礼·考工记》记载,我国在奴隶社会时期,"国有六职",即王公、士大夫、百工、商旅、农夫和妇功。王公的职责是"坐而论道";士大夫的职责是"作而行之",贯彻执行王公制定的各项政策;百功的职责是"审曲面势,以饰王材,以辩民器";商旅的职责是"通四方之珍异以资之";农夫的职责是"饬力以长地材";妇功的职责是"治丝麻以成之"。不同分工有不同的职责,也就有不同的职业道德要求。早在奴隶社会末期,我国就有了"家有塾,党有庠,术有序,国有学"的办学格局,并随着专业教师的出现逐步形成了正规的教师职业规范。公元前500年大教育家孔子提出自己的教育思想,并塑造了完美的师德形象。他爱学生,"有教无类";他学而不厌,诲人不倦;他以身垂范,言传身教;他平等待生,因材施教。因此,我国教师职业道德具有形成早、起点高、规范完整的特点。柏拉图在他的《理想国》中谈道,哲学家的道德是"智慧",武士的道德是"勇敢",自由民的道德是"节制"。当"这三个阶级在国家里面各做各的事,而不互相干扰的时候,便是有了正义。"把"智慧"、"勇敢"、"节制"分别规定为统治者、武士和从事生产活动的自由民的主要"美德"。从一定意义上也可以说,这里的"智慧"、"勇敢","节制"也有职业道德的意义。被誉为西方医学之父的古希腊著名医生希波克拉底在《誓词》中说:"无论至于何处,遇男或女,贵人及奴婢,我之唯一目的,为病家谋幸福。""我一定尽我的能力和判断力来医治病人,而不损害他们",以及"我不得将危害药品给与他人",等等,提出了医生应具有的职业道德。

　　奴隶社会在职业道德的内容、要求、具体规范上与过去相比有了较大的进步,并在一定程度上,把职业道德发展成为相对独立的意识形态,这种相对独立的意识形态作为阶级社会中人类职业道德的第一个历史形态,在原始社会的职业道德与阶级社会中的职业道德之间,起到了承上启下的作用。特别是被压迫和被剥削的奴隶阶级,在长期劳动中形成的诚实、敬业、正义、勤劳、坚韧、顽强、创新等职业品质,在人类的职业道德历史发展进程中,具有十分重要的地位和作用,既是对原始社会传统道德的继承和发扬,又为后世职业道德的发展提供了可以借鉴的宝贵财富。[1] 但奴隶社会的职业道德是奴隶主和自由民的职业道德,不包括奴隶。

三、封建社会是职业道德的发展期

在封建社会,随着自然经济的缓慢发展,手工业、医疗、教育、军事、政治都有很大进步,形成了几种比较稳定的职业。如政府官吏、军人、教师、农民、手工业者、商人、医生等。与此同时,职业道德也得到了相应的发展。在欧洲中世纪的城堡中,各种不同的行会制定了各种不同的章程,规定了商品的价格、学徒数目和工作时间等,成为大家共同遵守的条规,以调节手工业者之间的关系,这其中就包含了职业道德的内容。[2] 我国清末国学大师章太炎曾把封建社会的职业总结为 16 种,即农人、工人、稗贩、坐贾、学究、艺士、通人、行伍、胥徒、幕客、职商、京朝官、方面官、军官、差除官、雇译人。并说:"其职业凡十六等,其道德之第次亦十六等;虽非讲如画一,然可以得其概略矣。"其中"农人于道德为最高"。我国从隋唐到明清也出现了各种各样的"行帮",如手工业行帮、商人行帮等。在行帮内部的师徒之间、学徒之间,行帮会员及整个社会成员之间都形成了一些协调相互关系的职业道准则。

封建社会的职业道德规范与奴隶社会的职业道德规范相比,内容更加丰富和系统,行业性特征更加突出,表现形式更加多样,是职业道德发展过程中的一个重要阶段。由于自给自足自然经济和等级更加森严的政治制度的共同作用,阻碍了封建社会的职业道德的发展。封建社会职业道德的特点包括以下几方面[3]。第一,统治阶级把各行各业的安于本分、忠于职守的职业道德看做是保护现有职业分工和维护其统治秩序的长治

① 王易,邱吉.职业道德[M].北京:中国人民大学出版社,2009:12.
② 汪辉勇.专业技术人员职业道德[M].海口:海南出版社,2005:13.
③ 柴振群等.专业技术人员职业道德与创新能力教程[M].北京:中国人事出版社,2004:83.

久安之方。第二,各种职业道德大都维护家长制统治。第三,在封建社会中,职业被分为三六九等,各种手工业者、医生、乐师等职业,社会地位十分低下。

四、资本主义社会是职业道德的成熟期

资本主义社会先后经历了手工业阶段、蒸汽机动力阶段、电气机械阶段和现在以计算机应用为中心的信息阶段。在资本主义社会里,由于科学技术的长足进步和生产力的飞速发展,社会的分工和生产机构内部的分工越来越具体,越来越明确,从而形成了新的更大规模的职业活动。正如马克思、恩格斯在《共产党宣言》中指出的:"资产阶级在它的不到一百年的阶级统治中所创造的生产力,比过去一切世代创造的全部生产力还要多,还要大。自然力的征服,机器的采用,化学在工业和农业中的应用,轮船的行驶,铁路的通行,电报的使用,整个整个大陆的开垦,河川的通航,仿佛用法术从地下呼唤出来的大量人口,——过去哪一个世代料想到在社会劳动里蕴藏有这样的生产力呢?"①这些不同的阶段,对职业道德产生了非常巨大的带有质变性的影响。不同的历史发展阶段、不同的经济发展时期,形成了与之相适应的不同的职业道德标准。与此同时,资本主义时代的职业道德,不仅保持和进一步提炼了工业、农业、商业、学者、医生、军队等古老传统职业及其职业道德规范,而且出现了律师、工程师、新闻记者等上百种乃至上千种新的职业,并形成了新职业道德规范。在许多国家和地区,还成立了职业协会,制定协会章程,规定职业宗旨和职业道德规范。各种职业集团为了增强竞争能力,追求利润增值,纷纷提倡职业道德,以提高职业信誉。总之,在资本主义社会里,职业道德获得了比过去任何一个社会形态都普及和充分的发展。但资本主义社会职业道德受到资本主义利己主义、个人主义道德原则的影响,仍带有很大的局限性。

---

①　马克思恩格斯选集(第一卷)[M].北京:人民出版社,1995:277.

五、社会主义社会是职业道德的丰富和完善期

社会主义职业道德是指社会主义社会各行各业的劳动者在职业活动中应当遵循的行为规范的总和。社会主义职业道德是一种新型的职业道德，是人类职业道德史上的一次伟大变革，一次伟大的升华。

（一）社会主义职业道德的形成和发展

社会主义职业道德是共产主义道德的有机组成部分，是人类历史上职业道德发展的最高成果。社会主义职业道德是怎样形成和发展的呢？可从以下几方面去理解。

（1）以生产资料公有制为主体的经济基础和社会主义国家人民当家做主的政治制度，是社会主义职业道德形成的经济和政治条件。历史唯物主义认为，经济基础决定上层建筑，上层建筑是适应经济的需要产生的，经济基础的性质决定上层建筑的性质，经济基础的变化决定上层建筑的变化，所以经济基础是第一性的，而上层建筑是第二性的；经济基础是上层建筑赖以存在的物质基础，上层建筑是经济基础在政治思想上的表现，是经济基础的派生物。

职业道德作为一种社会意识，属于上层建筑的范畴，它是一定的社会存在和经济基础的反映。社会主义职业道德就是建立在以公有制为主体的经济基础之上的一种社会意识，亦属于上层建筑的范畴。在这样的社会里，它必然要与经济基础相适应。所以，社会主义社会实现了生产资料公有制和按劳分配，消灭了剥削与被剥削；各个职业集团之间、各个职业集团内部个人与集体及其相互之间，所建立起来的关系都是同志式的平等、团结、互助、合作关系；各种职业只有分工不同，没有高低贵贱之分，都是社会主义事业的必要组成部分。人们不论从事哪种职业，都不仅仅是为个人谋生，都贯穿着为社会、为人民、为集体服务这一根本要求。所以，要求其职业道德必须与之相符合、相适应，那就是以集体主义为原则，全心全意为人民服务。

从政治条件来看，由于实行了社会主义这样一种政治制度，从而形成了上述新的阶级关系和职业关系。而社会主义的职业道德大行其道的结

果,又进一步反映和巩固了社会主义制度的优越性。①

（2）社会主义职业道德是在共产主义社会总的道德要求的指导下形成和发展起来的。建立在公有制基础上的社会主义职业道德不是一种独立的社会道德体系,在社会性质上是从属于共产主义道德规范体系的,是作为共产主义道德规范体系的一个部分和层次而存在的。它的一切行为准则,它调节人们行为的总的目标和方向,都应当同共产主义道德的原则和规范相一致。社会主义职业道德把共产主义道德的原则和规范加以具体化和职业化,使共产主义道德的原则和规范成为同职业活动直接结合在一起的道德行为准则。② 因此,社会主义职业道德是在共产主义社会总的道德要求的指导下,随着共产主义道德的发展而发展。

（3）社会主义职业道德是在批判地继承了历史上优秀的职业道德传统的基础上逐步形成和发展起来的。社会主义职业道德,是有史以来职业道德发展的最高成果,是一种新型的职业道德。它一方面是历史上长期形成的职业道德的继续,另一方面又与历史上的职业道德有着本质的区别。社会主义职业道德,汲取了古今中外传统道德的优秀成果。例如,我国医德中的人道主义观念,以及作风正派、不计功名、对医术精益求精的优良品德,就是对古代医德的继承。社会主义职业道德,增加了反映社会主义职业活动的道德内容。如全心全意为人民服务。在此基础上,进行综合、加工、提炼和创新。因此,社会主义职业道德是在批判地继承了历史上优秀的职业道德传统的基础上逐步形成和发展起来的。

（4）社会主义职业道德是在同各种腐朽的道德思想进行不懈斗争的过程中建立和发展起来的。发展社会主义职业道德必须注意同各种腐朽思想和道德观念作斗争。没有斗争,就没有发展。在斗争中,劳动人民的道德总是处于主流地位,在善与恶、正与邪的较量中赢得最终的胜利。

现阶段,在经济大潮冲击下,人们的道德观和价值观发生了很大变化,如积极进取、锐意改革、勇于开拓、注重实效等观念正在迅速萌生。但

---

① 柴振群等.专业技术人员职业道德与创新能力教程[M].北京:中国人事出版社,2004:86.

② 中国行政管理学会公共管理研究中心,北京育知咨政公共管理研究所.职工诚信和职业道德教程[M].北京:中国传媒大学出版社,2004:85-86.

是,长期历史传统积淀下来的一些道德心理、世俗观念,如平均主义、嫉贤妒能、排斥竞争、重农抑商、因循守旧、安于现状等思想总是阻挠新的道德观念的变化。特别是腐朽的封建道德和资产阶级道德,如宗法观念、特权思想、专制作风、以权谋私、损人利己等还在很大程度上毒化和影响人们的思想和道德。因此,社会主义职业道德要健康迅速地得到发展,就必须不断地同形形色色的腐朽思想和道德作斗争。①

(二)社会主义职业道德的基本特征

社会主义职业道德除具备职业道德的一般特点外,还有以下主要特征。

(1)社会主义职业道德是社会主义道德体系的组成部分。社会主义社会的道德要求是一个复杂的、多层次的、交叉的规范结构。从纵的方向看,它包括社会主义集体主义道德原则,包括以"爱祖国、爱人民、爱劳动、爱科学、爱社会主义"和"社会主义人道主义"为基本内容的道德规范,包括具有全人类性的社会公共生活规则,包括"义务"、"良心"、"荣誉"、"幸福"、"正义"、"价值"、"善恶"等道德范畴,还包括最高层次的共产主义道德的某些要求。这里,社会主义的道德原则、道德规范和道德范畴是三个不同的层次。其中,道德原则是其他一切道德规范和范畴的统帅,而其他一切道德规范和范畴都是它的具体化和补充。它决定着整个社会主义社会道德要求的性质和方向,从根本上指导如何处理人们之间、个人和社会之间的关系。从横的领域看,在社会主义制度下,人们的社会生活可以分为三大领域,即家庭生活、职业生活和公共生活。与此相适应,用以指导和调整个人与社会之间的关系的社会主义道德规范也分成三大部分,即婚姻家庭道德、职业道德和公共生活规则。正是在这个意义上,我们说所谓社会主义职业道德就是职业范围内社会主义道德的特殊道德要求,也就是社会主义道德在职业生活中的具体体现。②

---

①　柴振群等.专业技术人员职业道德与创新能力教程[M].北京:中国人事出版社,2004:88.

②　王伟,谢菊．职业道德的主要特征[EB / 01]．p://www.bjpopss.gov.cn/bjpssweb/n6523c52.aspx,2005 - 12 - 27 / 2011 - 08 - 21．

（2）社会主义职业道德的内容具有人民性。社会主义社会的职业道德，是建立在社会主义制度基础上的。社会主义社会消除了人与人之间剥削与被剥削的关系，抛弃了"人人为自己，上帝为大家"的利己主义原则，在根本上使职业利益同整个社会的利益一致起来，各种职业都是整个社会主义事业的一个有机的组成部分。因此，各行各业可以形成共同的道德要求，其根本要求就是为人民服务。在社会主义社会里，对于从事各种职业的人来说，不论是热爱本职或者是忠于职守，都应该把为人民服务作为职业工作的出发点，并以努力满足人民的需要作为自己所从事的工作的目的。例如，社会主义商业道德，强调商业工作人员要诚信无欺，对顾客主动、热情、耐心、周到，急顾客之所急，等等。所有这一切，决不只是为了狭隘的职业利益或个人的荣誉，而是要为人民服务。社会主义社会的文艺工作者，对自己的技艺精益求精，既不应该是为了名利，也不应该是为了艺术而艺术，而是要力求满足人民的精神和文化的需要。简言之，社会主义职业道德把从事各种职业的人的利益同广大人民群众的利益有机地统一起来，使职业道德服从于人民的利益，构成了它区别于以往各种职业道德的本质特征，也使之能够在调整人与人之间的关系上，发挥历史上前所未有的重要作用。①

（3）社会主义职业道德的重点是树立新的劳动态度。在公有制条件下，职业集体内部个人利益和集体利益是根本一致的。集体利益中就包含着每个从业人员的个人利益，而且，不论是集体利益或是个人利益的发展，往往都取决于全体从业人员的劳动和工作情况。因此，社会主义职业道德在调节职业集体内部的关系时，虽然还包括解决某些与利益相关的问题，但是，重点则是解决劳动态度问题。树立主人翁劳动态度是解决敬业精神、职业责任感问题的关键所在。可见，社会主义职业道德的核心是服务态度问题，全心全意为人民服务是社会主义职业道德的最高境界。

（4）社会主义职业道德是从业人员在职业活动中接受教育与自觉修养而成。社会主义社会的职业道德以为人民服务为核心，以集体主义为基本原则。从业人员要具有社会主义社会的这些道德言行，不可能自发

---

① 王伟，谢菊. 职业道德的主要特征［EB／01］. http://www.bjpopss.gov.cn/bjpssweb/n6523c52.aspx，2005－12－27／2011－08－21.

地产生,只有在实际的职业活动中不断磨练,才能逐步形成和发展起来。在其形成和发展过程中,必须以马克思主义为指导,加强社会主义、共产主义道德教育,引导、激励从业人员自我锻炼和修养。

第三节　专业技术人员与专业技术人员职业道德的本质

阐述专业技术人员概念与分类,明确专业技术人员的专业技术职务分类,论述专业技术人员职业道德的内涵,加深对专业技术人员职业道德的本质的理解。

一、专业技术人员概念与分类

什么是专业技术人员? 国际劳工组织是这样定义的:专业人员是指从事科学理论研究,应用科学知识来解决经济、社会、工业、农业、环境等方面的问题,以及从事物理科学、生物科学、环境科学、工程、法律、医学、宗教、商业、新闻、文学、教学、社会服务及艺术表演等专业活动的人员。① 学历一般要求达到《国际标准教育分类》(Inter – national Standard Classification of Education,ISCE)中规定的第 4 级教育水平,即具有硕士研究生和博士生学历或同等学历水平。技术人员和助理专业人员是指在专业人员、行政主管或政府官员指导下,应用科学研究知识,以解决物理、工程科学、生命科学、环境科学、医药、社会科学等方面的问题,或应用技术方法及技术服务,从事教学、商业、财务、行政助理、政府法规及宗教事务等方面的工作,或应用艺术手段,从事艺术、娱乐、体育等相关活动的人员。技术人员和助理专业人员在技术等级和专业技术能力上仅次于专业人员,要求达到《国际标准教育分类》(ISCE)中规定的第 3 级教育水平,即具有 4 年大学学历,并有 2 年以上理论研究和实际工作经验。

1999 年 5 月我国颁布的《中华人民共和国职业分类大典》对专业技术人员概念进行了界定和分类。规定专业技术人员是指从事科学研究和专

---

① 国际劳工组织. 1988 年国际标准职业分类(ISCO –1988)[S].

业技术工作的人员。《中华人民共和国职业分类大典》将我国的职业划分为大类、中类、小类、细类4个层次,细类是我国职业分类结构中最基本的类别,即职业。各层次分类的依据如下。①大类:工作性质的同一性;②中类:职业活动所涉及的知识领域、使用的工具和设备、采用的技术和方法,以及提供的产品和服务种类等的同一性;③小类:从业人员的工作环境、工作条件和技术性质等同一性;④细类:工作对象、工艺技术、操作方法等的同一性。

专业技术人员在《中华人民共和国职业分类大典》中为第二大类。第二大类中包括14个中类、115个小类、379个细类,细类即职业。

中国职业分类第二大类专业技术人员①

2(GBM1/2)专业技术人员,指从事科学研究和专业技术工作的人员。本大类包括下列中类:

2-01(GBM1-1至1-2)科学研究人员

2-02(GBM1-3至1-6)工程技术人员

2-03(GBM1-7)农业技术人员

2-04(GBM1-8)飞机和船舶技术人员

2-05(GBM1-9)卫生专业技术人员

2-06(GBM2-1)经济业务人员

2-07(GBM2-2)金融业务人员

2-08(GBM2-3)法律专业人员

2-09(GBM2-4)教学人员

2-10(GBM2-5)文学艺术工作人员

2-11(GBM2-6)体育工作人员

2-12(GBM2-7)新闻出版、文化工作人员

2-13(GBM2-8)宗教职业者

2-99(GBM2-9)其他专业技术人员

以科学研究人员为例:

---

① 国家职业分类大典和职业资格工作委员会.中华人民共和国职业分类大典[M].北京:中国劳动出版社,1999.

2 -01(GBM1 -1/1 -2)科学研究人员,指从事社会科学和自然科学研究工作的人员。本中类包括下列小类:

2 -01 -01(GBM1 -11)哲学研究人员

2 -01 -02(GBM1 -12)经济学研究人员

2 -01 -03(GBM1 -13)法学研究人员

2 -01 -04(GBM1 -14)社会学研究人员

2 -01 -05(GBM1 -15)教育科学研究人员

2 -01 -06(GBM1 -16)文学、艺术研究人员

2 -01 -07(GBM1 -17)图书馆学、情报学研究人员

2 -01 -08(GBM1 -18)历史学研究人员

2 -01 -09(GBM1 -19)管理科学研究人员

2 -01 -10(GBM1 -21)数学研究人员

2 -01 -11(GBM1 -22)物理学研究人员

2 -01 -12(GBM1 -23)化学研究人员

2 -01 -13(GBM1 -24)天文学研究人员

2 -01 -14(GBM1 -25)地球科学研究人员

2 -01 -15(GBM1 -26)生物科学研究人员

2 -01 -16(GBM1 -27)农业科学研究人员

2 -01 -17(GBM1 -28)医学研究人员

2 -01 -99(GBM1 -29)其他科学研究人员

以哲学研究人员为例:

2 -01 -01(GBM1 -11)哲学研究人员,指从事自然、社会思维的一般规律研究的人员。本小类包括下列职业:

2 -01 -01 -00 哲学研究人员,从事自然、社会与思维的一般规律研究的人员。

从事的工作主要包括:①研究本体论、认识论、逻辑学、伦理学、美学、心理学、无神论、宗教学等;②研究哲学发展的历史;③比较研究东西方哲学。

目前,我国的专业技术人员总量已达 4000 多万人,超过英国、美国等人才强国,位居世界第一。

二、专业技术人员的专业技术职务分类

实行专业技术职务聘任制后,中央职称改革工作领导小组批转了30个专业技术职务试行条例。在此基础上,归并为20个专业技术职务类别:工程技术人员、农业技术人员、科学研究人员(含自然科学研究、社会科学研究及实验技术人员)、卫生技术人员、教学人员(含高等院校、中等专业学校、技工学校、中学、小学)、民用航空飞行技术人员、船舶技术人员、经济人员、会计人员、统计人员、翻译人员、图书资料人员、档案人员、文博人员、新闻出版人员、律师和公证人员、广播电视播音人员、工艺美术人员、体育人员、艺术人员、企业思想政治工作人员及海关专业人员。

表1-1　专业技术人员的专业技术职务分类一览表

各系列专业技术职务资格

序号	系列	专业技术资格名称			
		高级		中级	初级
01	高等学校教师	教授	副教授	讲师	助教
02	中等专业学校教师	高级讲师		讲师	助理讲师 / 教员
03	中学教师	中学高级教师		中学一级教师	中学二级教师 / 中学三级教师
04	小学(幼儿园)教师			小学高级教师	小学一级教师 / 小学二级教师 / 小学三级教师
				幼儿园高级教师	幼儿园一级教师 / 幼儿园二级教师 / 幼儿园三级教师
05	实验技术人员	高级实验师		实验师 / 助理实验师	实验员

续表

各系列专业技术职务资格

序号	系列	专业技术资格名称			
		高级		中级	初级
06	自然科学研究人员	研究员	副研究员	助理研究员	研究实习员
07	社会科学研究人员	研究员	副研究员	助理研究员	研究实习员
08	技工学校教师	高级讲师		讲师	助理讲师	教员
		高级实习指导教师		一级实习指导教师	二级实习指导教师	三级实习指导教师
09	工程技术人员	高级工程师		工程师	助理工程师	技术员
10	经济专业人员	高级经济师		经济师	助理经济师	经济员
11	会计专业人员	高级会计师		会计师	助理会计师	会计员
	审计专业人员	高级审计师		审计师	助理审计师	审计员
12	统计专业人员	高级统计师		统计师	助理统计师	统计员

各系列专业技术职务资格

序号	系列	专业技术资格名称				
		高级		中级		初级
13	农业技术人员	高级农艺师		农艺师	助理农艺师	农业技术员
		高级兽医师		兽医师	助理兽医师	兽医技术员
		高级畜牧师		畜牧师	助理畜牧师	畜牧技术员
14	卫生技术人员	主任医师	副主任医师	主治医师、主管医师	医师	医士
		主任药师	副主任药师	主管药师	药师	药士
		主任护师	副主任护师	主管护师	护师	护士
		主任技师	副主任技师	主管技师	技师	技士
15	新闻专业人员	高级记者	主任记者	记者	助理记者	
		高级编辑	主任编辑	编辑	助理编辑	
16	体育教练员	国家级教练	高级教练	一级教练	二级教练	三级教练
17	翻译	译审	副译审	翻译	助理翻译	

各系列专业技术职务资格

序号	系列	专业技术资格名称				
		高级		中级		初级
18	广播电视播音	播音指导	主任播音员	一级播音员	二级播音员	三级播音员
19	出版专业人员	编审	副编审	编辑	助理编辑	
				技术编辑	助理技术编辑	技术设计员
				一级校对	二级校对	三级校对
20	工艺美术专业人员	高级工艺美术师		工艺美术师	助理工艺美术师	工艺美术员
21	律师	一级律师	二级律师	三级律师	四级律师	律师助理
22	公证员	一级公证员	二级公证员	三级公证员	四级公证员	公证员助理
23	图书资料专业人员	研究馆员	副研究馆员	馆员	助理馆员	管理员
24	文物博物专业人员	研究馆员	副研究馆员	馆员	助理馆员	管理员
25	档案专业人员	研究馆员	副研究馆员	馆员	助理馆员	管理员

各系列专业技术职务资格

序号	系列	专业技术资格名称			
		高级		中级	初级
26	艺术专业人员	一级编剧	二级编剧	三级编剧	四级编剧
		一级作曲	二级作曲	三级作曲	四级作曲
		一级导演	二级导演	三级导演	四级导演
		一级演员	二级演员	三级演员	四级演员
		一级演奏员	二级演奏员	三级演奏员	四级演奏员
		一级指挥	二级指挥	三级指挥	四级指挥
		一级美术师	二级美术师	三级美术师	美术员
		一级舞美设计师	二级舞美设计师	三级舞美设计师	舞美设计员
			主任舞台技师	舞台技师	舞台技术员
27	海关	高级关务监督		关务监督	助理关务监督 / 关务员
28	船舶技术人员	高级船长		船长、大副	二副 / 三副
		高级轮船长		轮机长、大管轮	二管轮 / 三管轮
		高级电机员		通用电机员、一等电机员	二等电机员
		高级报务员		通用报务员、一等报务员	二等报务员 / 限用报务员
		高级引航员		一等引航员、二等引航员	三等引航员 / 助理引航员

各系列专业技术职务资格

序号	系列	专业技术资格名称			
		高级	中级	初级	
29	民用航空飞行技术人员	一级飞行员	二级飞行员	三级飞行员	四级飞行员
		一级领航员	二级领航员	三级领航员	四级领航员
		一级飞行通信员	二级飞行通信员	三级飞行机械通信员	四级飞行通信员
		一级飞行机械员	二级飞行机械员	三级飞行机械员	四级飞行机械员
30	思想政治工作专业人员	研究员级高级政工师　高级政工师	政工师		助理政工师

三、专业技术人员职业道德的内涵和本质

弄清专业技术人员职业道德的含义和本质,有助于理解专业技术人员职业道德。

(一)专业技术人员职业道德的含义

专业技术人员职业道德是指从事一定专业技术职业的专业技术人员在职业活动中应该遵循的行为准则,涵盖了专业技术人员与服务对象、职业与专业技术人员、职业与职业之间的关系。这方方面面的职业关系是特殊的人际关系,具有鲜明的职业特色。职业道德随着社会分工的出现而逐步形成,又随着分工的发展而不断发展。社会上有多少种专业技术职业就有多少种职业道德。

职业道德的含义包括以下八个方面①：

①职业道德是一种职业规范，受社会普遍的认可；

②职业道德是长期以来自然形成的；

③职业道德没有确定形式，通常体现为观念、习惯、信念等；

④职业道德依靠文化、信念和习惯，通过员工的自律实现；

⑤职业道德大多没有实质的约束力和强制力；

⑥职业道德的主要内容是对员工义务的要求；

⑦职业道德标准多元化，代表了不同企业（单位）可能具有不同的价值观。

⑧职业道德承载着企业文化和凝聚力，影响深远。

（二）专业技术人员职业道德的本质

科学技术是第一生产力，科技进步是经济发展的决定性因素。专业技术人员不仅是经济发展的技术创造者，而且是和谐社会的重要建构者。专业技术人员的劳动是一种知识劳动，在其劳动中形成了特殊的知识劳动关系。它以时代性、创造性、自由性、诚实性作为其基本内核，具有其他劳动不具备的特殊性，从而构成了专业技术职业区别于其他社会职业类型的职业道德。因此，专业技术人员职业道德是一种特殊的社会上层建筑。专业技术人员职业道德是一种特殊的社会意识形态，它除了具有一般职业道德的多样性、稳定性两个显著的特征外，还具有反映专业技术劳动关系的特殊规范和原则。科研道德是专业技术人员职业道德的重要组成部分。

第四节　专业技术人员职业道德与专业技术人员自身的发展

专业技术人员职业道德的重要作用主要体现在职业道德与社会、职业道德与职业、职业道德与从业人员等三个方面。在专业技术职业道德

---

① 中国行政管理学会公共管理研究中心，北京育知咨政公共管理研究所. 职工诚信和职业道德教程［M］. 北京：中国传媒大学出版社，2004：147.

与从业人员的关系上,专业技术人员职业道德对专业技术人员具有重要的作用。

一、专业技术人员职业道德是专业技术人员安身立命于职场的思想之本

我国长期封闭在小农经济的巢臼里,"小富而安"、"本位主义"、"轻商贱利"等思想观念严重阻碍着市场经济的发展。在建立和完善市场经济体制的过程中,专业技术人员的思想、工作、生活也必然受到各种各样的冲击,也会遇到个人与他人、个人利益与集体利益的矛盾与冲突。个人待遇的高与低、工作上的难与易、生活上的苦与乐、环境上的好与差等现实问题,必然会造成少数专业技术人员心理上的错位与不平衡,因而把商品经济中的等价交换原则运用到同事之间、个人与单位各部门同事之间,必然产生各种各样的利益关系,也一定会出现这样那样的矛盾。这些矛盾仅靠法律的、行政的、经济的手段调节是不行的,必须依靠专业技术人员职业道德的力量来有效地调节这些矛盾,理顺这些关系。

专业技术人员职业道德信念引导专业技术人员在复杂的职业活动中坚持正确的道德选择。专业技术人员职业道德信念是指专业技术人员发自内心的对职业道德理想、职业道德原则、职业道德规范的正确性、合理性的真诚信仰及由此而产生的履行职业道德义务的强烈自觉性和责任感。专业技术人员职业道德向集体的每一成员指明在劳动过程中相互配合、协调工作的重要性和必要性,指明共同的道德目标和道德责任,相互之间应建立什么样的关系,遵循哪些道德原则和规范,从而使集体发挥更大的整体效益。专业技术人员职业道德信念一经形成,就会在专业技术人员的思想上确立下来,作为一种坚固的信条,在相当长的时间里左右专业技术人员的职业思想,对专业技术人员的职业行为起指导、统帅、定向的巨大作用,影响专业技术人员思想道德的发展方向。在社会主义初级阶段,专业技术人员职业道德信念引导专业技术人员把自己的职业活动和国家、民族、广大人民群众的根本利益结合起来,坚持全心全意为人民服务的宗旨,建设有中国特色社会主义而奋斗的方向上来。例如,2005年3月28日,在北京人民大会堂举行的国家科技奖励大会上,一位67岁的女科学家用她的比铝还轻、比钢还强、比普通陶瓷更耐高温的复合陶瓷新

材料,获得了已空缺6年的国家技术发明一等奖殊荣。这一成果的诞生,从此打破了国外在此领域的技术垄断,奠定了我国在当代航空航天材料领域的领先地位。她就是我国国防科技工业领域唯一的女院士、西北工业大学张立同教授。张立同1938年出生于四川重庆,童年那段国破家亡的逃难经历在她幼小的心灵刻下深深的烙印。1956年,她以第一志愿考入北京航空学院热力加工系。毕业后,家在北京的张立同却选择了西北工业大学,投入艰苦的材料科学研究领域,一干就是40多个春秋。20世纪70年代初,发达国家已将一些重要的涡轮叶片生产由锻造改为无余量熔模精密铸造,叶片的工作面无需加工就可达到所要求的尺寸精度和表面光洁度。当时我国的熔模铸造技术还十分落后,即使增加抛光余量的叶片,变形报废率仍高达30% ~50%。强烈的爱国精神和忧患意识,使张立同勇敢地承担了"高温合金无余量熔模精密铸造叶片新工艺研究"攻关课题。经过半年不分昼夜的工作,从获得的数万个数据分析中,她发现了刚玉陶瓷型壳的高温软化变形机理和叶片的铸造热应力变化的特点。寻找到叶片变形规律,成功地攻克了困扰航空熔模铸造生产十几年的刚玉型壳高温变形问题。采用她创造的工艺铸造技术,1976年,我国制造出了第一个无余量叶片。[①] 如果没有专业技术人员职业道德的调节作用,就会造成彼此关系的紊乱,滋生各种歪风邪气,专业技术人员的专业知识和技能就难以得到有效的运用和发挥。

由此可见,专业技术人员职业道德为专业技术人员安身立命于职场提供思想保证。

二、专业技术人员职业道德是专业技术人员事业成功的重要保证

20世纪最伟大的成功学大师戴尔·卡耐基(Dale Carnegie,1888 - 1955年)认为,一个人事业上的成功,只有15%是由于他的专业技术,另外的85%要依靠人际关系、处世技巧。软与硬是相对而言的,专业技术是硬本领,善于处理人际关系的交际本领则是软本领。人与人的交往和关系也是多方面的,其中因从事职业活动而形成的业缘人际关系在社会生

---

① 党朝晖等. 记国家技术发明一等奖获得者张立同院士[N]. 陕西日报,2005 - 04 - 02.

活和人际交往中占主要地位。而职业道德则是调节业缘人际关系的有力杠杆。

　　职业道德是专业技术人员事业成功的重要条件。一个人对社会贡献大小，主要体现在职业实践当中，人生价值主要在职业生活中实现。"科学技术是第一生产力"，但科学技术并非生产力的独立要素。科学技术要转化为现实的生产力，还需要一个"物化"的过程。当科学技术渗透到生产力的各个要素中，才由知识形态生产力转化为物质形态的"直接生产力"。这一切的关键是"人"，因为，劳动者是科学技术的创造者和承担者。专业技术人员对科学技术的运用受其利益的驱使和思想道德的制约，尤其是受职业道德的影响直接而又显著。专业技术人员职业道德包括对职业认识的提高，职业感情的培养，职业意志的锻炼，职业信念的确立，以及良好的职业行为和职业习惯的形成等多方面的内容。专业技术人员职业道德的形成过程，同时也是思想觉悟、道德品质的提高过程。专业技术人员职业道德起着振奋精神，催人上进，使人不断攀登道德和科学事业高峰的作用。古今中外的大量事实证明，许许多多的科技工作者，他们在攻克一个又一个科学堡垒中表现出的热爱祖国，造福人民的献身求实和严谨治学的精神，构成了科技工作者的高尚的职业道德。正是这种高尚的职业道德鼓舞和鼓励着他们在科学事业上建功立业。爱因斯坦指出："人只有献身于社会，才能找到实际上是短暂而有风险的生命意义。"科技发展史上的大量事实证明，只有那些抱定了献身社会的宏伟志愿，一生为追求真理而不懈奋斗的人，才能成功地攻克一个又一个科学技术的堡垒，使科学技术的发展达到了今天这样的高度。① 可见，专业技术人员的事业成就同他的职业道德素质和修养密不可分。

　　例如，姚明是中国体育历史上国际影响力最大的运动员之一，但他不是从天而降的英雄。他是靠着自己的努力、智慧、坚韧的职业体育精神，一步一步走到今天的。

　　我们回过头看看姚明在 CBA 联赛时的对抗。虽然最后一个赛季，姚明每场可以得到接近 40 分，抢到 20 个篮板球，但他的真正对抗能力并不

---

① 孔庆祥. 论科技工作者的职业道德[J]. 宁波高等专科学校学报,2003(1).

强。在姚明的成长过程当中,有多少人曾经把他撞倒在地? 有多少人曾经在他身上占过便宜? 和姚明相比,有很多运动员拥有更好的天赋,都曾经站在姚明前面,但现在姚明实现了他们无法想象的成就。从某种意义上讲,如果以姚明的体质、肌肉类型能够达到今天的水平,那么,中国会有一部分职业篮球运动员都应达到这个水平。但事实上没有,因为很少有人具有姚明的职业精神。

姚明非常难能可贵的一点,是他明白自己是一名职业球员,他明白应该怎样对待自己。在他刚到火箭队的时候,他的体能教练法尔松曾经对他说:你怎样对待你的身体,你的身体就怎样对待你。姚明把这句话当成了他的座右铭,把每天的力量训练、体能训练变成了一种习惯,就像吃饭一样。人不能一天不吃饭,职业运动员不能一天不雕塑自己的身体。

刚开始的时候,姚明也没有掌握一整套非常有效的控制身体的方法,他还在不断的学习之中。在他的第一个 NBA 赛季结束之后,他感觉到非常疲惫,因为在 CBA,每个赛季只有 22 场常规赛,加上季后赛不过 30 场比赛,但 NBA 的常规赛就有 82 场强度惊人的交锋。于是他一下子休息了40 天,在那之后,他就感觉到恢复体能比较艰难。他专门找了教练和有经验的 NBA 球员来询问,别人告诉他,赛季之后的彻底放松不能超过 20 天,之后就必须开始体能训练。在那之后的三个赛季里,姚明的纯休息时间再也没有超出过 20 天。同时,姚明每天还在柔软的沙滩上奔跑 5 公里左右,来保持自己的体能。在最应该彻底休息的假期里,姚明仍然没有忘记雕塑自己的身体。

火箭队总经理道森说:"姚明是一个伟大的球员,更是一个为人谦和的小伙子。在这里我要告诉中国朋友们一个小秘密,我的太太对姚明钟爱有加,在她的心目中姚明不单是个子高大,更重要的是姚明所表现出来的一种职业精神让我们都很钦佩。"[1]

---

① 篮协发出"学习姚明的职业体育精神"号召,http://news. Xinhuanet. Com/sports/2006 - 06/22/content_4730301_2. htm.

三、专业技术人员职业道德是专业技术人员不断提升自身素质的重要途径

专业技术人员职业道德的自我完善作用就在于指导和帮助专业技术人员客观地思考问题,审慎地解决各种矛盾,从而确立高尚的道德责任感,纠正自己与职业道德要求相违背的各种错误行为和不良风气,增强自我调节、自我完善的能力和水平。专业技术人员职业道德促使专业技术人员更好地学习先进的科学技术、管理经验和文化知识,提高自身素质。只有具备高尚职业道德的专业技术人员,才能始终保持前进的正确方向,勤奋求知,及时地掌握最新的科学文化知识,从而不断丰富、提高和完善自己。一个没有高尚职业道德修养的专业技术人员,就等于失去了精神支柱,失去了前进的动力,靠"吃老本"过日子。

专业技术人员职业道德能促使专业技术人员不断提高创新能力。马克思主义认为,人越全面发展,社会越和谐,越能创造更多的物质文化财富;物质文化财富创造得越多,越能促进社会和谐,越能推进人的全面发展。江泽民同志指出:"要迎接科学技术突飞猛进和知识经济迅速兴起的挑战,最重要的是坚持创新。创新是一个民族的灵魂,是一个国家兴旺发达的不竭动力。创新的关键是人才,人才的成长靠教育。"①2006 年 6 月 5日,胡锦涛同志在两院院士会上指出:"国家核心竞争力越来越表现为对智力资源和智慧成果的培育、配置、调控能力,表现为对知识产权的拥有、运用能力。在当代世界科技发展的澎湃大潮中,可以说,谁把握了这些新特点新趋势,紧紧抓住追赶和跨越的机遇,不断增强科技实力特别是自主创新能力,谁就能在综合国力竞争中占据更有利的战略地位。"在知识经济时代,创新是经济发展的决定性因素。职业道德在培养劳动者的创新精神、提高民族创造力方面起着十分重要的作用。职业活动是人们社会生活中最基本、最普遍、最主要的实践形式,为个人的自由全面发展提供了舞台,同时,也是个人全部才能自由发展的创造性表现。在人们的职业活动中经常会遇到许多前人没有遇到过的问题,职业道德的激励作用能

---

① 江泽民.在新西伯利亚科学城会见科技界人士时的讲话[N].人民日报,1998 - 11 - 25 (1).

够促使职业人在职业活动实践中不满足于现状、不满足于按部就班地机械工作，而是以一种创新精神，充分发挥自己的聪明才智，去发现新事物，探索新规律，创造出一个又一个前所未有的人间奇迹。① 可见，专业技术人员职业道德是提升专业技术人员自身素质，特别是提高创新能力的重要途径。

【案例与评析】

［案例背景］

素质和修养太差，二十名大学生被重庆一公司开除

重庆某公司在 2004 年 7 月，招聘了 21 名大学生。令人惊讶的是，在随后不到 4 个月的时间里，该公司陆续辞退了其中的 20 名本科生，仅仅留下了 1 名大专生。

第一批被公司辞退的是 2 名来自某重点大学计算机专业的学生。他们在第一次与客户谈完生意后，将三万多元的设备遗忘在出租车上。面对经理的批评，他们说："对不起，我们是刚毕业的学生。学生犯错是常事，你就多包涵吧。"第三个被公司辞退的是一名本科毕业的女学生，喜欢睡懒觉，上班经常迟到，还在工作时间上网聊天。另有 3 名大学生与客户吃工作餐时大声喧闹。席间，一名男生张嘴吐痰，一口痰刚好吐在了客户的脚边。

有一次，公司领导带领员工到外地搞促销，在海边租了一套别墅，有二十多间客房，但员工有一百多人，很多老员工，甚至领导都只能睡在过道上。而有些新来的大学生却迅速给自己选定好房间，然后锁上房门独自看电视。这些大学生好几次走出房门看见长辈睡在地上，却视而不见，不吭一声。

最后被开除的是 1 名男生，他没有与对方谈妥业务就飞到南京，让公司白白花了几千元的机票钱。当领导问及此事，他却说："我没错，是他们变卦，你是领导我也不怕。"就这样，三个多月下来，公司招聘的 21 名大学

---

① 王易，邱吉. 职业道德［M］. 北京：中国人民大学出版社，2009：37.

生中,有20人因责任心不强、缺乏敬业精神等职业道德问题被公司辞退。该公司仅留用了一位女大专生,其原因是该生工作责任心强,爱岗敬业、工作勤奋,职业道德素质较高。①

[案例评析]

职业道德主要是调整从事同一职业人员的内部关系和他们同职业对象之间的关系。职业道德十分强调"敬业"、"合作"、"学习"精神,而这些又都是实现个人成长的前提和必要条件。所以职业素养的高度决定职业高度,二者互相促进,互相影响。职业道德是个人安身立命于职场的思想基础,是个人事业成功的保证,是实现人的全面发展的主要途径。② 每个人在履行职业道德时,要从单位和集体的利益出发,爱岗敬业,虚心学习,勤奋工作,不怕苦,不怕累,注重个人的道德品性修养。重庆某公司招聘的 21 名大学生中,有 20 人因责任心不强、缺乏敬业精神等职业道德问题被公司辞退就是最好的例证。

思考与练习

1. 简述道德的含义和特点。
2. 简述道德的作用和作用方式。
3. 什么是职业道德? 职业道德的特征是什么?
4. 资本主义职业道德的特点是什么?
5. 社会主义职业道德有哪些本质特点?
6. 社会主义职业道德的核心和基本原则是什么?
7. 什么是专业技术人员职业道德? 简述专业技术人员职业道德的本质。
8. 简述专业技术人员职业道德与专业技术人员自身发展的关系。
9. 请联系实际论述职业道德的实践性对自己职业道德修养的意义和作用。

---

① 田文生,熊黎. 素质和修养太差,二十名大学生被重庆一公司开除[N]. 中国青年报,2004 - 11 - 13.

② 王易,邱吉·职业道德[M]. 北京:中国人民大学出版社,2009:32 - 36.

第二章　专业技术人员职业道德的 基本构成、核心和原则

　　弄清专业技术人员职业道德的基本构成,阐明专业技术人员职业道德的核心和原则,是践行专业技术人员职业道德核心和原则的前提。

本章学习目标

　　理解专业技术人员职业道德各构成要素的内涵和作用;掌握专业技术人员职业道德各构成要素的基本要求,并能正确地用来指导自己的职业生活;掌握专业技术人员职业道德的核心和原则的基本内容;正确认识坚持为人民服务职业道德核心和集体主义职业道德原则的意义,并能正确地用来指导自己的职业生活。

第一节　专业技术人员职业道德的基本构成

　　专业技术人员的职业道德主要由专业技术人员的职业理想、职业态度、职业责任、职业技能、职业纪律、职业良心、职业作风和职业荣誉等八个方面的因素构成。这八个方面从不同的侧面反映职业道德的特殊本质和规律,专业技术人员职业理想是其前提,专业技术人员职业纪律是其保证,专业技术人员职业技能是其基础,专业技术人员职业作风是其集中体现。

一、专业技术人员职业理想

　　了解专业技术人员职业的理想含义和作用,有助于专业技术人员处理好"职业理想"与"理想职业"的关系。

（一）专业技术人员职业理想的含义和作用

1. 专业技术人员职业理想的含义

"理想"是对未来的想象和希望,是对美好未来的设想。理想来源于现实,又高于现实。

职业理想是指对自己所钟爱的职业的向往。一般地说来,职业理想包括三个要素:第一,维持生活,这是最低动机,是为了生存而工作;第二,发展个性,是指通过选定的职业,充分施展个人的才智;第三,承担社会义务,是指献身于社会的需要。① 职业理想是社会历史发展的产物,它随着社会职业的出现而产生,并随着社会职业的出现不断丰富和完善,伴随着科学技术的发展和职业的专门化而不断发展。

专业技术人员职业理想是指专业技术人员对正在从事的职业期望达到的成就或设想的追求。专业技术人员职业理想是专业技术人员职业道德的灵魂。

例如,2008 年 5 月 12 日,中国四川汶川发生了特大地震灾难,美好的世界在瞬间坍塌。为了孩子的生命,勇敢的教师,用柔弱的血肉之躯,用鲜活的生命为学生抵挡了死亡,用爱和无私撑起了希望的天空,把生的光明留给孩子,把死的黑暗留给自己。

当汶川县映秀镇的群众徒手搬开垮塌的镇小学教学楼的一角时,被眼前的一幕惊呆了:一名男子跪扑在废墟上,双臂紧紧搂着两个孩子,两个孩子还活着,而他已经气绝! 由于紧抱孩子的手臂已经僵硬,救援人员只得含泪将之锯掉才把孩子救出。这就是该校 29 岁的老师张米亚。"摘下我的翅膀,送给你飞翔。"多才多艺、最爱唱歌的张米亚老师用生命诠释了这句歌词,用血肉之躯为他的学生牢牢把守住了生命之门。

该校的谭校长说:"张米亚老师被挖出来的时候,学生家长和老师们都惊呆了。他死了,双腿跪地,身体弯成一张弓,保持着母鸡抱小鸡的姿势,在他怀里是两个活着的孩子。"

谭校长还说,今年 29 岁的张米亚身高 1.7 米左右,微胖,两年前刚从百花乡调到中心小学教数学。就在上一周,学校刚举行了红歌会,他还领

---

① 王辅成等. 教师职业道德[M]. 北京理工大学出版社,2005:26.

唱了《中国心》。这就是我们的张米亚老师! 死时,他才 29 岁! 也许他没有想到,也许他来不及想到,就在他张开双臂护住别人的孩子时,他的妻子和他那尚不满 3 岁的儿子也已被深深地埋在地下……

张米亚的同事马方琴说:"张米亚的教室在二楼,紧挨楼梯,如果他不管学生,自己是完全可以跑出来的,而他却用身体救活了两个孩子。"映秀小学学生杨茜睿回忆,张老师大声喊"不要慌,都趴在课桌下面",我们就钻到了课桌底下。前排有人趴得不够低,张老师还去按他们的头。几个同学想往外跑,张老师就一手抱住一个,拼命压在讲台下面。这时候,房子就垮了……

在生死一线间,张米亚老师用生命诠释了崇高职业理想的伟大意义。[①]

2. 专业技术人员职业理想的作用

专业技术人员职业理想的作用主要有以下两方面。

第一,职业理想是专业技术人员成功的方向标。专业技术人员的人生目标是通过职业理想来确立,并最终通过职业理想来实现的。一个人选择什么样的职业,与他的思想品德、知识结构、能力水平、兴趣爱好等都有很大的关系。政治思想觉悟、道德修养水准及人生观决定着一个人的职业理想方向。知识结构、能力水平决定着一个人的职业理想追求的层次。个人的兴趣爱好、气质性格等非智力因素,以及性别特征、身体状况等生理特征也影响着一个人的职业选择。[②] 俄国的托尔斯泰曾说过:"理想是指路的明灯,没有理想就没有坚定的方向,就没有生活。"专业技术人员有了明确的、切合实际的职业理想,"人们通过每一个人追求他自己的、自觉期望的目的而创造自己的历史[③]。"

第二,职业理想是专业技术人员职业成功的源动力。专业技术人员一旦树立了崇高的职业理想,在精神上就有了支撑,就有了坚强的意志。有了这样的精神支柱,在实现职业理想的过程中,不论遇到多大的困难和

① 黄耀红. 矗立于心灵的伟大雕像——为汶川大地震遇难的张米亚老师而作[J]. 湖南教育(语文),2008(7).

② 徐健,张德明. 职业理想:引领职业追求的精神动力[J]. 职业教育研究,2005(10).

③ 马克思恩格斯选集(第四卷)[M]. 北京:人民出版社,1973:243.

挫折,不论遇到多少艰难险阻,都能做到坚持不懈、百折不挠、一往无前。所以,职业理想是专业技术人员职业成功的源动力。专业技术人员有了崇高的职业理想,就能产生模范遵守职业道德的行为,做到爱业、乐业、勤业、精业,对社会做出应有的贡献。正如居里夫人所说:"如果能追随理想而生活,本着真正自由的精神,勇往直前的毅力,诚实不自欺的思想而行,则定能至于至善至美的境地。"例如,医药学家李时珍,为解百姓疾苦,踏遍青山,尝遍百草,历尽千辛万苦,积 27 年之经验写成医药学巨著《本草纲目》。如果专业技术人员没有职业理想,就没有灵魂,没有职业理想就没有动力。正如俄国思想家车尔尼雪夫斯基所说:"一个没有受到献身的热情所鼓舞的人,永远不会做出什么伟大的事情来。"

(二)专业技术人员必须处理好"职业理想"与"理想职业"的关系

人的职业理想受诸多因素的影响。时代、社会、家庭等外在条件,个性、爱好、特长、能力等内在条件,都在一定程度上影响职业理想的实现。职业理想是在客观决定和主观选择的辩证权衡中确定的。因此,我们必须处理好"职业理想"与"理想职业"的关系。

1. 把个人职业理想与社会发展需要有机统一起来

理想本身就是个人理想与社会理想的有机统一,二者缺一不可。在社会主义条件下,社会理想规定和制约着个人理想,而个人理想也是社会理想的有机组成部分。当专业技术人员的职业理想在"理想职业"中实现的时候,当然皆大欢喜,并能够有效地激发其工作积极性和创造性。但流动是专业技术职业的本质属性之一。在全球化背景下,专业技术人员职业流动呈现出市场化、国际化、多样化的特点。专业技术人员职业流动既与市场经济体制、考核评价体系、单位发展状况和职业竞争力等外部因素相关,也与职业地位、工作环境、专业技术人员价值观和专业技术人员自身素质等内在因素相关。据统计,在美国等一些发达国家,一个人一生要更换六七种职业。在大多数情况下,专业技术人员的"自我设计"在现实中往往不能得偿所愿,这时就会出现一些思想波动,产生一些负面效应。马克思在《青年在选择职业时的考虑》中说:"在选择职业时,我们应该遵循的主要指针是人类的幸福和我们自身的完美。不应认为,这两种利益会敌对的,互相冲突的,一种利益必须消灭另一种的;人类的天性本来就是这样的:人们只为同时代人的完美、为他们的幸福而工作,才能使自己达到完美。"①专业技术人员应把个人的职业理想与国家的需要紧密结合起来,用自己的知识和本领为祖国、为人民服务,在服务祖国人民、实现社会理想的过程中,实现个人理想和自身价值。

例如,2007年4月4日,中共中央总书记、国家主席、中央军委主席胡锦涛来到解放军总医院,亲切看望了正在这里住院治疗的海军大连舰艇学院教授方永刚,高度赞扬方永刚传播和践行党的创新理论的先进事迹,号召广大共产党员、全军官兵向他学习。胡锦涛对方永刚说,我看了你的事迹介绍,很受感动。你长期在军队院校从事政治理论教学和研究工作,为发展军队教育事业,为宣传党的创新理论,做出了优异成绩。你不仅深入学习党的理论,坚定信仰党的理论,积极传播党的理论,且用自己的实际行动模范践行党的理论。从你的身上,我们看到了共产党员的高度政治觉悟,看到了优秀教师的高尚师德师风。广大共产党员、全军官兵都要向你学习。② 树立正确的理想信念是思想政治理论工作者的价值追求。方永刚说:"教育别人要有所信仰的人,自己不能没有信仰。"理想信念是一张需要终生填写的答卷。他用自己的实践说明,在不必为追求理想抛头颅洒热血的和平年代,广大官兵依然要面对新的严峻考验,依然要守住心中神圣的理想信念。广大官兵虽然不用时刻面对硝烟弥漫、枪林弹雨的战场,但是却可能被各式各样的糖衣炮弹击中而摧毁理想信念和瓦解战斗精神。今天,有些人谈起理想信念,就认为是空话和大话,这是陷入了价值误区。虽然相对于物质世界,理想信念确实看不见、摸不着;但是,进入精神世界后,理想信念又是真实可感的,富于魅力和作用力。对理想信念的价值追求具有强大的力量,一个真正为理想奋斗终生的思想政治理论工作者,他的价值追求必定忠诚而坚定,他的人生价值一定会因此而升华,他的生命价值也一定会因此而拓展。思想政治理论工作者要树立坚定的中国特色社会主义共同理想,因为,这一科学理想所产生的"激情、

---

① 马克思恩格斯全集(第四十卷)[M].北京:人民出版社,1973:7.

② 胡锦涛看望方永刚,号召学方永刚[N].新华每日电讯,2007-04-06(1).

热情是人强烈追求自己的对象的本质力量"①,不但使人具有崇高的人生价值目标、庄严的社会责任感和历史使命感,具有高尚的情操、不屈不挠的品格和勇于献身的精神,而且是人的价值意识的最高形态,是人们在社会实践中形成的具有现实可能性的对未来价值目标的向往和追求,更是人们的世界观、人生观和价值观在价值目标上的集中体现,是建立在实践基础上的具有神圣性和崇高性的价值追求。因此,思想政治理论工作者应该像方永刚那样,对中国特色社会主义共同理想真心学习、真挚信仰、真情宣传、真诚实践,拥有胡锦涛主席所指出的"具有高尚的人生理想,热爱祖国,热爱人民,热爱科技事业,努力做到德才兼备,坚持在为祖国、为人民勇攀科技高峰中实现自己的人生价值"的思想道德素质。思想政治理论工作者,在理论上,应该在不断学习党的创新理论基础上,牢固树立理想信念;在实践中,在自身树立正确理想信念的同时,还要培养有理想的青年官兵。②

2. 处理好理想职业与现实的冲突

专业技术人员在追求理想职业的过程中,那些在现实基础上符合个人追求的理想职业,由于客观存在不同职业间在工作内容、强度、收入状况、专业技术人员智力水平、专业技能、权利、义务等方面的差别,使专业技术人员对不同职业的地位具有不同看法和态度,常常会出现理想与现实的冲突现象。这时,专业技术人员要识大体,顾大局,不为权力、地位、名誉、金钱和物质利益所动摇,正确对待社会地位和待遇,正确对待工作中的苦与乐,坚持自己正确的追求,正确面对挫折,调整自己的心态,热爱本职工作,从而使个人的创造性和特长得到最大限度的发挥。

二、专业技术人员职业态度

探讨专业技术人员职业态度的含义、形成和专业技术人员基本的职业态度,有利于更好地发挥专业技术人员在专业活动中的主导作用。

---

① 马克思恩格斯全集(第四十二卷)[M].北京:人民民出版社,1979:169.
② 魏磊,孙越隆. 军队思想政治教育的重要价值目标:培育有理想的高素质新型军人——像方永刚那样树立坚定的理想信念[J],政工学刊,2009(4).

(一)专业技术人员职业态度的含义

1. 职业态度的含义

职业态度是态度的下位概念。职业态度是指人们对职业所持有的评价和行为倾向。[①] 职业态度是职业道德的构成因素之一。职业态度从本质上讲就是劳动态度。它是职业劳动者对社会、对其他生产参加者履行各种劳动义务的基础。

态度:成功因素的85个百分点。[②] 媒体报道了一条新闻,说是北方一家医院在同一天为两个患不同病的儿童做手术。由于手术时间只相差十几分钟,当时又只有一辆手推车,护士赖得奔跑两趟便把两个患儿放在一辆车上,进入手术室后也未核对患儿病史信息就随意把两人卸到两个手术台上。结果要施扁桃体摘除术的患儿失去了胆囊;另一位喉管正常的儿童却留下了咽部残疾。提到这件事,有关专家评价说,这是明显的非职业化的表现。

职业化的一个重要内容就是职业态度和职业精神。职业态度和职业精神体现在日常的工作中。有人在雨天对公共汽车停车的方式做过观察。在一个路边有宽100公分积水的车站,有8个司机把车停在距候车乘客一米八左右的地方,这个位置,一般乘客无法一步上车,大部分人要涉水上车。还有4名司机快速驾车驶进站台,用溅起的泥水与乘客"打招呼"。只有两名司机将车停在乘客抬脚即可登车的地方。停在标准的位置,让乘客安全方便地登车,这一点在技术上对哪个专业司机都不难,但因为职业精神上的差距,标准化操作水平的不同,为乘客着想的服务态度的差别,工作的结果就完全不同。

事实上,很多颇有见地的公司也越来越重视人才的态度,态度在一定程度上比技能更重要。日本的经营之神松下幸之助不爱用那些"顶尖"人才。为什么呢? 就是因为这种人往往自负甚高,容易抱怨环境,抱怨职务、待遇与自己的才能不相称。持这种态度的人往往缺乏工作责任心和工作热忱,干起工作来不会出色,他所有的那点才能也发挥不出来。而能

① 车文博. 心理咨询大百科全书[M]. 杭州:浙江科学技术出版社,2001:65.
② 刘金波. 给职业态度打高分[J]. 职业,2004(6)

力仅及这类人70%的人,能力虽然不够强,但往往没有那种一流人才的傲气,工作踏实、肯干,反而能够为公司出大力。因此,松下对公司雇用到能力只能打70分的中等人才,不仅不急不气,反而说这是"公司的福气"。松下本人就认为自己也不是"一流"人才,给自己打的分数也只是70分,但是他的态度分肯定比那些"一流"人才高得多。

美国西北大学理事会主席兼心理学博士史各特说:"决定成功与失败的原因态度比能力更重要。"哈佛大学的一项研究表明:成功、成就、升迁等的原因85%是因为我们的态度,而仅有15%是由于我们的专门技术。然而,现实中我们往往花费着90%的时间、精力、金钱来学习那15%的成功因素,而对于占85%的成功因素却从未意识到。

带领中国国家队打入世界杯的神奇教练米卢衡量球员有一条标准:态度决定一切。态度的实质是一种敬业精神。有了这种精神,才能够不讲条件地自觉做好工作。

2.专业技术人员职业态度的含义和作用

专业技术人员职业态度是指从事专业技术工作的个体对某种专业技术职业的评价和比较持久的肯定或否定的心理反应倾向,它是职业行为的准备状态,对专业技术人员的职业活动具有指导性和动力性影响,主要涉及工作方法的选择、工作情感倾向、独立决策能力与选择途径等。

态度决定一切。专业技术人员职业态度是不断提高和充分发挥专业技术作用的重要保证。从某种意义上说,专业技术人员职业态度是专业技术人员职业技能的组成部分之一。专业技术人员职业态度是衡量专业技术人员素质高低的重要内容之一。一个人获得成功,60%取决于其职业态度,30%决定于其职业技能,而10%是靠运气。好的技能和运气固然重要,但是如果没有良好的职业态度作为支撑,成功的机会势必会很少。这就是所谓的"态度决定一切"。

例如,吕梁市文水县史志办主任、副研究员徐锦笙20年来怀着对史志事业的无限热爱与忠诚,矢志不渝地坐在史志办这个"清水衙门"的"冷板凳"上,以任劳任怨的奉献精神,尽力刻画着一个省级劳模的标杆高度;以兢兢业业的工作态度,努力诠释着一名史志工作者的职业情操;以清正廉洁的党性原则,倾心树立着一名共产党员的良好形象。修志事关千秋大业。搞史志工作的都清楚："一字入史册，九牛拔不出；宁跑千里路，不失一句真。"工作上的丝毫疏漏，都可能会歪曲历史，贻误后人。必须全身心地付出，必须有一丝不苟、精益求精的工作态度，必须确保史志成果的准确性，这样才能上对得起祖宗，下对得起子孙。在这种使命感和责任心的驱使下，一部60万字的《文水年鉴》(1986—1993年)徐锦笙曾审修了3次，一部140余万字的《文水县志》(1986—2002年)更是修改了无数次，并且，每次都是逐字逐句、逐个标点、逐个史实地进行核实、修改，有时为了考证一个史实，他得不厌其烦地查阅资料，不远千里地走访知情者。在编修《文水解放纪事》时，徐锦笙对过去资料中毛泽东为刘胡兰题词"生的伟大、死得光荣"的时间为1947年2月产生了怀疑，通过查阅大量的资料，最终在《毛泽东年谱》上找到了较为可信的时间是1947年3月25日。周围许多人不理解他的这种做法，讥他为"一根筋"，笑他是"迂腐刻板"；有人同情地劝他"何必那么认真？过得去就行了"。可徐锦笙认为，干史志工作就需要有这么一种执著、认真、甚至是"钻牛角尖"的精神，只有这样，才能无愧于使命、无愧于责任、无愧于历史、无愧于未来！要做好史志工作，光精细还不够，还务必做到吃苦耐劳、勤奋忘我。有一次，徐锦笙的母亲卧病在床，让他帮忙熬中药。他打开火、坐上锅之后，便又钻进小书房写东西去了。不知过了多长时间，母亲被一股刺鼻的焦煳味儿熏醒，挣扎着从床上爬起来到厨房一看，锅里的草药早已熬成焦炭。忍无可忍的母亲愤怒地冲他大喊："徐大主任，你心里只有工作，还有没有老妈啊？"他满面愧色地呆立了一会儿，便默默地收拾"残局"。2002年，文水县启动了新一轮修志工作，他更是以办为家，像一个面壁修炼的苦行僧，一头扎进浩如烟海的史志中，不知疲倦地写呀、编呀……没有星期天，没有节假日，寒来暑往，夜以继日，像一座拧足了发条的钟表，几乎是昼夜不停地运转。就连机关的门卫都忍不住地问："徐主任，你到底有多少工作，怎么每天都是早出晚归？"为了保证《文水县志》的出版质量，加快出版速度，他常常去太原印刷厂督阵，每次都是清晨来不及吃饭，中午顾不上吃饭，忙到深夜十二点赶回家，又累得吃不下饭。多年来，徐锦笙主编了《文水抗日纪事》、《中国共产党山西省文水县历史纪事》(1949年10月—2009年12月)、《文水县志》(1986—2002年)等，总字数约400万字；审修了《信贤村志》、《文峪河志》等,总字数150余万字。编写的《简易县情读本》、《文水概览》为文水县境内修高速公路、铁路等提供了县情资料。一分耕耘,一份收获,他先后被省劳动竞赛委员会记二等功、三等功各1次,被省委、省政府评为山西省第三届模范公务员一等功个人,多次被评为省修志工作、党史征编工作先进个人,被吕梁地委评为优秀共产党员,被吕梁市委、市政府评为吕梁市劳动模范,被县委、县政府评为优秀领导干部。他所在的单位也先后被评为全国地方志先进集体、连续七年被评为山西省地方志工作先进集体、全省党史系统先进集体。①

(二)专业技术人员职业态度的形成

职业态度的形成有主观和客观两方面的因素,其具体内容如图2-1②所示。

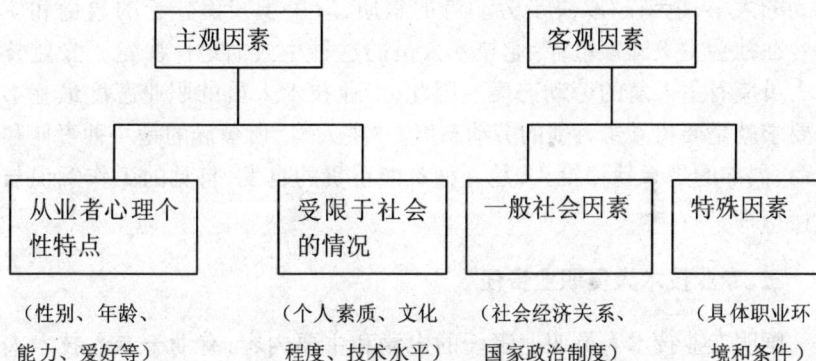

图2-1　职业态度形成的因素

其中从业者的价值观对职业态度会产生特别的影响。能满足个人的需要和爱好,与个人的价值观念相符的事,人们就会产生积极的态度;反之,则产生消极的态度。

(三)专业技术人员职业态度的基本要求

发挥工人阶级主人翁地位,是中国共产党领导的社会主义国家的性

① 甘守清苦编修史志——记文水县史志办主任徐锦笙[J]. 沧桑,2011(5).
② 刘建民. 职业道德与法律基础[M]. 上海:立信会计出版社,2006:42.

质决定的。《中华人民共和国宪法》明确规定："中华人民共和国是工人阶级领导的、以工农联盟为基础的人民民主专政的社会主义国家。"这一规定体现了中国工人阶级的主人翁地位是由宪法赋予的。邓小平同志指出："马克思说过，科学技术是生产力，事实证明这话讲得很对。依我看，科学技术是第一生产力。"①知识分子"已经是工人阶级自己的一部分。他们与体力劳动者的区别，只是社会分工的不同。从事体力劳动的，从事脑力劳动的，都是社会主义社会的劳动者②。"江泽民同志也说："我国工人阶级是近代以来我国社会发展特别是社会化大生产发展的产物，具有严格的组织性纪律性和革命的坚定性彻底性等品格。""中国工人阶级始终是推动中国先进生产力的发展的基本力量。我们党必须始终坚持工人阶级先锋队的性质，始终全心全意依靠工人阶级。"我国国力的强弱，经济发展后劲的大小，越来越取决于劳动者的素质，取决于知识分子的数量和质量。在社会主义国家里，专业技术人员的这种主人翁地位决定了专业技术人员应有主人翁的劳动态度。因此，专业技术人员的职业态度最基本的要求就是要树立主人翁的劳动态度。"主人翁"所蕴涵的是一种责任和使命，倡导的是奉献和投入，是一种难能可贵的自发、自觉的工作意识与工作精神。

三、专业技术人员职业责任

阐明专业技术人员职业责任的内涵和主要内容，有助于专业技术人员增强履行职业责任的自觉性。

(一)专业技术人员职业责任的内涵

责任是什么，根据《现代汉语词典》的解释有两层意思：一是分内应做的事；二是没有做好分内应做的事，应当承担过失。从事一份专业技术职业，意味着从业者在社会的劳动分工中承担了一份劳动任务，负起具体的职业责任，并据此领取一份职业劳动报酬。所谓专业技术人员职业责任，就是从事一定专业技术职业的人对社会和他人所必须承担的职责和任

① 邓小平文选(第3卷).北京:人民出版社,1993:274.
② 邓小平文选(第2卷).北京:人民出版社,1994:89.

务,它反映一种职业的根本要求。从业者必须按照职业章程、法规制度做好本职工作,并要承担相应责任行为的后果。也就是说,完成所在职业岗位规定的劳动的质和量,并对所完成的职业劳动的质和量所产生的后果负责,获得相应的劳动报酬及相关的奖励或惩罚。例如,医师有 10 条职业责任:①提高业务能力;②对患者诚实;③为患者保密;④和患者保持适当关系;⑤提高医疗质量;⑥促进享有医疗;⑦对有限资源公平分配;⑧促进科学知识完整和合理应用;⑨解决利益冲突,维护患者信任;⑩维护医师的职业责任。电视上曾播出了一则新闻故事,说的是深圳妇幼医院一位叫刘植华的医学博士在门诊中发现一名女患者有宫颈癌变的可能,随即开了化验单让其做检查。事后又怕患者无精神准备而产生惊恐,第二日先至检验科拿到化验单证实了癌变的诊断,他叮嘱检验科若该患者来取化验单请到他的诊室来取,以便做些思想工作。可是这位女患者一直没有来,连过几日,刘博士心急如焚,深怕患者耽误了最佳治疗时期,忙和病历档案室联系,但因患者填写的住址不清无法寻找。他向院领导汇报后,由院方请求公安户籍部门查找,结果全市同名同姓者不少,但没有一个是要找的患者。他又自费在电视上登滚动广告也没有结果,后和当地一家报社联系,欲自费再登寻人启示,该报主编被刘博士精神所感动,分文不收将此事写成新闻稿《×××患者你在哪里?》登出,不几日,要找的家住外地的女患者经亲友转告,赶来医院致谢并求诊,经手术治疗愈后出院。这则故事颇为感人,刘博士的医术是精湛的,社会责任心和职业道德更为高尚。他的事迹能在社会上得到宣扬,正是因为他具有高度的社会责任心和高尚的职业道德。又如,大学教师的职业责任主要表现为教学职责、培养指导职责、学术职责、公益与社会服务职责等几个主要方面。

(二)专业技术人员职业责任的主要内容

职业赋予职权,职权负起责任,职责与利益挂钩。专业技术人员职业责任的主要内容如下①。

1. 专业技术人员对自己从事的职业所肩负的职责和应尽的义务

(1)对个人的责任。这是自我产生的责任意识,是由于自己而不是因

---

①　龚鉴瑛. 关于职业责任的几点思考[J]. 江西社会科学,2005(5).

为其他主管或制裁机构强迫个人产生的责任意识。它要求自己对自己负责，自己就是自己的主管，能够对自己进行评判，是自己对自己、对自己行为的责任。人正是由于他能为自己承担责任，他才是真正自由的。一个人首先必须有自我责任之感，他才可能谈得上履行社会责任。即便是对上帝的宗教责任，也是以自我责任为基础的。深刻的自我责任意识是一切行为的根基，它构成了人生存的意义。

（2）对集体的责任。这是从业人员对自己供职单位所承担的职责和义务。职业责任与职业行为是相伴随的，它既包含了职业场所和职业行为本身的客观规定，也凝结了劳动者对工作的关注与参与。不同职业和在同一职业的不同岗位的人，所承担的责任大小是有差别的。

（3）对社会的责任和义务。任何一种职业都是社会的一分子，都承担着一定的社会责任，社会正是通过分工把各种职业的社会责任和义务赋予每个职业劳动者，因而每个从业者都必须承担一定的社会任务，为社会做出应有的贡献。每一种职业的具体工作都要由从业人员来操作完成。从业人员必须要明白自己所从事的职业与社会之间的关系，从而认清自身所肩负的社会责任。

2. 专业技术人员对自己从事的职业所应该承担的责任

每一种职业都有相关的法律法规和职业道德规范来规定从业者的职业行为及因此而承担的责任。职业责任的承担形式主要有道德责任、纪律处分、行政责任、民事责任和刑事责任等五种。

（1）道德责任。道德责任是指从业人员在履行职业职责的过程中，由于违反职业道德而受到的同行的批评、社会舆论的谴责或自我良心的谴责。这是从业人员承担职业责任最基本的一种方式。

（2）纪律责任。纪律责任是指从业人员在履行职业职责的过程中，违反了执业规范、职业纪律应当受到的纪律处分。纪律处分一般有警告、记过、记大过、降级、降职、撤职、开除等。

（3）行政责任。行政责任是指从业人员在履行职业职责的过程中，违反行政法规，依法应当承担的行政责任。

（4）民事责任。民事责任是指从业人员在履行职业职责的过程中，因为故意或过失而违反了有关法律、法规或职业纪律，构成民事侵权、形成债权债务关系等,依法应当承担的民事处罚责任。

(5)刑事责任。刑事责任是指从业人员在履行职业职责过程中,因其行为给国家、集体或个人造成损失、伤害,并触犯了刑法的有关规定,依法应该承担的刑事处罚责任。

(三)专业技术人员要自觉履行职业职责

任何高尚的德行,都是以某种责任感为支撑的。一个有职业责任感的专业技术人员,会在专业技术工作中努力将自己的知识水平和职业能力发挥到极致。纽约证券公司的金领丽人苏珊的经历极具代表性。苏珊生于中国台北的一个音乐世家,她从小就热爱音乐,但她却阴差阳错地考进某大学的工商管理系,尽管她不喜欢这一专业,但她却学得很认真,各科成绩优异。毕业时,她被保送到麻省理工学院,并拿到了经济管理专业的博士学位。如今,已经是美国证券界风云人物的她依然心存遗憾地说:"至今为止,我仍说不喜欢自己的工作,如果能让我重新选择,我会毫不犹豫地选择音乐。"艾尔森博士问她:"你不喜欢你的专业,为何又做得那么优秀?"苏珊说:"因为我在那个位置,那里有我的职责,对工作认真负责,也是对自己负责。"例如,2007年底,上海市政工程管理局收到了一封寄自英国一家设计公司的来信。信中说,外白渡桥的"桥梁设计使用年限为100年,现在已到期,请对该桥注意维修",并"建议检修水下的木桩基础,混凝土桥台和混凝土空心薄板桥墩"。无独有偶,前不久,山东淄博市第八人民医院收到一封来自德国的信,信是87年前承建胶济铁路的相关部门寄来的。信中说,该医院有座房子是他们当年修建的,修建时的预定使用年限为70年,现在这座房子如果尚存,请注意检修。医院检查发现,这座房子至今无恙。两个例子中涉及的建造商国别及他们承建的建筑物各不相同,但有一点却是相同的:无论是100年,还是87年,都超过了现代人的平均预期寿命。对建造商而言,老板可能换了数任,工程技术人员可能换了多茬,时过境迁,物是人非,但建造商对自己产品负责的态度却一直没改,留给消费者的信任却一直没丢,这种穿越时空和国界的,由一代一代的集体来传承的职业责任,的确让人为之震撼![①]

---

① 杨明生.“职业责任”与“放心工程”[J].建筑,2009(16).

相反,缺乏职业责任感的专业技术人员,往往对自己的言行极不负责,有的甚至不顾最基本的职业道德准则,损害他人和社会的利益。

四、专业技术人员职业技能

了解专业技术人员职业技能的含义和作用,有助于专业技术人员掌握提高职业技能发展水平的途径。

(一)专业技术人员职业技能的含义

技能是顺利完成某种任务的一种活动方式或心智活动方式。专业技术人员职业技能是指从事某一职业的从业人员为胜任所从事的职业必须具有的技术和能力。例如,教师职业技能是指教师在不同的教育教学情境中,能够顺利自如地完成需要复杂决策的操作任务的心智和能力。例如,中小学教师到底应该具备哪些基本职业技能才能适应新课改呢?根据教育部《高等师范院校学生的教师职业技能训练大纲(试行)》中提出的四类教师职业技能要求中小学教师应该具备的基本职业技能主要有普通话和口语表达技能、书写规范化汉字和书面表达的技能、教学工作技能、班主任工作技能。教师职业技能还可细化为:①讲普通话技能;②口语表达技能;③书写及书面表达技能;④教学设计技能;⑤现代教育技术技能;⑥课堂教学实施技能;⑦说课、评课技能;⑧组织和指导综合实践活动技能;⑨教学研究技能;⑩班主任工作技能。

(二)专业技术人员职业技能的作用

专业技术人员的职业技能是专业技术人员完成专业技术任务的必备素质,是提高工作效率的基本保证,也是专业技术人员的社会价值得以实现的重要基础。虽然职业技能本身不是职业道德,但它却是职业道德的载体和表现手段。只有具备良好的职业技能,才能出色地履行职业职责。正如邓小平同志所说:"劳动者只有具备较高的科学文化水平,丰富的生产经验,先进的劳动技能,才能在现代化和生产中发挥更大的作用。"反之,则不然,甚至会给国家带来负面影响。例如,被誉为"警坛神笔"的全国公安系统二级英模——张欣,他能仅靠人们的回忆和陈述来临摹画像,而且画得惟妙惟肖,和真人"一模一样"。仅 1990—1995 年,张欣就先后为全国各地公安机关临摹画像 230 张,通过他的模拟画像破获杀人、抢劫、强奸、盗窃等重大案件 386 起,抓获各类重大犯罪分子 177 人。

(三)专业技术人员提高职业技能的途径

对于专业技术人员个人来说,提高职业技能发展水平的途径主要有以下几方面。

(1)勤于学习。职业技能的形成离不开职业知识的积累,职业知识的积累是职业技能形成的基础。这里所说的职业知识主要是指与职业相关的基础理论知识和专业理论知识。专业技术人员只有不断学习,才能了解最新的专业理论,掌握专业改革发展的动态,使自己适应专业发展的要求。正如列宁所说:"我们一定要给自己提出这样的任务:第一,是学习;第二,是学习;第三,还是学习。"坚持终身学习,促进自己潜能的充分发挥。

(2)反复练习。练习是达到技能水平提高的唯一途径。职业技能是个体运用已有的知识经验,通过练习而形成的复杂的、自动化了的操作系统。皮连生认为,技能学习的实质是通过练习,使运动规则支配学习者的肌肉协调,最后达到自动化。所以技能是以已有的知识、经验为基础,需经过反复的练习才能形成。人的能力是在主体的积极活动中发展起来的,离开实践活动,即使有良好的素质和环境,能力也得不到发展。因此,专业技术人员要敢于怀疑,大胆实践。

(3)善于借鉴。不同的专业技术人员,在专业技术工作中体现出不同的职业技能技巧。借鉴和吸收他人的经验,是专业技术人员职业技能发展的有效途径。在这一过程之中专业技术人员共同分享知识,相互提供支持,为提高技能,学习新知识,解决实践问题而相互帮助,给出反馈意见。

(4)学会反思。专业技术人员的反思,既包括对自己专业活动行为的反思,也包括对自己专业发展的反思。通过反思,提高专业技术活动的效果,明晰自己专业发展的方向。心理学家波斯纳把教师成长的公式归结为:成长＝经验＋反思。

五、专业技术人员职业纪律

明确专业技术人员职业纪律的内涵、主要内容和作用,有利于专业技术人员自觉遵守职业纪律。

(一)专业技术人员职业纪律的内涵

纪律,作为行为规范,规范人们可以做什么,不可以做什么。专业技术人员职业纪律是指从事某一专业技术职业的从业者在从事劳动过程中应遵守的规章、条例、守则等。专业技术人员职业纪律是调整从业者与他人、从业者与职业组织、从业者与社会,以及职业劳动中局部与全局关系的重要方式,也是从业者对职业行为进行社会调控的有效手段。职业纪律的主要特征有法规强制性和道德自控性。

(二)专业技术人员职业纪律的主要内容

社会主义职业纪律的内容很广,包括劳动纪律、服务纪律、经济纪律、政治纪律等。例如,编辑工作者的职业纪律主要内容有如下六项:①在宪法和法律的范围内活动,遵守宪法和法律;②遵守政治纪律和宣传纪律,在政治上同党中央保持一致;③遵守出版法规,郑重地行使编辑职权;④遵守《著作权法》,尊重作者的劳动,不抄袭或剽窃作者的劳动成果,不侵犯作者的权益;⑤遵守国家的外交政策、民族政策、宗教政策、保密法规,维护国家的利益和民族的团结;⑥廉洁奉公,不利用职权利用书号牟取个人或小团体的利益。①

(三)专业技术人员职业纪律的作用

邓小平同志说得好:"一靠理想,二靠纪律。组织起来就有力量。没有理想,没有纪律,就会象旧中国那样一盘散沙,那我们的革命怎么能成功? 我们的建设怎么能够成功?"他又说:"要搞四个现代化,使中国发展起来,就要有纪律、有秩序地进行建设。"纪律是实现理想的保障。专业技术人员在履行职业责任时,必须遵守职业纪律。例如,1998 年 12 月 9 日《南方日报》报道,横行粤港澳、罪恶累累的黑社会头目张子强被捕后,

---

① 周奇.试论编辑的职业道德[J]. 中国出版,2004,(4).

1998 年 8 月,企图用重金收买哨兵,他还扬言:我要用短短一个月时间,把哨兵搞定! 他多次向武警广东总队八中队战士祖丕羽吹风:只要帮他捎个信或打一个长途电话就给 1000 万元,都—— 遭到小祖的严厉拒绝。

六、专业技术人员职业良心

专业技术人员的职业良心,在专业技术人员的职业行为过程和职业行为中起着主导的作用。阐明良心的内涵和专业技术人员职业良心的内涵,以及专业技术人员职业良心的作用,有利于加强专业技术人员职业良心的培养。

(一)良心的内涵

良心属于道德的范畴。良,即好、善、美、真;心,本意是指人体器官心脏。良心中的心,指的是思想意识。良心,古谓之善心、善念,现谓之存在于内心的是非、善恶之认识。"良心是一种道德意识,是人们在履行对社会和对他人的责任和义务过程中形成的道德责任感和义务意识的总和,是一定的道德观念、道德情感、道德信念在个人意识中的统一。"[1]马克思在论述良心的形式和实质时指出:"理性把我们的良心牢附在它的身上。"[2]良心内在于人的心中,但却有共同的内容。它是评价善恶是非的标准。

良心是怎样形成的呢? 马克思说:"良心是由人的知识和全部生活方式来决定的。"[3]可以说,良心不是先天就有的,而是后天形成的;人们的生活方式,包括职业活动的方式,对人们良心的形成起着决定性作用。

(二)专业技术人员职业良心的内涵

专业技术人员的职业良心是指在一定专业技术职业生活中的从业人员对职业责任的自觉认识,并依据职业责任或义务的要求对自身的职业实践活动中行为的动机、状况和效果进行的自我检查、监督和评价。它是

① 罗国杰,马博宣,夏伟东. 中国伦理学百科全书[M]. 长春:吉林人民出版社, 1993:125

② 马克思恩格斯全集(第一卷) [M].北京:人民出版社, 1956:134.

③ 马克思恩格斯全集(第一卷) [M].北京:人民出版社, 1956:152.

个人良心与专业技术职业义务的结合,是个人良心在专业技术职业活动中的具体体现。专业技术人员职业良心是专业技术职业者群体的良心,具有明显的职业特征。

例如,教师的职业良心的主要的内涵,我们认为有这样四个方面:①

"恪尽职守"实际上就是一种工作责任和纪律的要求。教育工作中的"恪尽职守"的内涵主要有两条。第一条是从职业规范上说的,教师的良心要求教师应当遵守工作纪律,按照社会和教育事业对教师的要求尽职尽责。比如,认真备课、上课,遵守工作时间及其他工作规范等。第二条是从教育效果上说的,职业良心要求教师不能误人子弟,要尽全力取得最佳的教育效果。做不到这两条的教师就是某种意义上的玩忽职守,就会受到职业良心的谴责。

"自觉工作"的要求是由教师的劳动特点决定的。首先,教师的教学行为具有个体和自由的特性,"慎独"的美德十分重要。因为教师的工作多数情况下都是无人监督的。虽然有教育对象的面对,但由于学生的未成熟性,由于师生关系的不对等性,学生往往也没有全面监督教师工作及其质量的能力。其次,教师的工作在一定意义上是没有边界和限度的。比如教师不仅要完成校内的工作,还应当与家长、社区等方面建立教育联系。这一联系需要教师大量的精力上的投入。怎样做才算践行了使命,我们无法有明确的界定。又比如,"教"无止境。除了基本工作之外,怎样才算完成了教师的任务,也完全由教师主观决定。所以,教师能不能自觉要求自己是教师工作成败或效能高低的决定因素。教师必须有自觉工作的良心。

"爱护学生"是教师的天职。教师对学生的爱护有其职业上的特点。这就是他必须对教育对象的成长负责。教师对学生的爱不同于一般的亲朋之爱,主要表现在为学生"传道、授业、解惑"上。"传递、授业、解惑"的质量成为是否真正爱学生的最重要的标志。苏联教育家赞可夫说得好:"不能把教师对儿童的爱仅仅理解为用慈祥的、关注的态度对待他们。这种态度当然是需要的。但是对学生的爱,首先应当表现在教师毫无保留

---

① 檀传宝. 论教师的良心[J]. 教育理论与实践,2000(10).

地贡献出自己的精力、才能和知识，以便在对自己学生的教学和教育上，在他们的精神成长上，取得最好的成果。因此，教师对儿童的爱应当同合理的要求相结合。"此外，教师对学生发展中存在的这样或那样的问题，不能够采取放任的态度，并且，教师在纠正学生的缺点时又必须充分考虑到不能挫伤他们的学习积极性，抑制他们的个性成长。

现代社会对于个性发展的要求比以往更高，教师良心中对个性培养的要求也会比以往更高。

"团结执教"也是教师良心要求的重要组成部分。教师的劳动从其活动过程来看具有明显的个体性。但教育效果的取得却是集体性的。学生的人格成长、学生的知识及心智水平的提高都是教师群体合力劳动的产物。所以，教师的同侪关系不仅是一般的同事关系，而且是一种职业道德的本质要求。教师同事关系方面的良心不是一般人际关系方面的良心，而是职业良心的直接构成部分。所以，应当有这样的教师集体：有共同的见解，有共同的信念，彼此间相互帮助，彼此间没有猜忌，不追求学生对个人的爱戴。只有这样的集体才能够教育儿童。

由于专业技术人员文化水平较高，又有自己独特的职业生活方式。这就决定了专业技术人员良心既有与其他职业良心相同的特点，又有内在性、综合性、稳定性、广泛性、崇高性等自身特点。

（三）专业技术人员职业良心的作用

伦理学认为，良心是人们的一种内在的有关正邪、善恶的理性判断和评价能力，是正当与善的知觉，义务与好恶的情感，控制与抉择的意志，持久的习惯和信念在个人意识中的综合统一。德国著名诗人海涅说：照亮人们唯一的灯是理性，引导人们在暗中行路的手杖是良心。良心对专业技术人员行为的支配作用，是社会舆论和法律所无法比拟的，在人们道德行为过程中起着主导作用。

首先，良心是专业技术人员行为之前的"指挥官"，指引着专业技术人员判断什么能做，什么不能做。专业技术人员在做出某种行为之前，良心总是要求专业技术人员根据所从事职业的义务，对行为的动机进行自我检查，对符合道德要求的动机给予肯定，对不符合要求的动机进行抑制或否定，从而做出正确的动机决定。特别是它能对自己提出"假如我这样做后有什么后果"、"假如我处在别人的位置上会怎么样"这样的问题,使自己严肃地思考、权衡和慎重地选择。就像心灵指挥官一样,对从事某种专业技术职业的从业人员的行为起着决策、指令的作用。如果没有良心的支持,就难以保证专业技术人员履行自己应尽的各种义务。例如,吉林桦甸市八道河子乡有一位手艺非常好的豆腐倌,他做的豆腐十分畅销,可是后来不做了。乡亲们都纳闷地询问,这位豆腐倌的回答是:"我得肝炎了,不能再卖豆腐了;如果再卖,那可太丧良心了。"乡亲们都很感动。这位普普通通的豆腐倌之所以放着钱不赚,而果断地停业,我们可以用很多理由去解释,但我觉得最主要的还是他仍固守着一片纯净的精神家园,而精神家园里最鲜艳的花朵,则是他那颗充满浓浓爱意的良心。

其次,良心是专业技术人员行为中的"检察官",审视着专业技术人员应该怎样做,不应该怎样做。良心在专业技术人员行为进行的过程中,能够起到监督作用,对符合道德要求的情感、意志和信念予以坚持和激励,对不符合道德要求的情感、欲念或冲动予以克制。特别是在行为进行过程中发现认识错误、情感干扰或情况变化时,能够使人们改变行为方向和方式,纠正自己的自私欲念和偏颇情感,避免产生不良影响,以致在行为发展的整体过程中,有所谓的"良心发现",自觉地保持自己的正直人格,不断提高自己的高尚品德。① 良心不仅保证专业技术人员按原计划实施正确的行为,而且,还会帮助专业技术人员在解决突发事件时抵制可能受到的诱惑,从而坚持道德行为,避免不道德行为的发生。例如,2008 年四川汶川大地震,许多中、小学的教学楼垮塌,许多天真烂漫的学生失去了生命,而北川县邓家海元村山中的刘汉希望小学却奇迹般矗立无损,483名学生和教职工安然无恙,一个都不少。灾后人们反思学校的建筑物该如何建,谈到建筑物的选址、建筑物的抗震级别、建筑物的用材质量等,而刘汉希望小学给出的更深层考量是:"最能经受考验的是人的良心。"②

第三,良心是专业技术人员行为之后的"审判官",检验着专业技术人员哪些做得对,哪些做得不对。良心作为行为的自我评价手段是一定的

① 陈菲.从伦理学视野谈人民警察职业良心的培养[J].辽宁警专学报,2007(5).
② 黄志坚.守护良心:青少年道德养成之根[J].中国青年政治学院学报,2008(5).

道德准则在个人身上的内在化。在专业技术人员行为之后,良心能够对自己的后果和影响做出评价。对专业技术人员履行了道德义务的良好结果和影响,得到内心的满足和欣慰。对没有履行道德义务的不良后果和影响,得到内心的谴责,表现出内疚、惭愧和悔恨,以致深感自己缺乏良心而纠正自己的错误。一个人如果能用良心评价自己的行为结果,就表明他已表现出把一定的道德原则和道德规范以外的要求转化为内在的信念。作为一名专业技术人员如果每天能抽出一点时间叩问良心,不论做什么专业技术,都至少不会偏离人生的航向,赢得坦然与真诚的回报。例如,麦当劳的创始人雷克罗克在《苦心经营》一书中曾经写到:有一次麦当劳的一个经营者来找我说,他想出把肉饼做成一个圈,再用调味品把中间的洞填满,再用泡菜盖上,顾客就不会发现这个洞。我告诉他,我们想让顾客吃饱,而不是诈他们的钱。我们决定麦当劳的肉饼应该是 10 个重 1 磅,不久这个重量就成了食品工业的标准。又如,2008 年 2 月,一位大学刚毕业的青年,陪母亲治病时,在上海某医院上海银行 ATM 机上发现前一位取款人的银行卡仍在机内,他在取款的界面输入 300,取款机吐出了 3 张百元大钞,又输入 2 000 吐出 2 000 元,再输入 2 000 吐出 2 000 元。当他输入了第三个 2 000 后,突然良心发现,想到失款人的痛苦,感到自己的行为缺德,于是将卡退出,并想尽各种办法联系到在医院治疗尿毒症的失主,并向失主归还他取出的 6 300 元和银行卡以后,他才心安。[①]

　　一个没有职业良心的专业技术人员,在职业活动中就会自觉不自觉地违背职业道德的要求,做出这种或那种缺德的事情来。例如,第二次世界大战时期,法西斯豢养了一批科学工作者为他们效力,用科学工作者掌握的科学知识研究细菌武器、飞弹来戕害人类。当时,奥斯威辛集中营前后总共关押了 130 万人,其中有 110 万人在集中营丧生,有时一天要处死6000 人。德国法西斯为了提高杀人的速度,组织一批科学家研究快速的杀人手段和高效的尸体处理技术,发明了毒气室和焚尸炉,用于杀人和尸体处理。日本法西斯设在中国东北的 731 部队,拥有 3000 多名细菌专家和研究人员,从事研制细菌武器。他们残忍地对各国抗日志士和中国平

民进行鼠疫、伤寒、霍乱、炭疽等活人实验,惨无人道地开展活体解剖,先后有一万多名中、苏、朝、蒙战俘和平民惨死在这里。这些科学工作者应用掌握的科学知识危害人类,违背了科学的本意,天良丧尽,最终必然为历史所唾弃。①

(四)专业技术人员职业良心的养成

专业技术人员职业良心的养成与专业技术人员的文化水平有密切联系,受专业技术人员世界观和人生观的影响,又与个人的道德实践、道德修养密切相关。专业技术人员可采用以下方法促进职业良心的形成。

1. 养成自我反省的习惯

人的行为受观念或意识的指导,观念不正确,行为就不正当。曾子说:"吾日三省吾身,为人谋而不忠乎? 与朋友交而不信乎? 传不习乎?"(《论语·学而》)意思是说,经常反省自己,有助于匡正意念,端正行为的动机,去掉邪念,以保证行为的正当性。这是一条颠扑不破的真理。从良心养成的角度来看,王阳明认为修养的基本方法是做"省察克治"之功。所谓"省察克治",就是反省内心深处的私欲,把它揪出来,进行分析批判,连根拔起,彻底铲除。他以猫捕鼠的故事比喻如何"省察克治"。要人们"一眼看着","一耳听着"。私念一有萌动,即与克去,斩钉截铁,不可姑容与他方便。亦如对付盗贼一样,不可窝藏,不可放他出路,直到无私可克为止。很明显,王阳明强调的是自我反省的重要性。弗洛姆也强调人们需要经常进行自我反省。他认为,对许多人来说,良心的声音是十分微弱的,以至于无法听到。我们可以听到每一种声音,听到每个人的声音,唯独听不到自己的声音。电影、广播、报纸,甚至无稽之谈,都会对我们起作用,就是自己的良心不起作用。而自我反省是人们听到自己良心声音的途径。所以,现代人在日常生活中养成自我反省的习惯,在反省中存善去恶,形成比较完善的道德自我,对于良心的养成有着重要的作用。② 责任心,是专业技术人员职业良心养成的前提。专业技术人员应以职业责任

① 冯坚,王英萍,韩正之.科学研究的道德与规范[M].上海:上海交通大学出版社,2007:25.

② 宋广文,李俊峰.论良心的意义与养成[J].集美大学学报,2010(3).

为标准,严格要求自己,养成天天自我反省的习惯,做到"日省其身,有则改之,无则加勉"。正如苏霍姆林斯基所说的那样:"一个人能进行自省,面对自己的良心进行自白,这是精神生活的最高境界;只有在人类的道德财富中找到自己的榜样的人,才能希望达到这个境界。"

2. 养成"四心"

中国古代思想家孟子指出:"良心"就是"仁义之心",其主要内容是"恻隐之心"、"羞耻之心"、"恭敬之心"、"是非之心"。从深层的心理分析,良心,即仁爱心、责任心、同情心、羞耻心的内在统一。良心是"四心"的整合与结晶,"四心"构成了评价人的良心的指标体系。[①] 仁爱心、责任心、同情心、羞耻心是专业技术人员职业良心中的重要因素。如果一个专业技术人员连起码的仁爱心、责任心、同情心、羞耻心都没有,当然也就谈不上职业良心。仁爱心、责任心、同情心、羞耻心是养成和增强专业技术人员职业良心的关键。

3. 自觉培养"慎独"精神

"慎独"最先见于《礼记·大学》和《礼记·中庸》:"莫见乎隐,莫见乎微,故君子慎其独也。"所谓"慎独",是指一个人在独立工作或独处,无人监督,有做坏事的环境、条件和可能的时候,能自觉地严格要求自己,遵守道德原则和规范,而不做不道德的事情。"慎独"是一种修身方法,也是个人修养的最高境界。"慎独"作为专业技术人员的修养方法之一,其实就是一个自我教育、自我监督、自我克制、自我完善的修炼过程。同时,作为道德境界,"慎独"体现着专业技术人员作为道德实践主体,其自身内在的道德意志和道德信念的坚定性。慎独,是衡量专业技术人员道德水准的试金石。专业技术人员在独处时,要坚持自己的道德信念,努力使自己的道德行为选择在任何情况下都能服从理智,服从意志,克制不良动机,克制不良情绪,经常保持良好的自控能力和调节能力,自觉地遵循道德准则。

4. 坚持自我实践

专业技术人员职业良心的形成不是一朝一夕的事,而是需要一个长

---

① 黄志坚. 守护良心:青少年道德养成之根[J]. 中国青年政治学院学报,2008(5).

期修养和艰苦磨炼的过程。实践是专业技术人员职业良心形成的基础。职业良心总是在履行义务的行为中得到表现和受到评价的。在实践中使职业良心实现良心的价值,在实践中使职业良心得到完善和提升。专业技术人员只有参加专业实践,才能对道德规范所包含的内容和意蕴获得切身的体验,从而加深对规范的理解。在专业实践过程中,专业技术人员经常会受外部因素的干扰,失去内心的和谐和平衡。尤其是在市场经济时代,价值观的多元化使专业技术人员陷入一种价值冲突和伦理困惑中,专业技术人员只有在不断的专业实践中坚定信念,才能在道德两难中坚持凭良心办事,做出符合良心的选择。坚持自我实践是专业技术人员养成职业良心的根本途径。

七、专业技术人员职业作风

职业作风和职业信念是职业精神的高层次体现。了解专业技术人员职业作风的内涵和作用,有利于明确和践行专业技术人员应树立哪些职业作风。

(一)专业技术人员职业作风的内涵

什么是作风?"作"字的本意是人而立起,工作、作为、做工。作,含"兴起"之意,《易·乾·文言》:"圣人作而万物睹"。"风"字的初意是空气流动的自然现象,古称"八正之风",引申为社会风气、风俗、风尚。"作风"就是人们在做事中兴起、形成的一种风气,是人们在生活、工作中一贯表现出的行为和态度。[①] 专业技术人员的职业作风,是指从事某一专业技术职业的从业人员在职业实践和职业生活中表现出来的一贯的态度和言行,是从业人员的职业风范。每一种职业,在实践中都会表现出自己职业的作风。例如,教师的职业作风应是循循善诱、诲人不倦。

(二)专业技术人员职业作风的作用

专业技术人员职业作风体现了专业技术人员职业道德的精髓,甚至从某种程度上说,专业技术人员的职业作风就是专业技术人员的职业

---

① 吴兵旭. 作风与良心[J]. 河北公安警察职业学院学报,2009(2).

道德。

一个职业集团有了优良的职业作风，就能互相教育、互相影响、互为榜样、互相监督，形成良好的舆论、风尚，使好的思想、行为、品质得到发扬，使不良的思想、行为、品质受到抵制。

(三)专业技术人员应树立的职业作风

专业技术人员应树立哪些主要职业作风呢?

第一，坚持真理。马克思说:"在科学上没有平坦的大道，只有不畏劳苦沿着陡峭山路攀登的人，才有希望达到光辉的顶点。"例如，达尔文的《物种起源》学说遭到了反动势力的迫害，他的好友——英国博物学家赫胥黎为了支持他的斗争，也决心做出牺牲"准备接受火刑"。我国"两弹一星"的研制者们淡泊名利，隐姓埋名，默默奉献，有的甚至献出了宝贵的生命。他们宝贵的热血和生命，创造了世界科技史上的奇迹。

第二，实事求是。"实事求是"最早见于《汉书》。在《汉书·河间献王传》里是这样记载的:"河间献王德……修学好古，实事求是。"在《汉书》中的"实事求是"原意是指河间献王刘德在做学问时，注意掌握充分的事实根据，然后再从事实中得出真实的结论来。反映出一种求实的学风。① 邓小平说:"我看大庆讲'三老'，做老实人，说老实话，干老实事。就是实事求是。"实事求是就是从实际出发去探求事物的客观规律，这和创新在本质上是一致的。实事求是是我党的优良传统和作风，也是专业技术人员职业作风的重要内容之一。坚持实事求是原则和创新原则，都需要有极大的勇气。创新意味着要修正前人的错误，这必然会触及部分人的既得利益，因而会遇到强大的阻力。创新者必须具备敢于为真理献身的崇高精神，披荆斩棘，勇往直前，为了科学和社会的进步而付出不懈的努力。比如，2003年2月18日广东省卫生厅召开的紧急会议。会上，广东"非典"医疗救护专家指导小组组长钟南山亮出了自己的意见:反对"非典"病因"衣原体说"，并列举了充分的临床依据，直至最终为会议所采纳。后来媒体报道形容称，这次发言之前钟南山"沉默良久"，因为在

---

① 钟熠.毛泽东实事求是思想是践行科学发展观之基础[J].企业家天地(理论版),2011(1).

当天上午,北京国家疾控中心根据广东送来的病例标本,初步认定"非典"病因为"衣原体"。两个月后,钟南山提出的"冠状病毒说"得到了世界卫生组织确认。即便如此,在此之前,任何对国家疾控中心的公开反对意见都无异于一个挑战。当天会后有朋友问他:"你就不怕判断失误吗?"钟南山平静地说:"科学只能实事求是,不能明哲保身,否则受害的将是患者。"①

第三,追求新异。创新是做别人没有做过的事,解决别人没有解决的问题,常常会遭受意料不到的挫折,必须勇挑重担,勤于学习,迎难而上,挑战自我,发挥百折不挠的精神。例如,诺贝尔奖获得者——美国的科学家科吉耶曼为了研究下丘脑激素花费了35年,经过27万次的试验,忍受了无数次的耻辱痛苦,最后终于取得成功。又如,瑞典科学家诺贝尔在实验烈性炸药中,在弟弟和4名助手被炸死以后仍继续坚持。

第四,团结协作。团结协作是指团队的成员为了团队的利益和目标而相互协作、尽心尽力的意愿和作风。创新行为的社会特征之一就是合作性。创新无疑是一种群体行为,牵涉到人与人之间的关系。只有真诚的合作,才能使创新成果得以升华。据统计,1901—1972年,诺贝尔奖获得者合作研究获奖数占总人数的65%。由此可见,在当代社会中,由一个人单枪匹马去完成重大发明的课题,几乎是不可能的。一个不会协作的人,只会遇到更多的困难。

八、专业技术人员职业荣誉

阐明专业技术人员职业荣誉的内涵和作用,有利于专业技术人员树立科学的荣誉观。

(一)专业技术人员职业荣誉的内涵

荣誉是一个人履行了社会义务以后,得到社会上的赞许、表扬和奖励。正如德国伦理学家弗里德里希·包尔生所说:"一个人通过他的品质和行为在他的伙伴中唤起某种情感,这些情感是以价值判断的形式来表现的:尊敬和无礼,崇拜和蔑视,敬重和厌恶。这些情感以判断的形式表

---

① 张东锋. 钟南山:大医精诚 仁者南山[J]. 创造,2008(12).

现自己并为其他的情感所影响、加强和共鸣,因而产生了对于社会中的特定个人的某种总的价值的东西,这就是他的客观荣誉。"①例如,人们常把医德高尚、医术精湛的医务人员称赞为"白求恩式的大夫"、"人民的好医生"、"白衣战士"等。

所谓专业技术人员职业荣誉是指对某一专业技术的从业者职业道德行为的社会价值所做出的肯定评价和专业技术从业者本人对这种评价的自我意识。它包括两个方面:一方面是指专业技术从业者履行了社会义务,对社会做出一定贡献后,社会舆论所给予的赞许和褒奖;另一方面是指专业技术从业者对自己行为的社会价值所产生的自我意识,即由于自己履行了社会义务而产生的自我道德情感上的满足和自豪。而职业荣誉也是职业良心中的知耻心、自尊心和自爱心的体现。例如,2007年8月28日《新安晚报》报道:在大家对"谢师宴"褒贬不一之际,一位所带班级高考本科达线率100%的班主任反其道而行之,举办"师谢宴",感谢学生让他再次体验了作为一名教师的职业崇高感。在今年的高考中,徐海龙所带安徽省太和一中2007届高三(7)班的学生中,高考本科达线率100%,囊括全县理科前六名,全班600分以上的有40人,4人被中国科技大学少年班录取,很多学生被清华大学、北京大学、复旦大学等名校录取。为表达感谢之情,金榜题名的学生不约而同地想到了"谢师宴"。面对学生和家长的盛情,徐海龙说,请客吃饭既浪费时间,耗费精力,又不利于社会风气建设,特别是那些经济困难的农村孩子,"怎能增加他们的负担呢?""可家长的热情实在难以拒绝"。为解决这一问题,徐海龙想了一招:召集学生及家长举办一个"师谢宴"。"我要向从四面八方远道而来的学生表示衷心的感谢,是大家的共同努力才创造了今天的成绩。""教育是爱的事业,没有爱就没有教育。"从教20多年的徐海龙对此有切身体会和深刻理解。"为人师者,应真心诚意地对待每一个学生。我要感谢他们让我体验到了教师职业的崇高。"徐海龙夫妇都是教师,女儿正读高一,父母均在农村,家庭经济并不宽裕。但他为学生买资料、买生活学习用品时却慷慨大方,

---

① [德]包尔生.何怀宏,廖中白译.论理学体系[M].北京:中国社会科学出版社,1988:
489.

每月拿出 200 元长期资助困难学生。一位家庭贫困的学生考上重点大学后,他毫不犹豫地从自己的工资里拿出 3000 元为其弥补学费的不足。

(二)专业技术人员职业荣誉的作用

第一,专业技术人员职业荣誉能推动专业技术人员更好地履行职业道德义务。例如,图书馆员一旦树立了"用户第一,服务至上"的职业荣誉观,就表明他已经认同了社会的价值标准,并以此作为衡量和督促自己职业行为的价值尺度和规范准则,把履行义务内化为自己内心的道德信念,自觉自愿地履行职业义务。

第二,专业技术人员职业荣誉具有自我评价作用。专业技术人员职业荣誉能帮助专业技术人员对自己行为后果做光荣和耻辱的评价,有助于改正错误,养成高尚人格。

第三,专业技术人员职业荣誉具有激励作用。荣誉感是专业技术人员个人生活的精神支柱,是激励专业技术人员个人奋斗向上与向善的内在动力,能激发专业技术人员最大的潜能。

(三)专业技术人员职业荣誉观的培养

职业荣誉观是道德的重要内容。因此,对专业技术人员来说,树立科学的荣誉观十分重要。

1. 专业技术人员要不断增强对专业技术职业的自豪感

专业技术人员要不断深化对自己职业活动所具有的社会价值的自我意识,热爱自己的专业,提升职业荣誉感。爱因斯坦曾说过:"热爱是最好的老师","事业取得成功的钥匙是兴趣和热爱"。达尔文在生物科学研究中取得伟大的成就,与他从小酷爱大自然分不开。南丁格尔女士之所以成为妇女和护理界最光辉的形象之一,与她热爱医学护理工作和对护理事业的执着追求是分不开的。

2. 正确处理个人荣誉与集体荣誉、荣誉与求实共存的关系

专业技术人员要树立正确的荣誉观。自觉维护集体荣誉,在个人荣誉面前要想到集体、他人的成绩。要有"盛名之下,其实难副"的自知之明,保持谦逊的态度,以大局为重,相互谦让,虚心学习。坚持职业荣誉的真实性,用自己的真才实学去获得荣誉,坚决反对那种不择手段、损人利

己、骗取荣誉的行为。我听说这么一则过关于居里夫人的故事:在家中,居里夫人曾将英国伦敦皇家协会奖给她的一枚金质奖章当玩具给女儿玩,有客人见状不解,她解释道:"我是故意给她们玩的。我要让她们从小就知道荣誉如同玩具,只能玩玩而已。"可这一"玩"偏偏却"玩"上了瘾,她们一家人竟先后三次荣获诺贝尔奖,成为迄今为止世界上获得此项殊荣次数最多的家庭。像居里夫人这样功成名就的"大家"或许反倒能够平心静气地看轻各种各样的荣誉,而能以如此恬淡从容的心态去培养孩子的荣誉感、荣誉观恐怕就不是一般人所能做到的了。[①] 科学历史表明,科学家进行科学研究的目的从来不是为个人树碑立传,而是为全人类做出杰出贡献,这才是发现和创新的真正价值所在。正因为如此,哈佛大学把为社会做出贡献的大小列为评价学生学习成果的重要内容。

3.掌握争取荣誉的正确方法

在获取荣誉的途径上,坚持和倡导通过诚实劳动与无私奉献精神去实现。只有遵纪守法,辛勤地劳动和创造,才会得到社会的承认和赞扬,才会得到人们的理解和尊重,党和国家才会给这些"看来似乎平凡艰苦的工作以应有的荣誉。

第二节　为人民服务是专业技术人员职业道德的核心

探讨专业技术人员职业道德体系,首先必须探讨专业技术人员职业道德的核心。

一、为人民服务是专业技术人员职业道德的核心

(一)社会主义职业道德体系的核心是为人民服务

中共中央颁布的《公民道德建设实施纲要》指出:"从我国历史和现实的国情出发,社会主义道德建设要坚持以为人民服务为核心,以集体主义为原则,以爱祖国、爱人民、爱劳动、爱科学、爱社会主义为基本要求,以社会公德、职业道德、家庭美德为着力点。在公民道德建设中,应当把这些

---

① 王淦生. 从居里夫人的荣誉观说起[J]. 教书育人,2004(20).

主要内容具体化、规范化,使之成为全体公民普遍认同和自觉遵守的行为准则。"全社会共同的职业道德规范与职业道德核心规范的形成,使社会主义职业道德有了相对独立的体系。其主体部分包括三个层次。①

第一层次是各行各业具体的职业道德要求,它所强调的具体职业规范特点比较明显,并且带有强烈的可操作性和历史继承性。它只适用于本行业、本企业、本部门内部。这一层次的具体规范十分庞杂,只能由各行各业自己去制定。

第二层次是各行各业共同遵守的五项基本规范,即爱岗敬业、诚实守信、办事公道、服务群众、奉献社会。这五项基本规范虽然不具有具体职业的特点,但它是介于社会主义职业道德核心规范与具体行业道德规范之间的职业行为准则。它既概括了各行各业职业道德的共同特点,同时也是对各行各业提出的共同要求。它所反映的是社会的公共利益,而不是各行各业从业人员的自身利益,它是为人民服务核心规范的具体化。因此,只有按照这些基本规范去做,其行业行为才能符合人民群众的意愿。

第三层次即最高层次是社会主义职业道德的核心规范——为人民服务。它是从业人员在进行具体职业活动中应该遵守的最根本准则,是进行职业活动的根本指导思想。它既是每一项职业活动的出发点,也是每一项职业活动的落脚点。

(二)为人民服务理所应当是专业技术人员职业道德的核心

中共中央颁布的《公民道德建设实施纲要》指出:"为人民服务作为公民道德建设的核心,是社会主义道德区别和优越于其他社会形态道德的显著标志。它不仅是对共产党员和领导干部的要求,也是对广大群众的要求。每个公民不论社会分工如何、能力大小,都能够在本职岗位,通过不同形式做到为人民服务。在新的形势下,必须继续大张旗鼓地倡导为人民服务的道德观,把为人民服务的思想贯穿于各种具体道德规范之中。要引导人们正确处理个人与社会、竞争与协作、先富与共富、经济效益与社会效益等关系,提倡尊重人、理解人、关心人,发扬社会主义人道主义精

①　王易,邱吉.职业道德[M].北京:中国人民大学出版社,2009:21.

神,为人民为社会多做好事,反对拜金主义、享乐主义和极端个人主义,形成体现社会主义制度优越性、促进社会主义市场经济健康有序发展的良好道德风尚。"为人民服务,是中国共产党的根本宗旨,是专业技术人员职业道德的核心。

第一,专业技术人员职业道德以为人民服务为核心,体现了马克思主义唯物史观的必然要求。

人民群众是社会物质财富的创造者,是社会精神财富的创造者,是社会变革的决定力量,是推动社会主义现代化发展的基本动力。人民群众的利益、意志、愿望和要求,从根本上体现了社会发展的趋势和方向。我们必须把实现、发展和维护好广大人民群众的利益作为一切工作的出发点和归宿。专业技术人员职业道德以马克思主义为指导思想,必然要求把为人民服务作为社会主义职业道德的核心。

第二,专业技术人员职业道德以为人民服务为核心,是由我国社会主义的基本经济制度和政治制度决定的。

在社会主义初级阶段,我国实行的是以公有制为主体、多种所有制经济共同发展的社会主义经济制度,社会生产的目的是满足广大人民群众日益增长的物质文化需要。社会主义的经济基础,必然要求以为人民服务为核心的社会主义道德与之相适应。从政治制度上看,人民民主专政是我国的国体,人民代表大会制度是我国的政体,人民是国家的主人。这样的政治制度也必然要求建设以为人民服务为核心的社会道德。正是在这个意义上,现在为社会主义服务同为人民服务,是完全一致的。离开了社会主义道路,也就从根本上脱离了人民,违背了人民的最高利益。①

第三,专业技术人员职业道德以为人民服务为核心,是由职业道德的根本目的所决定的。

专业技术人员相对同一职业内部的非专业技术人员而言具有一定的先进性,因为他们更多地接受过专业教育,他们的理性思维可能更加发达,他们的工作经验可能更加丰富,因此,他们对各种利益关系及人际规

---

① 林伟健.公民道德新标杆:社会主义荣辱观大学生读本[M].广州:广东人民出版社,2006:65.

律的认识更加深刻,同时,也因为他们的行为对所在行业及社会具有更大的效用性,所以,他们的行为更应该接受职业道德的约束,他们更应该成为遵守职业道德的模范。因此,职业道德的基本原则也是专业技术人员职业道德的基本原则,也就是说,专业技术人员职业道德的基本原则也是"为人民服务"。而专业技术人员职业道德的根本原则之所以是为人民服务,则是由专业技术人员职业道德的根本目的所决定的。正如职业道德的基本原则——为人民服务,是由职业道德的根本目的决定的。①

二、为人民服务的基本要求

毛泽东说:"为什么人的问题,是一个根本的问题,原则的问题。"②"人民"是一个历史性范畴,不是一成不变的,而是具体的、历史的、发展的,在不同时代、不同历史发展阶段,人民具有不同的构成状况,包含着不同的社会成分。因而也决定了为人民服务的主题具有特定的时代内涵和要求。在社会主义时期,"一切赞成、拥护和参加社会主义建设事业的阶级、阶层和社会集团,都属于人民的范围。③"为谁服务,怎样服务,始终是各种职业的一个根本间题。服务人民是社会主义道德的集中体现,是我们党一贯倡导的社会主义和共产主义道德观的核心。为人民大众服务是社会主义道德的本质。

为人民服务是专业技术人员职业道德的核心。在中国共产党的历史上,毛泽东同志第一次明确提出了"为人民服务"的道德观。1939 年 2 月,毛泽东同志致信张闻天,首次在我们党内提出了"为人民服务"的概念。1942 年,毛泽东同志《在延安文艺座谈会上的讲话》中指出,我们的文艺是为人民的,是为着人民大众的。1944 年 9 月 8 日,毛泽东同志在张思德烈士追悼会上作了《为人民服务》的讲演,第一次从理论上深刻阐明了为人民服务的思想。1944 年 10 月,毛泽东同志在接见新闻工作者时指出:三心二意不行,半心半意也不行,一定要全心全意为人民服务。在党的七

---

① 汪辉勇.专业技术人员职业道德[M].海口:海南出版社,2005:74.
② 毛泽东.毛泽东选集(第三卷)[M].北京:人民出版社,1991:857.
③ 毛泽东.毛泽东文集(第七卷)[M].北京:人民出版社,1999:205.

大开幕词中,毛泽东同志说:我们应该谦虚,谨慎,戒骄,戒躁,全心全意地为中国人民服务。党的十四届六中全会第一次以中共中央决议的形式,强调"社会主义道德建设要坚持以为人民服务为核心"。中共中央颁布的《公民道德建设实施纲要》再次强调指出:从我国历史和现实的国情出发,社会主义道德建设要坚持以为人民服务为核心。我国现行《宪法》第二十七条也明确规定:"一切国家机关和国家工作人员必须依靠人民的支持,经常保持同人民的密切联系,倾听人民的意见和建议,接受人民的监督,全心全意为人民服务。"①为人民服务,坚持了马克思"为绝大多数人服务"的基本道德观点。同时,也是对列宁的"人人为我,我为人人"基本道德观的进一步发展。为人民服务的基本要求主要包括以下几个方面。

(1)一切从人民利益出发。毛泽东同志指出:"全心全意地为人民服务,一刻也不脱离群众;一切从人民的利益出发,而不是从个人或小集团的利益出发;向人民负责和向党的领导机关负责的一致性;这些就是我们的出发点。"②毛泽东关于一切从人民利益出发的思想,内容十分丰富,主要是:坚持真理,修正错误;关心群众生活,给人民以看得见的物质利益;坚持群众路线,等等。胡锦涛同志说:"要始终把群众的利益放在第一位。"今天,坚持一切从人民利益出发,就是要坚持人民利益高于一切,时刻为群众着想,事事为群众造福,处理任何问题,都要把人民利益放在首位,自觉做到个人利益服从人民利益,把个人利益融入人民群众利益之中。在必要时,勇于做到为广大群众利益牺牲个人利益。

(2)一切对人民负责。怎样理解一切对人民负责呢? 毛泽东同志明确表明:"我们的责任,是向人民负责。每句话,每个行动,每项政策,都要适合人民的利益,如果有了错误,定要改正,这就叫向人民负责。"他还明确指出了向人民负责的出发点和归宿,都是人民的利益。他说:"共产党人的一切言论行动,都必须以合乎最广大人民群众的最大利益,为最广大人民群众所拥护为最高标准。"怎样才能一切对人民负责呢?

首先,必须关心群众的切身利益,为群众办实事。各种专业技术职

①　中华人民共和国宪法[N]. 北京:中国法制出版社,2002:9.

②　毛泽东选集(第三卷)[M]. 北京:人民出版社,1991:1094—1095.

业,都是为人民服务的岗位。一个人,无论从事哪一种专业技术职业,都要自觉把自己的职业劳动与满足人民群众的各种需要联系起来,自觉履行自己的职业责任,为群众服务,使人民群众因为我们的服务而真正得到好处,决不能做损害群众利益的事。

其次,要真正做到对人民负责,必须勤勤恳恳、全心全意,以最大努力做好本职工作。凡是有利于群众的事,能够减轻和解除群众疾苦的事情,就要尽力去做;凡是不利于人民,给人民造成痛苦的事,要坚决避免和反对。万一发生有损于人民利益的事,一定要想尽办法予以补救,并认真吸取教训,努力改正,决不能文过饰非,推卸责任。

再次,要真正对人民负责,就必须自觉地接受人民的监督。要把是否符合人民利益作为判断是非的标准。办任何事,都要以人民满意不满意、人民答应不答应、人民赞成不赞成为标准。要把得民心、顺民意作为专业技术职业行为的准则。

(3)热爱人民。爱人民是最基本最重要的道德要求。爱人民,就要处处尊重人民,尊重人民的首创精神,关心人民的疾苦,一心一意为人民谋利益,同时,要同一切危害人民利益的行为进行坚决斗争,维护人民群众的合法利益。

(4)恪守高尚的职业道德情操。任何一种职业和劳动,既是一种谋生的手段,同时也是一种建设社会主义的义务,各行各业尽管形式不同,但本质和目的是一致的,服务人民就是其共同的本质要求。服务人民必须做到:有爱岗敬业、忠于职守、奉献社会的实际行动;有砺志进取、奋发有为、务实求效的工作状态;在求实创新上下工夫;"以服务人民为荣、以背离人民为耻"。

例如,胡昭程——"三个代表"的忠实实践者。①

2001 年教师节来临前的一天清晨,一队队少先队员、青年团员胸戴白花,自发来到位于湖南省桂东县县城西南方的宝塔山上的一座坟墓前,他们庄严肃穆地献上他们亲手制作的花环。这里,长眠着一位他们敬爱的人——湖南省桂东县原教育局局长胡昭程。

---

① 先进性教育十大典范(二)[N]. 学习导报,2005 - 02 - 20.

桂东地处湘粤赣边境，是井岗山革命根据地的重要组成部分，是省级贫困县、国家扶贫攻坚延伸县。30多年来，胡昭程同志扎根山区，一心扑在事业上，特别是在主持桂东县教育局工作的10年里，他跑遍了全县的山山岭岭，克服了许多常人难以想象的困难，为改变山区的落后面貌做出了突出贡献。

胡昭程同志几十年如一日，乐于奉献。1993年他因胃病住院，仍在病房坚持工作，累得吐血。桂东一中搬迁，他操劳过度，昏倒在现场。1994年涨大水，自己家里进水两尺深，他却在乡里救灾。1996年抗灾，为寻找落水失踪学生，他5天5夜没合眼。他上有年过80的父母，下有弱智的儿子，爱人身体也不好，但他多次追回调令，阻止同事为妻子换一个稍微轻松一点的工作，一直让妻子在小学教书。胡昭程当县教育局局长10年，严于律己，廉洁奉公。

发展教育，首先要尊重、关心老师。胡昭程常说："面对全县2000名教师，我掏不出多少钱，但可以为他们掏出一颗心。"他把为教师服务作为自己的职责，把自己的心掏给教师，从政治上、业务上、生活上尽心尽责地关心教师。每年的春节前后，胡昭程是最忙的，他翻山越岭，到学校慰问教师，嘘寒问暖，给教师排忧解难。1997年农历腊月二十九，雪花飞舞，胡昭程惦记着青山乡彩洞村小学教师郭大荣。青山乡是全县最边远的乡，青山乡彩洞村小学离县城90公里，只有郭大荣一名教师。汽车在崎岖的公路上行驶80公里后，山坡塌方挡道。胡昭程下车，冒着风雪，步行10公里，走进了彩洞村小学郭大荣的家。郭大荣见局长这个时候翻山越岭来看望自己，感动得热泪盈眶。临走，胡昭程低声嘱咐学区主任钟治民："郭老师家经济困难，你们研究困难补助费时，千万不要忘记他。"

胡昭程时刻牢记自己是一名共产党员，吃苦在前，廉洁奉公，不谋私利。他担任教育局副局长、局长17年，从未为自己的亲属打过招呼，写过条子。在调整中小学布局中，全县学校有6000多万元的基建工程。胡昭程有个弟弟是搞建筑的，想在桂东教育系统承包建校工程，胡昭程态度很坚决："只要我在教育局一天，教育系统的基建工程你不能沾边。"

中共湖南省委书记杨正午说："胡昭程无愧为'三个代表'重要思想的忠实实践者。"

第三节　集体主义是专业技术人员职业道德的基本原则

全面、准确、科学地理解集体主义职业道德原则的内涵,阐明坚持集体主义职业道德原则的重要意义,明确集体主义职业道德原则的基本要求,是坚持集体主义职业道德原则的前提。

一、集体主义职业道德原则的本质

道德原则是指一定社会或阶段根据其利益或需要并在道德生活经验中形成的,用以调节人们行为和相互关系在一切领域里普遍遵循的准则。

集体主义的基本内涵是什么呢? 集体主义是一种思想品德,为集体服务是个人的天职。但是集体主义不仅不反对个人利益,而且还要很好地发展个人利益。[①] 集体主义的基本内涵涉及个人与集体、个人利益与集体利益的关系问题。集体主义的核心价值观念是强调集体观念、整体观念的重要性和优先性,集体主义的主要规范包括:"大公无私"、"克己奉公"、"公而忘私"、"无私奉献"、"毫不利己,专门利人"、"全心全意为人民服务"。利他主义是这种"真正的集体"的主要特征,它把自我牺牲视为道德的必要前提,当自身利益同他人利益发生冲突时,利他主义者选择牺牲自身利益,这是道德意识发展的较高水平。[②] 例如,在 1998 年抗洪前线,有一位 26 岁的战士叫吴良珠,他是一个汽车班的战士,他以顽强的毅力拖着肝癌晚期的身体,在抗洪前线整整坚持了五十五个日日夜夜,开汽车,垒堰堤,背沙袋。他没有个人利益吗? 不,他的家也在灾区,他心里也十分惦念家里受灾的亲人。但他为了"大家",三次开车路过家门而不入,多次谢绝领导劝他休息和回家探望的关心。在皖江大堤最紧张的抗洪阶段,他平均每天跑车 300 公里,每天睡眠 2 ~ 3 小时,最后累倒在大堤上。外科医生打开他的腹腔时,都惊呆了,只见肿瘤像葡萄一样遍布整个肝

---

① 西门文仲.集体主义和强求一律之间的根本区别是什么? 反对强求一律,是否会削弱集体主义教育[J]. 人民教育,1956(11).

② 张仲海. 社会公正:弘扬集体主义价值观的前提[J]. 学海,2005(6).

区,其中一个比拳头大的肿瘤已经破裂。他就是这样,带着严重的病情,在大堤上居然战斗了两个月。他用自己的生命,奏响了一曲社会主义集体主义的凯歌。他被中央军委命名为"抗洪钢铁战士"。

集体主义的本质是凝聚人心,调动和汇集力量,使个人自觉维护集体利益,并通过集体不断满足个人利益,最终实现每个人的自由和全面发展。

二、集体主义是专业技术人员职业道德原则的必然性

《公民道德建设实施纲要》第十三条明确指出:"集体主义作为公民道德建设的原则,是社全主义经济、政治和文化建设的必然要求。"在职业领域内,职业道德是社会主义道德核心、道德原则和基本要求的体现。集体主义作为一种原则,是马克思主义和社会主义伦理思想的精髓,是马克思主义原理的重要组成部分,是正确处理个人与集体,个人与他人关系的根本准则。知识分子是民族的灵魂,是精神文明的传承者和创新者,是推动社会进步的中坚力量。所以,毫无疑问集体主义是专业技术人员职业道德的基本原则。

三、专业技术人员坚持集体主义职业道德原则的重要意义

专业技术人员坚持集体主义职业道德原则,对于社会主义现代化建设具有重要意义,主要表现在以下几方面。

首先,集体主义是社会主义价值观的基本原则。我国坚持公有制为主体,这就决定了必然在价值观上坚持集体主义,并为巩固和发展公有制经济服务,体现全国人民的根本利益。社会主义制度为集体主义提供了必要的物质基础和可靠的制度保证,使集体主义成为一种由国家加以倡导的社会意识。因此,专业技术人员坚持集体主义原则,有利于专业技术人员更好地协调和解决在市场经济条件下所产生的新问题和新矛盾。

其次,集体主义具有凝聚人的强大力量,它必然会变成现实的力量直接影响人们的行动。因此,专业技术人员坚持集体主义原则,在构建和谐社会中,努力找到集体利益同个人利益的最佳结合点,对提高中华民族凝聚力具有不可替代的作用。

再次,集体主义可以激发专业技术人员关心他人、关心社会的主动性和积极性,激发专业技术人员为人民服务的献身精神,有利于发挥专业技术人员的创造力。因此,专业技术人员坚持集体主义原则,将有力地促进中国特色社会主义建设事业的发展。

四、专业技术人员坚持集体主义职业道德原则的基本要求

集体主义是社会主义核心价值体系的灵魂。专业技术人员坚持集体主义职业道德原则的主要内容有以下几方面:

第一,人民的利益高于一切,这是集体主义原则的核心。国家利益是最广大人民群众最大利益的体现,是集体利益和个人利益的源泉和保证,没有国家利益,集体利益和个人利益就成为无源之水、无本之木。人民群众的根本利益是出发点和归宿点。

第二,以人民群众的根本利益为基础,实行个人利益和集体利益相结合的原则,也就是"公私兼顾",正确处理国家、集体和个人三者关系。毛泽东同志曾强调:"我们必须兼顾国家利益、集体利益和个人利益"①。邓小平同志也指出:"我们提倡按劳分配,承认物质利益,是要为全体人民的物质利益奋斗。每个人都应该有他一定的物质利益,但是这决不是提倡各人抛开国家、集体和别人,专门为自己的物质利益奋斗,决不是提倡各人都向'钱'看。要是那样,社会主义和资本主义还有什么区别?我们从来主张,在社会主义社会中,国家、集体和个人的利益在根本上是一致的。如果有矛盾,个人的利益要服从国家和集体的利益。"②所以,重视个人利益,维护个人尊严和价值,是集体主义的一项重要要求。一切借口国家、集体利益而否认个人利益,把集体利益和个人利益对立起来的观点,或不顾国家、集体利益而片面强调个人利益的言行,都是错误的。

第三,当个人、集体、国家利益发生矛盾时,个人利益要服从集体利益,集体利益要服从国家利益,这就是"以革命利益为第一生命"的原则。毛泽东同志指出:"无论何时何地都不应以个人利益放在第一位,而应以

①　毛泽东文集(第七卷)[M].北京:人民出版社,1999:221.
②　邓小平文选(第二卷)[M].北京:人民出版社,1993:337.

个人利益服从于民族的和人民群众的利益。"①其目的都是为了追求整体的最大利益。只有集体利益得到了满足,集体壮大和发展了,个人的利益才能更容易得到体现和实现。

【案例与评析】

[案例背景]

"门巴"将军李素芝②

2006 年 5 月,中央军委主席胡锦涛签署通令,给西藏军区副司令员兼总医院院长李素芝记一等功,这是继李素芝荣获"全国民族团结进步模范个人"和"全军优秀共产党员"荣誉称号后的又一褒奖。其先进事迹 2004 年、2005 年先后两次在全国巡回报告后,在全国引起了强烈反响,并形成了富有时代特色的爱岗敬业、无私奉献的"李素芝精神"。

满腔热忱　执著奉献

30 年前,李素芝从第二军医大学毕业,在附属长海医院刚工作半年,就主动向组织递交了援藏的申请书。

转眼 30 年过去了,李素芝从一个年轻军医成长为著名外科专家、西藏军区副司令员兼总医院的院长,并成为英模人物。

成名后,李素芝的办公室每天更是门庭若市,李素芝都热忱地一一接待。去年 8 月初,一位 60 多岁从边远牧区来的患者家属边次仁破门而入,跪下声泪俱下地请求李素芝"好门巴(医生)"为他儿子治病。原来,一个月前,他的儿子在一次运输中不幸出了车祸,身上多处重伤,昏迷不醒,生命垂危。因家庭贫困,他只好沿街乞讨,怀揣 1000 元乞讨来的钱,慕名找到了李素芝给儿子看病……

李素芝当即安排老人的儿子住了院,随后又亲自给这个孩子做了手术。手术后,李素芝还忙里抽时间到病房给他量体温、问病情,不时问寒问暖。经过半个月的精心治疗,老人的儿子康复了。

① 毛泽东选集(第二卷)[M].北京:人民出版社,1991:488.
② 陈辉."门巴"将军李素芝[J].招商周刊,2006(21).

哪怕医院的工作再忙，李素芝每年都要带领医疗队去边远农牧区巡诊。翻雪山、趟冰河、冒风雪、顶烈日、战风沙，去一次巡诊来回至少要个把月，严重的高山反应，折磨得人就像跑了一遍生死路。今年"五一"黄金周期间，李素芝带领医疗队赴那曲地区为农牧民和边防官兵巡诊。藏北的5月，一片冰封世界。不少医生和护士心疼地对李素芝说："院长，你已功成名就，保重身体要紧，这些小事就让我们年轻人去吧，你何必去吃那个苦呢？"李素芝却说："边远地区有许多疑难病症需要及时处理，处理不好，关系到边防官兵和藏族同胞的生命安危！更重要的是带你们学些牧区巡诊知识。说实话，一年不去几次牧区巡诊，我心里就不踏实。"

边防某部战士吴强腿上外伤化脓，散发出令人作呕的怪味，久治不愈。这时，李素芝来到了连队，在详细为他检查病情后，给了小吴2个疗程的口服和外用药，亲自用棉球在他身上搽药，并嘱咐小吴坚持每天早、中、晚3次用药。吴强用药才10多天，感染痊愈了。小吴逢人便说："我的病是李将军用真情治好的！"

一连新战士王青说："我们这里驻地偏僻，交通不便，是李将军和医疗队从死神手中夺回了我的生命。有一次李将军来巡诊，正赶上我急性阑尾炎发作，李将军在团卫生队亲自主刀给我做手术，我们不出门就能享受到专家的优质服务，真是太令我感动了。"就凭对边防官兵和藏族同胞的满腔热忱，30年来，李素芝跑遍了西藏边防连队哨所和西藏每个县区，行程近100万公里，为军民巡诊28万余人次，发放"免费医疗证10000多个。

殚精竭虑 攻克难关

今年2月21日，由李素芝主刀的西藏首例右肝巨大血管瘤切除术在西藏军区总医院成功实施，这是继去年11月20日，李素芝成功实施西藏首例背驮式全肝移植手术后的又一重大高原医学创举。

在开展高原医学创新领域，李素芝倾注了大量心血。1986年，在重庆召开的一次心胸外科专业研讨会上，一位国外医学专家断言："在海拔3500米以上的高原地区不能实施体外循环心脏直视手术。"

李素芝决心填补这一高原医学领域的空白。为读懂在高原手术治疗先天性心脏病这部无字的医书，李素芝实践了6000多个日日夜夜。

2000年冬天，经过李素芝20年的不懈努力，高原手术治疗先天性心脏病正式进入临床。在3700米的高原,谁是第一例手术的患者? 他想到了亲戚家的小外孙——6岁的先天性心脏病小患者。"如果首例手术失败,宁负家人,也不能负其他患者。"李素芝征得家人的同意,把小外孙推向了手术台。

2000年11月10日,一个载入世界医学史册的日子。小外孙手术成功后,李素芝这天为4岁的藏族儿童拉巴次仁做心脏手术,在媒体的关注下,手术再次获得成功。

那天,整个高原沸腾了,许许多多心脏病患者和他们的家人流下了激动的泪水。李素芝也流泪了。他说:"让西藏人民整整等了20年,作为医生,我心里有愧呀!"

此后,国外医学专家的断言,被李素芝一刀刀划破:

2001年9月,高原地区首例法乐氏四联症根治手术获得成功;

2002年8月,高原地区双瓣置换、单心室矫正、大动脉转位畸形矫正等手术获得成功;

2003年3月,高原地区首例肾移植手术获得成功。

到目前,李素芝成功地为农牧民群众做了600多例心脏手术。

但李素芝深知,高原疾病对驻藏部队官兵和人民群众的身体健康造成的威胁极大,许多高原疾病的防治至今仍是世界级医学难题。

为攻克难关,李素芝带着一班人马,翻雪山,涉冰河,跑边防,上哨所,一边对那曲、林芝、山南、日喀则等不同海拔地区官兵的免疫功能和各种急慢性高山病的发病率及对人体各种器官的损害开展详细调研,一边采集药物标本,做动物试验。一趟边防跑下来,李素芝和攻关小组的同事们都掉了十多斤肉。

2000年6月,国内11名高山病专家来到海拔4500米的高原某地,对总医院研制的预防高山病新药"高原康"胶囊,在动物和人群进行临床试验的结果进行鉴定。结果表明:"高原康"胶囊防治急性高山病有效率达98.6%以上。

随后,研究所又针对官兵高原红细胞增多、水土不服等病症,陆续研制出"高红冲剂"、"景天止泻胶囊"、"花虫胶囊"等一系列预防和治疗高山病的药品。并且,李素芝坚持医疗队巡诊走到哪里,就必须把高山病的预防与治疗知识讲到哪里。

不久，一本集 28 年实践和继承前人研究高山病智慧的《高原病学》，由李素芝主编完成，陆续送到官兵和人民群众手中。这是李素芝继写出《高原心脏病无痛性心肌缺血 46 例分析》等近 200 篇论文之后，在高原医学学术领域取得的又一成果。

如今，西藏急性高山病发病率从 20 世纪 80 年代的 50% ~60% ，下降到现在的 2% ~3% ，治愈率达到 100% ，驻藏部队连续 10 年没有一名官兵因急性高山病死亡。

培育英才 建功雪域

1996 年，西藏军区总医院只有 1 名硕士研究生，临床一线医生具有本科学历的仅占 61% 。李素芝和院党委一班人制定的第一个规划，就是结合医院实际制定《人才建设长远规划》，用无私奉献精神塑造人，用好政策好环境吸引人，用大课题大舞台激励人……

1998 年 9 月，总医院与第三军医大学签订了一份协议：在西藏建立 1 个博士研究生培养点、4 个硕士研究生培养点，第三军医大学聘请李素芝为博士、硕士研究生导师。这份突出艰苦奋斗、无私奉献精神的人才培养协议，拉开了总医院培养高学历、高素质人才的新序幕。

年轻医师易映红有幸成为首批培养对象。易映红报考研究生，郑重填写了志愿："我报考李素芝院长的心外科硕士研究生，就是报考无私奉献这个高原医学的特殊专业，愿意像李院长那样为此奋斗终身。"

3 年高原心外医学专业知识求索，千日导师无私奉献精神培育，易映红成为高原首个自培硕士研究生。

从此，该院设立了"高原医学课题研究基金"。明确规定："本院在职、在读医护人员提出的医疗科研课题，经院科委会论证确定后，由医院提供科研经费开展基础性研究，待课题基本定型后申报西藏、军队直到国家课题研究立项。"李素芝对课题提出者的要求就一条：西藏临床需要，高原战场需要。

殷作明获第三军医大学医学硕士学位回到高原，李素芝在欢迎他的座谈会上说："高原战创伤这个研究课题，在医院还是空白，医院党委决定，这个大课题就交给你了。"

殷作明在不到 3 年的时间里，参与完成了全军"十五"规划确定的一项指令性课题，先后获得军队科技进步二等奖 1 项、西藏自治区科技进步奖 2 项，并成功举办了高原创伤骨科研讨会。他很快成为高原骨科专家。

那年 8 月，李素芝在军校大学生毕业分配前，赶到第三军医大学"招兵买马"。他对获得医学硕士学位的黄承良说："高原急需你所学专业的研究人才，你到高原创业，大有发展前途。"

黄承良心有顾虑地说："听说你们医院住房紧张？"李素芝听出了黄硕士的话外之音："住房是紧张，但是，再紧也不会紧你们，有我院长住的，就有你住的，待遇同等。"

一天也没有在高原干过的黄承良，进院当天就分配到一套新住房。后来，院党委靠政策成功留用黄承良的事实，陆续将 5 个硕士研究生引上高原，引进医院。

近年来，在上有高原工资大政策、院有高原发展小政策的激励下，自愿上高原到总医院工作的高学历干部越来越多。这些干部很年轻，长期夫妻两地分居，留得住身，也难留得住心。李素芝和院党委特事特办，先后解决了 50 多对夫妻高原安家、就业难题。

经过 10 多年的努力，医院涌现出了一大批医疗骨干和学科带头人，医院现有 5 名博士后、14 名博士和 48 名硕士研究生，临床一线医生 100% 达到本科学历。

[案例评析]

全国敬业奉献道德模范——李素芝，爱岗敬业，恪尽职守，无私奉献。几十年如一日，服务人民，尽心尽力，安贫乐道。在自己平凡的岗位上，将责任心、使命感化作了坚守的动力，以高超的医术救治了众多患者，以高尚的医德温暖了千万人的心，书写了全心全意为人民服务的壮丽篇章，为社会的发展奠定牢固的根基。

思考与练习

1. 专业技术人员职业道德由哪些要素构成？

2. 简述专业技术人员职业理想的内涵、作用和基本要求。

3. 论述专业技术人员职业责任的内涵、主要内容。结合自己的实际谈谈怎样履行职业职责。

　　4.在职业活动中专业技术人员职业良心的作用表现在哪些方面?

　　5.在市场经济条件下,专业技术人员还要不要坚持为人民服务的职业道德? 为什么?

　　6.结合实际谈谈怎样弘扬集体主义精神。

第三章 专业技术人员职业道德的基本规范

规范是标准、准则的意思。专业技术人员职业道德规范是指在为人民服务和集体主义职业道德核心和基本原则指导下形成的,调整专业技术人员在职业活动中产生的利益关系时的职业行为准则和标准。在各种专业技术职业活动中,存在着一些具体的、共同的职业道德关系。阐述专业技术人员职业道德的基本规范的内涵、作用和要求,有助于专业技术人员学习和实践职业道德的基本规范。

本章学习要点

理解爱岗敬业的含义;认识爱岗敬业对个人的作用;掌握爱岗敬业的基本要求;了解诚实守信的含义,理解诚实守信对个人的作用;把握诚实守信的基本要求;了解办事公道的含义,理解办事公道对个人的作用,掌握办事公道的基本要求;了解服务群众的含义,理解服务群众对个人的作用,掌握服务群众的基本要求;了解奉献社会的含义,理解奉献社会对个人的作用,掌握奉献社会的基本要求;理解坚持真理的含义,理解坚持真理对个人的作用,掌握坚持真理的基本要求;理解开拓创新的含义,理解开拓创新对个人的作用,掌握开拓创新的基本要求。

第一节 爱岗敬业

爱岗敬业是专业技术人员职业道德基本规范的基础和核心。阐明爱岗敬业的内涵和重要性,有利于专业技术人员树立职业理想,强化职业责任,提高职业技能。

一、爱岗敬业的含义

理解爱岗敬业的含义,是专业技术人员爱岗敬业的基础。

所谓"爱岗"就是热爱自己的工作岗位,热爱本职工作。爱岗是专业技术人员以正确的态度对待职业劳动,努力培养热爱自己所从事的工作的幸福感、荣誉感。一名专业技术人员只有热爱自己的职业和岗位,才会全身心地投入其中。

所谓"敬业"就是"尽心尽力把自己做的事做好"。正如荀子所说:"百事之成也,必在敬之。其败也,必在慢之。"它告诉我们,凡做一件事,就要忠于这件事,将全部精力投入这件事上,专心致志做好这件事。敬业至少包含以下三个方面的品质特征。首先是勤奋专一。敬业的基本要求之一就是全力以赴,尽职尽责。因此,朱熹说:"敬业何,不怠慢、不放荡之谓也"。对待工作,全力以赴而无丝毫懈怠之心,专心致志而无旁骛之意,便成为敬业精神的一种重要品质。其次是百折不挠,即要有不达目的不罢休的执着追求精神。面对工作中的困难,要想尽办法,通过各种努力去寻求问题解决的最佳方案,尽最大的可能去达成工作目标,而不是遇到困难就打退堂鼓,强调客观理由,两手一摊对领导说:"这件事情我做不了"。再次是忠实履职。履职既是一种责任,更是一种义务。① 作为专业技术人员应该明白,自己不是首先到单位领薪水的,而是首先到单位创造价值的,履职永远是第一位的,回报永远是第二位的,不为单位创造价值,无异于尸位素餐,只有认真地履行自己的岗位职责,出色地做好每一项工作,才有谈回报的资格。

爱岗与敬业总的精神是相通的,是相互联系在一起的。爱岗是敬业的前提,敬业是爱岗的体现。一个不爱岗的专业技术人员很难做到敬业,一个不敬业的专业技术人员,很难说是真正的爱岗。什么是"爱岗敬业"呢? 所谓爱岗敬业是专业技术人员认真对待自己工作岗位,对自己的岗位职责负责到底,无论在任何时候都尊重自己的岗位的职责,对自己岗位勤奋有加。爱岗敬业有不同层次。具体地讲,主要有四个层次。②

第一个层次:为了谋生而爱岗敬业。从某种意义上说,这个层次的爱岗敬业是被动的,但却是高度爱岗敬业的基础,这主要是由职业的竞争性决定的。从业者意识到职业对于生存的意义,和当代社会职业竞争机制

① 李明.乐业 敬业 精业[J]. 中国农业银行武汉培训学院学报,2008(6).
② 张枫. 谈爱岗敬业的不同层次和内涵[J]. 中小企业管理与科技(上旬刊),2009(7).

的残酷,不得不珍惜已有的工作岗位,尽管这个工作岗位或许并不适合自己。在现实生活中,这个层次的从业者是大多数人。

第二个层次:为了责任而爱岗敬业。这个责任感首先表现为对自己的责任,对家庭的责任,而后是对社会的责任。前者是自我责任,后者是社会责任。我们强调社会责任,但是个人责任感强的人社会责任感也更强一些。因为从心理学的角度看,个人只有对他自己负责任,他才能对社会负责任。自我责任感支配下的爱岗敬业,虽然也有被动的成分,但主动的成分会更多一些。

第三个层次:为了地位而爱岗敬业。追求社会地位是从业者爱岗敬业的动力之一,虽然主观上是为了满足自我的需要,但客观上必须才干出色,能够为单位做出突出贡献。因此,单位也会采取措施,来激励自己的员工,给予一定的地位,赋予更大的责任,则是其中最常用的手段。

第四个层次:因为兴趣而爱岗敬业。一个人如果能够从事自己喜欢的工作是一件非常快乐的事情。心理学家认为,兴趣激励下的工作状态是最佳状态,从业者不但更富有创造性,而且不计报酬,自觉主动地工作,不知疲倦。所以,一些优秀的单位总是让员工在自己喜欢的岗位上从事自己喜欢的工作,再辅以合理的报酬,使员工敬业的程度可以发展到极致。爱岗敬业的最高层次是为了价值,为了追求个人的社会价值,从中获得精神上的报偿。

爱岗敬业的精髓是全心全意为人民服务和实现个体的自我价值的完美结合。爱岗敬业既是个人出对自己从事的职业所应当承担的社会职责的深刻理解和自觉把握,又是对自己存在的意义的自觉关注和对自己人格价值的高度尊重。爱岗敬业就是这两方面的统一。也正因为如此,一个真正爱岗敬业的人,他就不会把职业仅仅看做是个人谋生的手段,而会把职业活动看做是实现自己的人生价值、完善自己的道德人格的舞台,充分发挥自己的潜力,在职业活动中克服困难,排除万难,勤奋努力,精益求精,力求把事情做得更好、更出色。袁隆平同志作为一个科学家,视科学研究为自己的生命,为培植杂交水稻,"就是豁出自己的生命,也心甘情愿"。余锦柱同志18岁就从父亲手中承接守林人的岗位,一干就是29年。他们这些模范事迹深刻地揭示了爱岗敬业的道德内涵,是对爱岗敬业作为一个职业道德规范的本质意义所做出的最具有典范意义的诠释。①

二、爱岗敬业是专业技术人员职业道德基本规范的基础和核心

爱岗敬业主要表现为职业责任心、职业荣誉感、职业尊严感。爱岗敬业是专业技术人员对所从事的职业应有的认同、热爱和尊敬的基本态度和职业道德意识。它是对专业技术人员工作态度的一种基本要求，在任何部门、任何岗位的专业技术人员都应爱岗敬业。从这个意义上讲，爱岗敬业是专业技术人员职业道德中最普遍、最基本的要求。所以，爱岗敬业是为人民服务和集体主义原则的具体体现，是专业技术人员职业道德基本规范的基础和核心。

三、爱岗敬业的作用

爱岗敬业是专业技术人员职业道德的基础，是每一名专业技术人员做好本职工作的前提，是职业集团生存和发展的根本。

（一）爱岗敬业是实现专业技术人员人生价值的重要条件

爱岗敬业是专业技术人员刻苦学习、开拓创新、忘我劳动和多做贡献的基础。对个人而言，一份职业，一个工作岗位，都是一个人赖以生存和发展的基础保障。人有了工作才会有生活目标，才能给生命注入自信、勇气和坚强，这样生命才有意义。地质学家李四光说过：一个人如果他抱定了为祖国的富强、为人类的幸福和前途服务的目的……去开辟人类浩瀚无际、光明灿烂的前景，那么他的生活会多么丰富、愉快、生动和活泼！爱岗敬业是影响专业技术人员个人成长成功的重要因素。爱岗敬业反映了一个专业技术人员对待工作的态度及这个人的品格，并直接决定其事业的成败。立足本职、爱岗敬业是实现自我价值的主要渠道。如果不爱岗敬业，见异思迁，人在曹营心在汉，不但自己一生一事无成，而且会对国家和职业集团造成损失。例如，1970 年美国进行导弹发射试验时，由于操作

---

① 唐凯麟．榜样的力量是无穷的—解读袁隆平、余锦柱敬业奉献的高尚品德[J]．新湘评论，2007(10)．

员对某一个螺母少拧了半圈,导致发射失败。1980年"阿里安"火箭第二次试飞时,由于操作员不慎将一个商标碰落,堵塞了燃烧室喷嘴,导致发射失败。1990年"阿里安"火箭爆炸,是由于工作人员不慎将一块小小的抹布遗留在发动机的小循环系统中。事故的原因主要是操作人员没有严格遵守操作规程。

(二)爱岗敬业是职业集团生存和发展的根本

历史唯物主义认为,每个人都处在一定的社会关系之中,个人必须依赖于社会而存在,社会必须依靠个人的活动而不断得到发展。同样,职业集团与专业技术人员之间也存在着这种相互依存的关系,职业集团是专业技术人员价值得以实现的载体,每个专业技术人员的个人价值都是建立在职业集团的价值之上的,同时,专业技术人员自我价值的实现也是推动职业集团发展的根本动力,职业集团的发展依赖于全体专业技术人员的共同努力。脱离了职业集团的发展,个人价值的实现便成为空谈;脱离了个人价值的实现,职业集团也就不会得到发展。

四、专业技术人员爱岗敬业的基本要求

专业技术人员如何才能做到爱岗敬业呢?基本要求如下。

(一)爱岗敬业必须树立正确的职业价值观

爱岗敬业源于正确的职业价值观。专业技术人员要爱岗敬业,必须正确认识个人价值与社会价值的关系,正确处理个人选择与社会需要的矛盾。

当职业选择与社会需要相一致时,专业技术人员应立足岗位,无私奉献,充分发挥自己的潜能,实现人生的最大价值。青年马克思在谈到选择职业的理想和价值时写道:如果我们选择了最能为人类福利而劳动的职业,那么重担就不能把我们压倒,因为这是为大家而献身;那时我们所感到的就不是可怜、自私的乐趣,我们的幸福将属于千百万人,我们的事业将默默地、但是永恒发挥作用地存在下去,面对我们的骨灰,高尚的人们将洒下热泪。

当个人兴趣爱好与职业选择不一致时,专业技术人员应培养"三百六

十行,行行出状元"的信念,爱惜、珍惜自己的岗位,热爱本职工作,在实现社会价值的同时,实现个人价值。美国心理学博士艾尔森对世界 100 名杰出人士做了一项问卷调查,结果让他十分惊讶的是,其中有 61% 的人承认,他们所从事的职业并非是他们所喜欢的,至少不是最理想的。但这些人竟然能够在自己不理想的领域里取得如此辉煌的业绩,除了他的聪颖和勤奋,他们到底靠的是什么呢? 正如,美国著名思想家巴士卡里雅所说的,你在哪个位置,就应该热爱哪个位置,因为这里就是你发展的起点。一个专业技术人员,一旦爱上了自己的职业,他的身心就会融合在其中,就能在平凡的岗位上,做出不平凡的事业。例如,鲁迅原本学医,为了拯救国民的灵魂,弃医从事写作。孙中山原本学医,为了挽救民族危亡,弃医从事革命事业。我国著名的地质学家李四光三易所学,三次都是以国家需要为自己的爱好。因此,专业技术人员不仅要干一行爱一行,而且还要干好一行。

(二)爱岗敬业必须有科学的专业发展规划

专业发展规划制定了一个人的专业发展方向和目标,是对专业技术人员专业理想的具体化和可操作化,给每个专业技术人员的人生之路点燃一盏灯。制定专业发展规划,不仅有助于专业技术人员挖掘潜力,而且有助于专业技术人员实现专业发展的奋斗目标,还有助于专业技术人员增强实现专业发展目标的自觉性。因此,每个专业技术人员应该给自己确立一个奋斗目标,如五年目标、十年目标等,以坚定信念、鼓舞斗志,并获得爱岗敬业的动力,促使自己在工作中努力学习,努力探索,不断奋进。

(三)爱岗敬业必须有强烈的责任心

强烈的责任心是一种对人生价值的不懈的追求,是促进专业技术人员尽职尽责的精神动力。每个专业技术人员所担负的职责,都是和他对国家、社会应履行的义务相一致的。专业技术人员要认真履行自己的职责,就必须把自己的责任同国家、社会及所在单位的利益联系起来,以高度的责任感对待自己的工作,把竭尽全力做好自己的工作当做自己的责任和义务。

（四）爱岗敬业必须在实践中身体力行

勤业是敬业的关键。专业技术人员不管从事什么专业技术职业，注定要安于平淡，甘于寂寞，淡泊名利，默默耕耘，无私奉献，开拓创新，不怕劳累，毫不马虎，毫不懈怠，在自己的岗位上全心全意地做好每一项工作、每一件事。专业技术人员要敬业就应以勤为本，做到勤学、勤问、勤思、勤写，为敬业打下良好的基础。

第二节 诚实守信

诚实守信影响甚至决定着一个社会存在和发展的秩序，它在一定程度上影响着一个国家和民族的对外形象，也是一个国家、民族个性和特色的重要组成部分。因此，加强专业技术人员诚信建设，已成为专业技术人员职业道德建设的当务之急。

一、诚实守信的含义及特征

阐明诚实守信的含义及特征，有助于理解诚实守信的本质。

（一）诚实守信的内涵

什么是诚实守信？诚实守信是忠诚老实、诚恳待人、表里如一、言行一致、讲信用、守承诺，是为人处事的一种道德准则。诚实守信一般也叫做诚信，所谓"诚实"，就是说老实话，办老实事，不弄虚作假，不自欺欺人，表里如一。所谓"守信"，就是要"讲信用"、"守诺言"，也就是要"言而有信"、"诚实无欺"等。美国学者理查德·T.德乔治对"诚信"给出的定义是："时时处处使自身行为符合道德原理与规范。"①

科学工作者的诚信，说到底就是"实事求是"。具体而言，包括对自己的工作成果要实事求是，对于他人的工作成果要实事求是，对待社会问题要实事求是。首先，科学工作者的诚信表现在正确地对待自己的工作成

---

① 王艳春.论我国社会转轨过程中的诚信缺失及路径选择[D].曲阜师范大学，2004：(4).

果上。要准确地区分自己的研究成果和他人的研究成果。其次,科学工作者的诚信表现在正确地对待别人的成果上,要实事求是地从科学发展的角度、从社会发展的角度、从对人类贡献的角度出发对他人的成果给出客观、公正的评价。第三,科学工作者的诚信还表现在:他对社会现象的评论上。在中国历史上不乏这种讲真话、实话的科学家。1957 年水利专家黄万里反对建造三门峡水电站,力陈建坝会带来的严重后果,遭到批判,甚至被带上"右派"的帽子。但是他对科学的信念却没有动摇,黄万里说:"一定要修将来要闯祸的,历史将要证明我说的观点。"并说,如果一定修,请勿将河底的施工排水洞堵死,"以免哪年觉悟到需要刷沙时重新在这里开洞。"当时高层听不进黄万里的建议,不但坚持按苏联专家的设计堵死了排水洞,而且把黄万里打成了右派。三门峡水库 1960 年开始运转,第二年泥沙就淤积了渭河流域,良田浸没,土地盐碱化,威胁逼近古都西安,于是只好降低水位,拆除 15 万千瓦发电机组,改装 5 万千瓦小机组,重新打通排水洞,以泄泥沙。这一折腾,前后"交学费"不下百亿元。①

诚信规范的基本要求包括履行义务、遵守规则、信息真实、严肃承诺、不搞欺诈等。

(二)诚实守信的特征

从诚实守信内涵的不同方位来看,可以看出诚实守信具有以下几个方面的特征②。一是历史性。从诚实守信的起源来看,诚实守信有悠久的历史,它的产生几乎与有文字记载的历史同时产生,并且从一开始就成为人类社会中的一条基本准则,而且,时至今日仍然在人伦社会中占据着及其重要的地位。二是普遍性。诚实守信根植于社会的每个角落,存在于所有群体、个体的一切精神支柱、实践交往过程及其关系之中。它既表现为个人之德,又表现为群体之德,还表现为社会之德。三是根本性。诚实守信是一种道德规范,也是人之所以为人的一种基本品格。人的本性在于社会性,社会性的本质在于每个人都要承担起一定的责任和义务。如

① 冯坚,王英萍,韩正之.科学研究的道德与规范[M].上海:上海交通大学出版社,2007:26－27.

② 唐国战.诚信内涵研究综述[J].社科纵横,2005(8).

果没有诚信,责任将无法得到根本的贯彻和落实,诚实守信从根本上规范了每一个人的生存准则。四是稳定性。诚实守信是整个社会存在和发展的基础,无论是为人还是处世,无论是在工作中还是在家庭中,诚实守信都是维持秩序稳定和谐的基点,而且贯穿始终。五是发展性。诚实守信是社会发展变化的产物,它会随着社会的变迁,不断丰富、完善,并体现出自身的时代性。

诚实与守信两者既相通又相区别。诚实是守信之后所表现出来的品质;守信是诚实的依据和标准。诚实守信的本质实际上是人对自身言行价值的一种根本选择和人与人之间的一种信任需求。

二、诚实守信是专业技术人员职业道德规范的重点

诚实守信是一个人在心意、言语和行动上对自身、对他人、对社会真诚无妄,信实无欺,信任无疑。诚信是衡量一个人、一个地区、一个国家和民族是否文明的重要标志。诚实守信是现代社会伦理的主要德性。中共中央颁布的《公民道德建设实施纲要》明确提出了公民的基本道德规范,即"爱国守法、明礼诚信、团结友善、勤俭自强、敬业奉献",把诚信作为公民规范之一加以确认和重视。党的十六大报告中进一步指出:"要以为人民服务为核心,以集体主义为原则,以诚实守信为重点,加强社会公德、职业道德和家庭美德教育。"在胡锦涛同志提出的"八荣八耻"社会主义荣辱观中,也有"以诚实守信为荣,以见利忘义为耻"的内容,是我们社会主义道德追求的价值取向。"诚信道德在我国社会主义道德体系中也具有重要地位。这是为人民服务、集体主义和'五爱'基本道德的要求渗透和转化的必要条件。是推动三大领域道德实践的原动力,是建构新型社会公德价值体系的重要柱石,也是形成道德人格的主要因素。"①

诚实守信是衡量个人道德修养的标准。人格的核心是正直和诚信。诚实守信是中华民族千百年来做人的基本准则。据记载,我国春秋时期有一翩翩少年,名叫尾生,他与心爱的姑娘相约在桥下会面,姑娘因故没有按时赴约,尾生在桥下苦苦等待。这时天下大雨,河水泛滥,他仍恪守

---

① 赵爱玲. 诚信道德的本质要求与当代价值[J]. 学校党建与思想教育,2003(1).

信约,抱着桥下石柱不走,最后被洪水溺亡。水退后,姑娘赶来,见状悲痛不已,也殉情而死。尾生把信义看得比生命还要宝贵,宁可送命也不肯失信。尾生以诚实守信为后人称道,人们把最可靠的信用称为"抱柱信"。法国学者蒙田指出:"真诚是美德的首要和基本部分,它制约着其他一切美德,没有真诚这种美德,任何美德都将不是真实的,或者都将不是真正道德的。"

由此可见,诚实守信是专业技术人员职业道德规范的重点。

三、诚实守信的作用

黄金有价,诚信无价。成语"一诺千金"体现了古代人对诚信的价值判断。在现代社会中,诚实守信能够很好地调节个人与个人、个人与社会、个人与国家、国家与国家之间的关系,对构建和谐社会具有重要的作用。诚实守信的作用主要表现在以下几方面。

(一)诚实守信是做人之本

诚实守信是做人之本指的是诚实守信在个体的修身养性、在个体处理人与人之间关系中的价值。孔子曰:"人而无信,不知其可也。"认为,一个人不讲诚信,丧失了做人的起码的资格,就不能立身处世。

诚实守信是做人的第一要素,是立身处世的道德起点,人只有做到诚实守信,才能得到别人对他的信任。孔子把"言必行,行必果"作为规范弟子言行的基本要求。北宋词人晏殊素以诚实著称。他聪慧过人,7岁即有文名,14岁时被一位官员荐于朝廷,正巧赶上真宗皇帝御试进士。真宗听说他很聪明,就让他把考试的题目做一遍。小晏殊看了看试题,对真宗说:"我10天前做过这个题目,草稿还在,请陛下另外出个题目吧。"真宗见他这样诚实,感到晏殊可信,便赐他"同进士出身"。晏殊在史馆供职期间,正值天下太平无事,每逢假日,京城的大小官员就到郊外游玩,或在城内的酒楼茶馆举行各种宴会。晏殊因为家贫,没有钱去吃喝玩乐,只好在家里和兄弟们读书写文章。有一天,真宗皇帝点名要晏殊担任辅佐太子的东宫官,大臣们十分惊讶,不明白真宗为什么做出这样的决定。真宗解释道:"近来群臣经常游玩饮宴,只有晏殊和兄弟们闭门读书,如此自重谨慎,正是东宫合适的人选。"晏殊向真宗谢恩后说:"我也是个喜欢游玩饮宴的人,只是家里穷而已,如果我有钱,也早就参与宴游了。"真宗听了,对他的诚实非常赞赏,从此对他更加信任,让他当了宰相。晏殊为人诚实、表里如一、不弄虚作假的品德,使得他在仕途上不断得到发展。①

人无诚信难以立足,寸步难行。例如,有个中国留美学生,在国外读书期间曾逃过几元的地铁票,在他读完博士以后去找工作时却处处碰壁而不得其解。后来还是一位中国的朋友提醒了他,要他看看他的个人信用档案里是不是出了问题,他查看了他的个人信用档案,果然是信用档案里出了问题。原来,他几年前的那次几元钱的逃票行为已载入他的个人信用档案里了。当他去公司应聘时,由于他的个人信用档案里有不良的记录而被拒之门外了。他觉得自己是博士,公司为这几元钱的事情把他拒之门外有点不可思议,不料,人家对他的回答很干脆:你为了几元钱而做不守信用的事,我们怎么能把接触到几千万乃至上亿元的工作交给你做呢? 这个博士生只好回国谋生……②

(二)诚实守信是职业集团的生存之道

市场经济是一种信用经济,是一种秩序规范的经济,也是一种讲诚实守信道德的经济。诚实守信在经济活动中,表现为明码实价,货真价实,履行契约,信守合同。它是一种"形象",一种"品牌",一种"信誉",一个使企业兴旺发达的基础。例如,北京同仁堂集团是一家具有300多历史的老字号药店。300多年来,同仁堂长盛不衰,经受住风风雨雨,靠的就是"德"、"诚"、"信"。他们把讲信用,把保证药物质量作为重要的职业道德规范。但在我国当前经济体制转型过程中,失信行为又大量存在。毁信容易立信难。例如,2002年4月10日的人民日报以《失信破产第一案——南京冠生园失信破产案纪实》为题,披露了南京冠生园这家有着70年历史的知名企业在2001年中秋节前用陈馅翻炒后再制成月饼出售,事件被曝光后,冠生园最终以"经营不善、管理混乱、资不抵债"为由,于2002年4月向南京市中级人民法院申请破产,从此走上不归路,成为信誉破产第一案。据国家工商总局统计:由于合同欺诈造成的直接损失每年约55

---

① 高占祥. 诚实守信[J]. 共产党人,2006(6).
② 刘昱良. 诚信为荣失信为耻[J]. 科技资讯 2009(33).

亿元,由于产品质量低劣和制假售假造成的各种损失每年至少有2000亿元,由于"三角债"和现款交易增加的财务费用每年约有2000亿元等。文艺界有知名演员上台假唱;《新闻记者》杂志曾评选出"2001年中国十大假新闻",对虚假新闻进行全景式扫描,"换人头手术"、"亲生女状告父亲亲吻案"、"大活人双肾被偷"等假新闻,不由令人啼笑皆非;出版界假冒名牌出版社之名出版低劣书刊的事件时有发生;音像界盗版音像制品屡禁不止。2000年2月19日《光明日报》报道,自国务院学位委员会授权全国学位与研究生教育发展中心开展学位证书认证工作以来,从该中心为升学单位及国外有关机构所进行的认证情况看,假冒学位、学历证书大约占申请认证总数的20%。学术界抄袭剽窃他人学术成果现象严重。由此导致的信任危机,后患无穷。正如亚当·斯密所说的那样,没有公正就没有市场经济。如果对金钱名利的追求超出对智慧和道德的追求,整个社会便会产生道德情操的堕落,结果是公正性原则被践踏,市场经济趋于混乱。因此,诚实守信是每个职业集团的立足之本。

(三)诚实守信是立国之基

　　诚实守信是治理国政,保证社会稳定的根本道德规范。诚实守信的首要的内涵就是诚实,也就是忠诚老实。忠诚老实对一个国家来说就意味着要忠实于人民。忠实于人民是一个国家的立国之本。孔子曰:民无信不立,国无信不强。"一个国家和一种政治秩序的维系,一般来说靠两方面,一是道德,二是法律。前者是软的一手,后者是硬的一手。在这两者的背后还有一个更基础性的东西,这就是诚信。"①

　　只有以诚实守信之德治政,才能取信于民,才能得到百姓的信赖和拥护。中国古代"商鞅立木树信"就是诚实守信的一个典范。商鞅是战国时期著名的变法家。为了树立威信,商鞅在变法前下令在秦国都城南门外立一根3丈长的木头,并当众许下诺言,谁把木头搬到北门,赏10金。人们不相信,无人搬动木头。商鞅把赏金增长到50金。一男子把木头搬到

---

①　焦国成.关于诚信的伦理学思考[J].中国人民大学学报,2002(5).

了北门,商鞅立即赏他 50 金。① 这个故事是说商鞅用"徙木予金"的方法取信于民,使人们感到他是个说话算数的人,于是商鞅的变法主张也获得了人们的信任,很快就在秦国推行了。

国无信不稳。诚信之德对于国家政权稳定起着重要作用。例如,西周末年,国君周幽王得到了邻国进贡的一位美女,周幽王很宠爱她,但她却"从未开颜一笑"。周幽王为博得美人的笑容,绞尽脑汁。当时有个叫镜石父的人,献上一计:让周幽王在骊山上点燃烽火戏弄诸侯以博美人一笑。昏庸的周幽王采纳了镜石父的建议,不顾一切后果,带她登上西安骊山的烽火台,点燃烽火。各路诸侯见烽火连天,以为京城告急,便纷纷率兵马前来救援,一时人嘶马叫、乱成一团。美人见此情此景淡然一笑,周幽王终于看到了心爱妃子的美丽笑貌,自以为得计而欣喜若狂。各路诸侯见被周幽王如此愚弄,都愤愤撤兵离去。从此,周幽王在全国臭名远扬,逐渐失去了民心。几年后,西戎敌军真的打来了,周幽王无奈,只好再次点燃骊山烽火。但各路兵马唯恐再次上当,均按兵不动。西戎攻进王宫杀了周幽王,西周从此灭亡。② 这个故事告诉我们:昏庸的周幽王失信于民,最终失去了天下。他因为不诚信而付出了巨大的代价。

四、专业技术人员诚实守信的基本要求

诚实守信强调以诚实和讲信用待人,以诚实和讲信用行事,以诚实和讲信用立行。诚实守信对专业技术人员的基本要求如下。

(一)树立正确的诚信观

思想是行动的先导,诚信意识的形成必将成为推动诚信行为的强大动力。现代社会经济活动是建立在信用基础上的,一个行为背离了诚信原则的人,必然被现代社会所抛弃。树立正确的诚信观,增强懂信用、守信用、用信用的观念和意识,把诚实守信作为基本行为准则,"诚实做人、诚信做事"。

① 何茂勋,何昭红. 大学生职业伦理学教程[M]. 桂林:广西师范大学出版社,2004:102

② 张倩,丁如许. 诚实守信伴我行[J]. 思想理论教育,2009(16).

(二)实事求是

什么是实事求是?毛泽东同志在《改造我们的学习》一文中,对实事求是的科学内涵进行了精辟的概括。他指出:"'实事'就是客观存在着的一切事物,'是'就是客观事物的内部联系,即规律性,'求'就是我们去研究。我们要从国内外、省内外、县内外、区内外的实际情况出发,从其中引出其固有的而不是臆造的规律性,即找出周围事变的内部联系,作为我们行动的向导。"①实事求是不仅是思想路线、工作作风,更是一个重要的伦理原则。它本身就具有非常重要的道德属性和道德价值,包含着丰富的道德内容和要求。它不仅是诚信道德要求的思想前提,也是诚信道德观念中所要求的不可分割的、最为重要的思想内涵。② 实事求是是专业技术人员必备的学术良知。讲实事求是,首先就必须反对弄虚作假,要求尊重事实,讲求客观规律,按客观规律办事。

坚持实事求是,我们的工作就进步,事业就发展。著名科学家杨振宁教授在北京大学做学术报告,当学生问及三个问题时,杨振宁博士以三个"不知道"而博得全场学生经久不衰的掌声,著名大科学家、诺贝尔奖得主,以其诚实的治学态度,实事求是的工作作风,给当今专业技术人员树立了良好的典范。

违背实事求是,我们的工作就受挫,事业就停滞,甚至倒退。例如,数据作假是学术腐败的典型现象,也是对学术规则侵害最经常的形式之一。贝尔实验室的舍恩事件就是编造数据的典型例子。从 2001 年起,国际物理学界出现了一颗闪亮的明星,他就是贝尔实验室的舍恩。在短短的两年间,他发表了 90 余篇论文,绝大多数发表在国际权威杂志上,如《科学》和《自然》。有一段时间,舍恩每 8 天就发表一篇论文。不过,2002 年春天,有人发现舍恩的试验结果根本就无法重复,而普林斯顿大学和康乃尔大学的物理学教授分别发现舍恩的三篇互不相关的论文却含有完全相同的图表。贝尔实验室马上开始了对舍恩的调查。尽管舍恩把原始记录彻底销毁了,调查组还是得出了结论:他的试验结果多数是伪造的或经过篡

---

① 毛泽东选集(第三卷)[M]. 北京:人民出版社,1991:801.
② 赵士辉. 中国传统诚信观的特点及现代意义[J]. 道德与文明,2003(1).

改的。舍恩建立的这座科学大厦顷刻间土崩瓦解,他发表的论文被所刊载的杂志整批整批地撤销。贝尔实验室在调查结束后马上把他解雇,德国马克思·普朗克研究所撤销了给他的聘书。舍恩事件是 21 世纪以来世界上最大的科学作弊案,受到影响的不仅是他个人,还包括在世界学术界享有盛誉的贝尔实验室、马克思·普朗克研究所、《科学》和《自然》杂志等。① 又如,《法制日报》2001 年 8 月 30 日报道,财政部一次查处了严重违反有关会计法规的 13 家会计师事务所及 21 位相关注册会计师,他们所犯的错误只有一个:为企业做假账。也许有人从说假话、造假货、做假账中捞到过好处,但他只能捞到一时的好处,不能捞到一世的好处。正如日本著名学者山本有三所说:"说谎话如同面朝天空吐唾沫,最终要落在自己脸上。"

(三)坦诚待人

诚实待人、讲究信用既是一个法律问题,也是一个道德问题。真诚是友谊的天然黏合剂。坦诚待人就是要真心实意,诚恳待人,以理服人。坦诚待人关键的一条,就是要真心实意地对人,开诚布公,言行一致,公平厚道,可亲可敬。反之,如果对人虚情假意,别有用心,口是心非,表里不一,只能招来反感和敌视。例如,香港超人李嘉诚,创业初期资金极为有限。一次,他想从一位外商那里订货,但外商提出需要富裕的厂商作保。李嘉诚努力跑了好几天,仍无着落,但他没有捏造事实,也没有含糊其辞,一切据实以告。那位外商被他的诚信深深感动,对他说:"从阁下言谈中看出,您是一位诚实的人,不必其他厂商作保了,现在我们就签约吧。"虽然这是个好机会,但李嘉诚感动之余还是说:"蒙您如此信任,我不胜荣幸。但我还是不能和你签约,因为我真的资金有限。"外商听了,极佩服他的为人,不但与之签约,还建立了长久的合作关系。这笔生意使李嘉诚大赚了一笔,为以后的发展奠定了基础。由此,李嘉诚也悟出了"坦诚第一,以诚待人"的原则,并获得了巨大成功。②

---

① 张伟刚,张严昕,严铁毅.专业技术人员科研方法与论文写作[M].北京:国家行政学院出版社,2009:228.
② 李嘉诚:坦诚第一,以诚待人[J].商业故事,2010(2).

（四）行事不欺

坚持诚实守信,很重要的一条就是行事不欺。专业技术人员要以诚实和讲信用行事,善意真诚、守信不欺。所谓欺诈,即一方当事人故意制造假象,隐瞒事实真相,使对方当事人产生错误的认识,从而骗取对方的信任,并与对方当事人发生交易,产生使对方当事人上当受骗的结果。欺诈的手段是制造假象或隐瞒事实真相。欺,现时最风行的办法是造假。例如,1999年10月25日《西安晚报》登载的题为《国际金融硕士犯下亿元经济重案》的报道。报道说:"1999年10月14日,武汉市公安局经侦处通过新闻媒体向社会公布:涉案总金额1.05亿元的特大系列金融犯罪案告破,唯一的一名犯罪嫌疑人已经落网。犯罪嫌疑人杨某是一名国际金融硕士,现年44岁,被抓获前任武汉某投资公司深圳代表处主任,深圳某实业公司总经理。"以伪造单据,非法拆借等手段进行经济行骗,涉案总金额1.05亿元。"又如,急功近利是学术腐败在当今社会逐渐发展起来的一种现象,也是对学术规则产生侵害的形式之一。克隆干细胞造假事件即属此类经典事例。2006年1月,韩国首尔大学教授、全球知名的生命科学家黄禹锡,在"世界上首先培育成功人类胚胎干细胞和用患者体细胞成功克隆人类胚胎干细胞",并发表论文宣布"成功利用'体细胞核转移'技术克隆出世界上第一条克隆狗"的学术欺诈行为被曝光,这位"民族英雄"一夜之间成为"科学骗子"。从一定意义上说,"急功近利"的社会文化是产生"黄禹锡事件"的深层土壤。某些人被荣誉推着、赶着往前跑,被光环照得心慌意乱,被所谓的崇高荣誉所累。黄禹锡故意捏造科学数据制造学术假案,显然并非为了评职称、升职位或者出人头地、名满天下。因为鉴于他之前在克隆研究方面取得的成果,他已经拥有了韩国"克隆之父"等闪亮的光环。遗憾的是恰恰就是这些耀眼的"光环"在很大程度上成了促使黄禹锡造假的主因。黄禹锡从辉煌走向深渊,这种大起大落不仅对于黄禹锡本人是一次沉重的打击,而且,让整个韩国科学界为之蒙羞,更让人类的克隆科学研究遭受了重创。这起科学造假事件既让人震惊,又难免让人为之扼腕！[①]

（五）言行一致

诚实守信的基本特征是社会交往中的言行一致。"言"是承诺，是与对方的约定；"行"是践诺，是对约定的兑现。言必信、行必果是做人的基本准则，是道德修养的基本要求。专业技术人员是社会成员的优秀分子，在言行一致上必须有更高的标准和境界。

第三节 办事公道

办事公道是在爱岗敬业、诚实守信的基础上，提出的更高层次的各行各业职业道德的首先基本要求。因此，本节阐述办事公道的含义和作用，以及专业技术人员办事公道的基本要求。

一、办事公道的内涵

何谓公道？《现代汉语词典》解释为"公正的道理"，《辞源》解释为"至公至正之道"。公正，就是办事公道，平等待人，主持公平正义。所谓办事公道是指专业技术人员在处理职业关系、从事职业活动过程中，要做到廉洁公正，不仅自己清正廉洁，办事公正，不以权谋私，要秉公执法，做到出于公心，主持公道，不偏不倚，既不唯上，不唯权，又不唯情，不唯利。办事公道具体表现为：坚持原则，出于公心，秉公办事，不徇私情，不挟私欲，不谋私利。办事公道是我们民族的传统职业道德规范。

个人公正是个人的一种良好的道德品质，主要指个人在为人处事时，能以社会上当时所公认的各种成文或不成文的法律、规章、惯例等为准则，严格规范自己的行为，正直地做人，公允地办事，从而保持自己行为的合理性和正当性。公正的实质就是从善恶观念出发来评判社会道德关系和个人道德生活的合理性。换言之，合理性的有无与多少便直接牵涉到

---

① 张伟刚,张严昕,严铁毅. 专业技术人员科研方法与论文写作[M]. 北京:国家行政学院出版社,2009:228.

公正的有无与多少。① 今天,我们所讲的公正,其含义包括以下几点②:

①按个人的劳动质量和数量公平地分配劳动报酬和社会财富;

②人们获得权力的机会是平等的,即大家都在同一个起跑线上去竞争;

③人们受教育的权利、文化娱乐的权利应该是平等的;

④人们在职业岗位、社会生活和家庭生活中有安全保障;

⑤人们有言论自由、迁居自由和行动自由;

⑥人们有实现个人的价值,达到个人理想的权利。

二、办事公道是专业技术人员职业道德基本规范的首要准则

专业技术人员从事任何专业技术职业,既要对社会尽义务,又享有社会赋予的权力。例如,医生有开处方、拿手术刀的权力。那么,作为专业技术人员怎样才能行使好社会赋予的权力呢? 答案可以列出许多,但从职业道德规范来说,那就是办事公道。

专业技术人员之间及专业技术人员与服务对象之间都是平等的,职业差别只是所从事的工作不同,而不是个人地位高低贵贱的象征;职业的划分也不是为特殊的利益集团和个人创造谋取私利的机会,而是为了公平公正地满足人们的需要。因此,办事公道就成为职业活动的道德准则。

办事不公道,实际上是把那些应服务于全社会、全体人民的职业,变成只服务于社会某一部分人的职业,甚至变成牟取私利的工具,使这些职业的社会性质发生根本的扭曲和改变。因此,办事公道,应是各行各业努力施行的一条基本原则和首要准则。③

---

① 谢洪恩. 社会主义公正原则的具体要求[J]. 中共四川省委省级机关党校学报,1999(1).

② 柴振群,剧晓哲,靳永慧.专业技术人员职业道德与创新能力教程[M].北京:中国人事出版社,2004;97.

③ 何茂勋,何昭红. 大学生职业伦理学教程[M]. 桂林:广西师范大学出版社,2004;105

三、办事公道对专业技术人员的作用

办事公道的意义与价值包括以下方面。

(一)办事公道是专业技术人员应具备的品质

公道源于高尚的思想道德修养。也是一个高尚之人道德品质的基本内容。能不能公道地处理一切事情,是一个人道德水平高低的体现,也是职业素养高低的反映。……办事公道的道德品质对于我们的日常生活和职业发展都具有重要的作用,是所有从业者必须具备的职业道德。①

(二)办事公道有助于行业和社会风气的好转

办事公道要求专业技术人员以公正无私的态度去对待自己所从事的工作,正确处理各种不同的职业关系。行业风气又是大多数行业成员的社会心理、社会行为的综合表现。一个行业风气好,主要是说大多数从业人员的精神风貌好,有较高的政治思想觉悟、健康的文化生活追求和优良的道德情操。为了促进一个行业的大发展,必须要求专业技术人员办事公道,这必然有助于行业正气的产生和社会风气的好转。

四、专业技术人员办事公道的基本要求

专业技术人员办事公道的基本要求主要有以下内容。

(一)坚持真理

所谓真理就是人们的认识、意识中同客观事物及其发展规律相符合的内容。它的本质属性就是主观与客观的相符合、相一致,这种相符合、相一致实际就是认识的正确性或科学性。真理需要坚持,通往真理的道路不会一帆风顺,要想不被假象所迷惑,关键就看我们能否对真理坚持到底。如何才能坚持真理?"要勇于坚持真理"、"不盲从"、"不迷信权威"、"不要被假象迷惑"。刘少奇说:"坚持实事求是,就是坚持真理。"例如,抗战期间,有一次马寅初准备在重庆大学商学院大礼堂演讲,台下混进了国民党特务,情形很危险。马寅初带了女儿和棺材上台。他说:"为了真理,

---

① 王易,邱吉·职业道德[M]].北京:中国人民大学出版社,2009:112-113.

我不能不讲。我带了棺材,是准备吃特务的子弹;带女儿来是让她亲眼看着,特务是怎样卑鄙地向她爸爸开黑枪的,以便她坚定地继承我的遗志。"接着,话锋一转,就针对国民政府的种种腐败状况、四大家族的企业及其财产等算了一笔细账。他大声疾呼:"如今老百姓穷得连饭都吃不饱了,还要这个捐,那个税。我看要捐、要税,首先应该向四大家族开刀!"他的演讲赢得了阵阵春雷般的掌声,混在台下的特务始终不敢下手。国民党当局连连派人去与马寅初"交谈",以高官、美金为诱饵,劝他不要再发表此类演说,均被严词拒绝。① 又如,以布鲁诺、哥白尼为代表的科学家不畏教会的迫害,不畏艰难险阻,不求名利享受,专心致力于科学实验与理论研究,以生命的代价来换取真理,成为人类的骄傲。②

(二)公私分明

公私分明是专业技术人员应奉行的基本原则之一,是衡量专业技术人员职业操守的一块试金石。邓小平同志说:"要敢说真话,反对说假话,不务虚名,多做实事;要公私分明,不拿原则换人情。"没有一心为公的道德修养,缺乏忠于职守的精神,不具备全心全意为人民服务的境界,就做不到公私分明。随着社会公共领域的不断扩大,社会公共生活的日益发达,社会管理的制度化、社会治理的法治化要求人们严格区分公共生活和私人生活领域,公私分明,界限明确,在处理公、私事务时严格适应不同的道德规范,既不要将公共道德应用于私人领域,也不能用私人道德去对待处理公共事务,将公事私办,或者私事公办,强化公共道德和职业道德。③例如,抽烟是毛泽东的嗜好。20 世纪 60 年代,有工作人员打听到国外有种带嘴儿的烟能减少有害物质的吸入,便委托外交部购买了两打。生活管理员想,可以作为"公烟"在招待费中报销这笔开支。毛泽东得知后坚决不同意,认为公家的就是公家的,个人的就是个人的。这烟钱只能从自己的收入中开支。他就这类问题对身边工作人员说:"中国不缺我毛泽东一个人吃的花的。可是,我要是生活上不检点,随随便便吃了拿了,那些

① 张永超. 马寅初:为了真理[J]. 学习博览,2009(3).
② 蒋洁. 西方科技伦理思想简述[J]. 广西社会科学,2007(12).
③ 申群喜. 熟人关系的道德意蕴及其现代转型[J]. 求实,2005(2).

部长们、省长们、市长们、县长们都可以吃了拿了。那这个国家还怎么治理呢?"毛泽东每次外出,生活用品大都随身携带,大到毛毯、毛巾被,小到牙刷、火柴。吃饭必付钱款和粮票。离开时不收礼品和土特产。一次在庐山开会,他的一些身边工作人员收了水果、茶叶等物品,毛泽东得知后,不仅将江西省委负责人叫回山上进行严厉批评,还将这些物品作价由他个人全额支付。在各种公务往来中,毛泽东收到各种礼品,有的既可视为"公物",也可作为"私财"。有人劝他将一些个人需要的礼品留下私用,他却不同意,要求将礼品一一造册上交国库。他对工作人员说:"这是送给国家主席的,如果我不是国家主席,就不会有人给我送礼了;如果你当了国家主席,他们也会给你送的。"①又如,陶行知是人民教育家、教育思想家,他的人格魅力、思想风范光照千秋,堪称楷模。他捧着一颗心来,不带半根草去,只讲付出不求索取,一生清贫,却一生公私分明。

(三)公平公正

公平公正是社会主义和谐社会的核心价值取向,是人类的不懈追求。公平公正就是按照原则办事,处事合情合理,不徇私情,不因个人好恶去对待和处理问题。公平一般是指对于以利益分配对称为核心的人与人之间的社会关系做出的价值评判,合理划分利益是公平的深层本质。公正,在个体身上的德性表现是正直。正直在德性上的体现:一是诚实,二是坚定的原则性。公正的核心要求是"不偏不倚、一视同仁",在同一标准规则下的相同对待。② 例如,周恩来对下级,不是从门缝里看人,并不因为傅作义曾是蒋介石阵营中的人而不重用,也不因为黄炎培不做官而屈从他,他一视同仁,量才量职,对人对事只讲原则、讲标准。周恩来在处理别人的事情时是这样,当自己与他人相处时,也是这样。1961 年 7 月的一天,周恩来和一些文艺界的朋友去西郊香山。在登山途中,赵丹像孩子般因为到底《达吉和她的父亲》是小说比电影好,还是电影比小说好和他发生"争论",赵丹说:"总理,您说电影比小说有所提高,可我看还是小说好。"

---

①　王振江. 像毛泽东那样公私分明[N]. 解放军报,2011 - 04 - 26.

②　周庆国. 辨析公平、公正、正义的基本含义[J]. 延边大学学报(社会科学版),2009(5)

周恩来说:"影片的时代感比较强,场景选择得更广阔……"赵丹则继续争论说:"那不过是电影这门综合艺术的表现手段比小说丰富罢了。"二人各抒己见,争论不休。最后,赵丹语塞说:"总理,我保留我的意见,觉得小说就是比电影好。"周恩来略停脚步,偏过头来微笑地看着他,声音洪亮地说:"你完全可以保留你的意见,我也可以坚持我的意见,你赵丹是一家之言,我周恩来也是一家之言嘛!"他说罢哈哈大笑,赵丹也嘿嘿地跟着笑,大家全都笑了。这里,周恩来虽然坚持自己的观点,但是并不以权压人,而是把自己置于和赵丹同等的地位,不是高高在上。虽是小事一桩,却见他待人待己一视同仁的品质。正因为没有半点私心,周恩来在处理与下级的关系时,才能秉公办事,大公无私。因此,他也获得了下级的衷心拥护和爱戴。①

(四)光明磊落

光明磊落是指做人做事没有私心,胸怀坦白,光明正大。例如,邓小平同志光明磊落的做人准则主要表现在:他能够始终正确地对待自己,严于律己,不文过饰非,出了问题勇于承担责任,决不把功劳归于自己,把错误推给别人,能正确地对待并解决个人与党和人民的利益关系问题。坚持光明磊落的基本要求如下。

(1)坚持人民的利益高于一切。牢记人民的利益高于一切,时时以人民的利益为重。在看待个人与集体利益的关系时,把集体利益置于个人利益之上。

(2)实事求是,无私无畏。陈云同志有一句震耳发聩的名言:不唯上,不唯书,只唯实。最重要的是牢固树立全心全意为人民服务的思想。以讲真话为荣,讲假话为耻。做人行事严以律己,宽以待人,为人正直,公正无私,刚直不阿。在实践中探求真理,用实践检验真理,检验是否实事求是。

(3)敢于负责,敢担风险。敢于负责,就意味着必然承担风险、付出代价。勇于承认错误,勇于修正错误。

---

① 任文. 周恩来:待人待己一视同仁[J]. 人才资源开发,2010(2).

(五)主动、热情服务

坚持以群众"方便不方便"和"满意不满意"为标准来衡量自己的工作,这是在社会主义市场经济条件下最为重要的公道观。站在公正的立场上,协调各方利益,处理各种问题。在具体言行、态度上,公平对待每一个服务对象,积极、主动地从事职业活动,为满足人民日益增长的物质和文化需要而勤奋工作。

第四节　服务群众

服务群众是党全心全意为人民服务宗旨的内在要求,是贯彻落实科学发展观的题中应有之义,是为人民服务的道德在职业道德中的集中体现。本节阐述服务群众的含义,服务群众对专业技术人员的作用,以及服务群众对专业技术人员的基本要求。

一、服务群众的含义

服务群众就是指专业技术人员在自己的岗位上全心全意为人民服务,把人民群众的需要作为一切工作的出发点,把群众最迫切需要解决的问题作为工作的着力点,把群众最关心的问题作为工作的突破点。服务群众的内容:一是热情周到,二是努力满足群众的需要。

在社会主义社会,各种岗位之间都是互相服务的关系,自己为别人服务,别人也为自己服务。人人都是服务对象,人人都为他人服务。每个人都享受别人提供的职业服务,同时,又承担着为别人提供职业服务的义务。每个公民不论社会分工如何,也不管能力大小,都要兢兢业业做好自己的本职工作,以不同的形式为人民服务,通过为他人、为社会服务,获取个人的正当利益,做到以义取利,义利结合;要尊重人、理解人、关心人,为人民为社会多做好事;反对拜金主义、享乐主义和极端个人主义,形成既能体现社会主义制度优越性,又能促进社会主义市场经济健康有序发展的良好道德风尚。胡锦涛同志关于树立社会主义荣辱观的重要讲话,鲜明地提出:"以服务人民为荣、以背离人民为耻。"因此,"服务群众"是对所有从业人员的基本要求,更是专业技术人员必须遵守的道德规范。

例如,共产党员郭明义是鞍山钢铁集团矿山公司齐大山铁矿生产技术室的采场公路管理员。他20年来55次无偿献血,挽救了数十人的生命;16年来捐款12万元,使180名失学儿童得到帮助,向受灾群众献出爱心;15年来坚持每天提前两小时上班,风雨无阻。郭明义先后获部队学雷锋标兵、鞍钢劳动模范、鞍山市特等劳动模范、中央企业优秀共产党员、全国"五一劳动奖章"等荣誉称号,并获全国无偿献血奉献奖金奖,成为鞍山市无偿献血形象代言人。2010年8月,胡锦涛同志对鞍山钢铁集团郭明义同志先进事迹做出重要批示:郭明义同志是助人为乐的道德模范,是新时期学习实践雷锋精神的优秀代表。2012年3月2日,中央精神文明建设指导委员会做出决定,授予郭明义同志"当代雷锋"荣誉称号。决定指出,郭明义同志参加工作30多年来,牢记全心全意为人民服务的宗旨,坚定中国特色社会主义理想信念,满腔热情地对待党和人民的事业,模范践行社会主义道德,时时处处以雷锋为榜样,忠于职守、爱岗敬业、关爱他人、无私奉献,勤俭节约、艰苦奋斗,在平凡的岗位上做出了不平凡的业绩。

二、服务群众对专业技术人员的作用

服务群众对专业技术人员的作用主要有以下几方面。

(一)服务群众有利于专业技术人员树立崇高的职业理想

职业理想是一个人在其世界观、人生观和价值观的指导下,对自己所从事职业的发展目标做出的想象和设计,它直接影响个人的职业生涯规划和未来的职业发展。托尔斯泰曾说过:"理想是指路的明灯,没有理想就没有坚定的方向,就没有生活。"理想是前进的方向,是心中的目标,人生发展的目标是通过职业理想来确立,并最终通过职业理想来实现。社会主义的职业道德要求专业技术人员把自己的职业理想同祖国的繁荣富强结合起来,要求专业技术人员着眼于国家的整体利益,扎实做好本职工作,为人民服务。为使美好的未来和宏伟的憧憬变成现实,专业技术人员会以坚韧不拔的毅力、顽强的拼搏精神和开拓创新的行动去为之努力奋斗。

(二)服务群众有利于专业技术人员增强职业荣誉感

荣誉感是一种积极的心理品质,是人们进步的内在动力。职业荣誉是指某项职业的社会价值得到了社会公正的、客观的评价和从业人员对其正确的主观认识。它包括两方面内容:一是社会评价,也就是社会舆论对劳动者履行职业责任的道德行为的赞扬,这是客观标志;二是劳动者对自己所从事的职业所具有的社会价值的自我意识,从而对职业产生敬爱之心的自爱和自尊。职业荣誉感的本质是道德。专业技术人员无法先对某种职业产生感情,但在职业活动的实践中,专业技术人员通过履行岗位职责,想群众之想,急群众之所急,主动、热情、耐心、细致周到的服务,能逐步对职业产生感情,不断增强职业荣誉感。

(三)服务群众有利于专业技术人员实现人生价值

所谓人生价值,是人同人的需要的一种特定关系,是个人对他人和社会的需要的满足。一个人对社会贡献的大小,是评价他的人生价值的主要标准。爱因斯坦说过:"一个人对社会的价值,首先取决于他的感情、思想和行动对增进人类利益有多大作用。"只有"以服务人民为荣、以背离人民为耻",人生才能有价值。人生价值如何得到体现? 就是看你是为人民服务而活着、而工作、而奋斗,还是为个人而活着、而工作、而奋斗。而且,在为人民服务上想的事越多,做得越多,表现得越突出,反映出你人生的价值就越大,体现得越鲜明。所以,服务群众是专业技术人员实现人生价值的最佳途径。

三、服务群众对专业技术人员的基本要求

(一)牢记全心全意为人民服务的思想

毛泽东同志说:"为什么人的问题,是一个根本的问题,原则的问题。"为剥削者服务是剥削阶级道德的本质,为人民大众服务是社会主义道德的本质。具体而言,全心全意为人民服务包括以下四层基本意思:一是完全和彻底地为人民服务,而不是半心半意、三心二意、无心无意或假心假意;二是一切言行都从人民的利益出发,任何时候都把人民利益放在第一位,处处为人民谋利益;三是在处理国家、集体、个人三者利益时,要把国

家利益、集体利益放在第一位,个人利益服从人民利益,局部利益服从全局利益,眼前利益服从长远利益;四是密切联系人民群众,应相信人民群众、尊重人民群众与依靠人民群众。① 专业技术人员必须牢固树立为人民服务和人民利益高于一切的观念。

(二)文明服务,一切为群众着想

文明服务是文明行为的基本组成部分,是社会道德和职业道德规范在个人行为中的表现。不同的时代,文明行为的要求不同;不同的领域,文明服务的标准和尺度也不尽相同。今天,文明服务要求专业技术人员在履行自己所承担的职业义务时,对他人和社会表现出较高的思想道德和文化素质,具体要求是:坚持正义、从善如流、举止大方、主动热情、细致周到。在履行职责时,时刻不忘以国家利益、集体利益和他人利益为重,把一切为了群众、一切依靠群众作为自己一切工作的出发点和落脚点,不断提高服务质量,实实在在地为群众服务。

(三)勇于向人民负责

毛泽东同志说:"我们的责任,是向人民负责。每句话,每个行动,每项政策,都要适合人民的利益,如果有了错误,定要改正,这就叫向人民负责。"②江泽民也多次强调,"人民,只有人民,才是我们工作价值的最高裁决者"③。"我们想事情,做工作,想得对不对,做得好不好,要有一个根本的衡量尺度,这就是人民拥护不拥护,人民赞成不赞成,人民高兴不高兴,人民答应不答应。"④向人民负责,专业技术人员就要以广大人民群众的最大利益为出发点,了解人民群众所思、所想、所需,忠实地为人民群众办实事,办好事。

① 赵士发.世界历史视野内的"全心全意为人民服务"[J].理论视野,2011(8).
② 毛泽东选集(第四卷)[M].北京:人民出版社,1991:1128.
③ 江泽民.论党的建设[M].北京:中央文献出版社,2001:181.
④ 江泽民.论党的建设[M].北京:中央文献出版社,2001:193—194.

第五节　奉献社会

奉献社会是专业技术人员的职业本分。专业技术人员具有奉献精神是社会正常运转的内在需要，是社会主义职业道德的不可缺少的内涵。本节讨论奉献社会的含义与特征、奉献社会对专业技术人员的作用和奉献社会对专业技术人员的基本要求。

一、奉献社会的含义与特征

奉献社会，是指专业技术人员在具有奉献意识和奉献能力的条件下，自愿将自己的全部体力、智力、财力，甚至生命奉献给为社会、为集体、为他人的服务之中去的行为。奉献社会的本质点是：不以贡献作为索取私利的资本。它是集体主义职业道德原则的最高体现，是专业技术人员必须遵守的职业道德基本规范。

奉献社会表现为助人、无私、奉献和牺牲精神，其突出特征包括：一是自觉自愿地为他人和社会贡献力量，完全为了增进公共福利而积极劳动；二是有热心为社会服务的责任感，充分发挥主动性、创造性、竭尽全力；三是不计报酬，完全出于自觉精神和奉献意识。①

例如，1950 年，26 岁的邓稼先带着当时最先进的物理学知识，涉洋归来。20 世纪 50 年代末，他投身于核武器研制的基层第一线，为我国的核武器研制事业兢兢业业、呕心沥血地奋斗了 28 年，也为我国第一颗原子弹和第一颗氢弹试验成功立下了卓越的功勋。直到 1986 年，他去世后，他 28 年的秘密经历才得以披露，"两弹元勋"的美名才开始传扬。他长期甘当无名英雄，把自己的青春之光融进了中国核防御力量的"铁脊梁"之中。1986 年 7 月 16 日，当时的副总理李鹏前往医院授予住院中的邓稼先全国"五一"劳动奖章。同年 7 月 29 日，邓稼先去世。②

---

① 胡克培.思想品德修养与职业道德[M].北京：北京大学出版社,2005;221.
② 中国原子弹之父——邓稼先[J].中国职工教育,2010(5).

二、奉献社会是专业技术人员职业道德的最高境界

奉献一词在字义上有两个含义:恭敬地交付,呈献;奉献出的东西,贡献。它是人们自觉的、主动的、诚挚的、无私的交付和呈献。所谓奉献就是为了国家、群体的利益而献出自己的一切,甚至不惜牺牲生命的精神。用雷锋的话说:"自己活着,就是为了使别人过得更美好。"用爱因斯坦的话说:"一个人的价值,应当看他贡献什么,而不应看他取得什么。"奉献更是一种责任,是社会上每个人都应该遵守的基本道德准则,是社会上每个人应有的品德。奉献是一种精神,是一种共产主义精神。与爱岗敬业、诚实守信、办事公道、服务群众等四项规范相比较,奉献社会是职业道德基本规范中的最高境界,也是每个人做人的最高境界。爱岗敬业、诚实守信是对专业技术人员的基本要求,是首先要做到的。

三、奉献社会对专业技术人员的作用

奉献社会对专业技术人员个人的作用主要表现在下面几个方面。

1. 奉献社会是提升专业技术人员社会责任感的重要方法

社会责任感是指社会群体或者个人在一定社会历史条件下,所形成的为了建立美好社会而承担相应责任、履行各种义务的自律意识和人格素质。[①] 社会责任感是一个人内心中产生的对社会公众的关怀和义务;是一种坚持真理、坚持正确主张、坚持社会正义、愿为他人做出奉献和牺牲的道德责任。培养与提升社会责任感,是对专业技术人员重要的素质要求。专业技术人员一旦树立了科学的社会责任感,就能严以律己,创造性地忘我工作,不断提升自我,热心为社会服务,为中国特色社会主义事业的发展做出更大的贡献。

2. 奉献社会是专业技术人员实现人生自我价值的有效途径

专业技术职业一方面给专业技术人员提供了自身生存和发展的场所,另一方面也给专业技术人员提供了投身社会主义现代化建设,实现人生价值的地方。每个专业技术人员从事一定的劳动都是在向社会奉献自

① 彭定光. 论大学生社会责任感的培养[J]. 现代大学教育,2003(3).

己的一份力量,受到人们的尊重和称赞,体现着自己人生的价值。马克思曾经说过:"人们只有为同时代人的完美,为了他们的幸福而工作,他自己才能达到完美。"这集中地表现出马克思对人生宗旨的理解,人活着是为了人类的幸福与自我完善,而且,只有在为人民服务中,才能实现完善的人格。因此,专业技术人员要想在社会中占有一席之地,实现人生价值,就必须自觉地遵循奉献社会这一基本道德规范。只有这样,才能更好地生存和发展。

四、奉献社会对专业技术人员的基本要求

奉献社会对专业技术人员的基本要求有以下几方面。

1. 坚持把公众利益和社会效益放在第一位

公众利益是指社会上大多数人的利益。社会效益是指人们的行为或活动对社会和生态环境所产生效果的总和。全心全意为人民服务,就是为人民多办实事,时刻关心人民的疾苦,真心实意为人民群众排忧解难。在市场经济条件下,坚持把公众利益和社会效益放在第一位就是要求专业技术人员在处理个人利益和他人利益、社会利益的关系上,以满足他人和社会需要、实现他人和社会利益为基本行为准则。在处理个人利益和人民利益的关系时,始终把人民利益放在第一位,不谋任何私利。在个人利益同人民的利益发生矛盾时,必须服从人民的利益,为维护人民的利益而牺牲个人利益。

2. 正确处理谋利与奉献的关系

提倡专业技术人员无私奉献,并不是不讲求物质利益原则,而是在承认个人利益及其差别的前提下,坚决反对一切围绕个人得失而工作,给多大好处干多少工作,不给好处不干工作的唯利是图的极端个人主义思想。因此,越是改革开放,就越应强调大公无私的奉献精神,专业技术人员就越要继承和发扬不计个人得失,一切为了社会主义现代化建设的精神。

3. 在实践中身体力行

奉献社会不仅要有明确的信念,而且更要有崇高的行动。因此,专业技术人员要脚踏实地地按照奉献社会这一道德规范的基本要求去做,做好每一项工作,办好每一件事,才能真正体现出奉献社会。

第六节　坚持真理

坚持真理。首先,必须正确理解真理的含义与特征,了解把坚持真理作为专业技术人员职业道德规范的客观依据。其次,要掌握坚持真理对专业技术人员的基本要求。本节讨论真理的含义与特征、把坚持真理作为专业技术人员职业道德规范的客观依据和坚持真理对专业技术人员的基本要求。

一、坚持真理的含义与特征

什么是真理? 真理是标志主观与客观相符合的哲学范畴,人们对于客观事物及其规律的正确认识。真理具有三个根本特点,即客观性、绝对性和相对性。辩证唯物论认为真理的本质特性在于客观性。真理的客观性,一是指真理中包含有不以人和人类的意志为转移的客观内容;二是指检验认识真理性的标准只能是客观的社会实践。

二、坚持真理是专业技术人员职业道德规范的客观依据

把坚持真理作为职业道德规范的客观依据:掌握和运用科学真理,是认识和改造客观世界的重要手段;真理和谬误的对立和斗争是长期存在的,要坚持真理,修正错误;掌握科学真理是人类自身发展的重要方面。①

坚持真理、实事求是的职业道德规范是由专业技术人员的劳动特点和工作性质决定的。专业技术是以对于物质世界的客观真理的掌握为前提的,专业技术劳动的对象是客观的物质世界,专业技术研究要从客观存在的事物出发去研究客观事物运动发展的规律性。专业技术人员的任务无非是认识和改造世界两大方面。认识世界的活动本身不只是基于一定实践的需要,同时还带有一定的主观动机和目的。离开了实事求是的态度,目的性和计划性就变成了空中楼阁。要把专业技术变成客观现实,创造出既成世界中所没有的东西,也必须实事求是,按照客观规律和客观条

---

① 罗国杰等. 伦理学教程[M]. 北京:中国人民大学出版社,2004:202.

件的许可实现自己的目的。坚持真理、实事求是的道德规范是由专业技术的客观真理性所决定的。专业技术工作者的工作动机应是追求客观真理。追求客观真理的过程就是主观见之于客观的过程,只有主观符合客观,反映客观的真实情况,才有可能做好专业技术性工作。坚持真理、实事求是,也是形成良好专业技术风气,建立优良的专业技术领域人际关系的需要。①

三、坚持真理对专业技术人员的基本要求

人类的历史活动以追求真理和创造价值为基本原则。认识世界——追求真理;改造世界——创造价值。坚持真理对专业技术人员的基本要求主要有以下方面。

1. 专业技术人员要刻苦钻研并掌握科学的真理性知识

"实践、认识、再实践、再认识"的反复循环和无限发展,是人类获取真理性认识的根本途径。因此,专业技术人员只有刻苦钻研并力求掌握马克思主义关于真理的知识,才能真正把握其核心和精髓,用于指导实践。

2. 专业技术人员要有追求真理的献身精神

追求真理是专业技术人员的天职,而对真理的追求需要具备献身精神。真理的价值不仅在于它能正确地说明世界并指导人们去改造世界,还在于追求真理的过程中所体现出的献身精神。例如,波兰天文学家哥白尼,意大利天文学家布鲁诺,意大利科学家伽利略,他们的坎坷生涯与悲壮人生证明:对真理的追求与实践,往往需要付出代价。"文化大革命"中,在"极左"势力的迫害下,遇罗克、张志新等一大批为坚持和捍卫真理而牺牲的知识分子,他们都是永远值得科学研究工作者学习的楷模。因此,坚持真理,不仅要求专业技术人员正确对待名和利,而且具备献身精神。

3. 专业技术人员要正确地运用真理

人类探索真理,认识真理的根本目的是将真理运用于改造世界的全部实践,使之为人类造福。正如马克思所指出的:"哲学家们只是用不同

---

①　汪辉勇.专业技术人员职业道德[M].海口:海南出版社,2005:108.

的方式解释世界,而问题在于改变世界。"①毛泽东同志也说:"马克思主义的哲学认为十分重要的问题,不在于懂得了客观世界的规律性,因而能够解释世界,而在于拿了这种对于客观规律性的认识去能动地改造世界。"②改造世界,也就是运用真理,指导实践,作用客体的过程,从而实现真理与实际的结合,在实践中不断检验和发展真理。例如,宋应星不走科举仕途,而总结当时的生产技术,尤其致力于总结黄河满蓬艄、南方独轮推车等广大劳动人民与之相依为命的生产工具,才有了后来被誉为"19 世纪工艺百科全书"的《天工开物》问世。因此,坚持真理,要求专业技术人员正确地运用真理,指导实践。

4. 专业技术人员要勇于探索真理

真理都是有条件的、具体的,认识具有反复性、无限性。真理永远不会停止前进的脚步,而是在发展中不断地超越自身。探索真理的过程,实质上是人们认识世界和改造世界的辩证统一,是理论和实践的辩证统一,也就是主观、客观和实践三者的辩证统一。例如,明朝李时珍不善为八股文,三次科举考试三次落第,不能忍受科举的折磨,毅然抛弃仕途科考,致力于医学研究事业,可又感于旧药书籍错误百出造成医疗事故,立志编撰新的药书《本草纲目》。因此,专业技术人员要与时俱进,开拓创新,在实践中认识和发现真理,在实践中检验和发展真理。

5. 专业技术人员要敢于、善于同一切愚昧和谬误作斗争

同一切事物的发展一样,真理与谬误的斗争,真理战胜谬误,也是一个曲折前进的过程。真理和谬误又是统一的。它们的统一表现在:一方面,真理和谬误相互依存,它们都以对方的存在为前提;另一方面,真理和谬误在一定条件下可以互相转化。毛泽东同志指出:"历史上新的正确的东西,在开始的时候常常得不到多数人承认,只能在斗争中曲折地发展。正确的东西,好的东西,人们一开始常常不承认它们是香花,反而把它们看作毒草。哥白尼关于太阳系的学说,达尔文的进化论,都曾被看作是错

① 马克思恩格斯选集(第一卷)[M]. 北京:人民出版社,1972:18－19.
② 毛泽东选集(第一卷)[M]. 北京:人民出版社,1991:92.

误的东西,都曾经经历艰苦的斗争。"①因此,专业技术人员要坚定地为真理而斗争,既要勇于坚持真理和发展真理,又要勇于修正错误,从谬误的方面转向真理的方面。

第七节 开拓创新

创新是时代发展的要求,如何科学而正确地理解创新和开拓创新的内涵,掌握开拓创新对专业技术人员的作用,以及开拓创新对专业技术人员的基本要求,无疑是十分重要的。

一、开拓创新的内涵

阐述创新的内涵与外延、开拓创新的含义与要素构成,旨在使专业技术人员树立起科学的创新观。

(一)创新的内涵与外延

创新是时代的主旋律。江泽民同志指出:"要迎接科学技术突飞猛进和知识经济迅速兴起的挑战,最重要的是坚持创新。创新是一个民族的灵魂,是一个国家兴旺发达的不竭动力。创新的关键是人才,人才的成长靠教育。"②最早提出"创新"的是美籍奥地利人—哈佛大学教授约瑟夫·熊彼特。1912 年,熊彼特在《经济发展理论》一书中对"创新"进行了定义。熊彼特指出:创新就是建立一种新生产要素组合的生产函数,其中任何要素的变化都会导致生产函数的变化,从而推动经济的发展。熊彼特提出的"创新"包括五种情况:①创造一种新产品或提供一种新的产品质量。②采用一种新的生产方法。③开辟一个新的市场。④取得一种原料或半成品的新的供给来源;⑤实现任何一种工业的新的组合。不难看出,熊彼特的"创新"定义是属于经济学范畴的。

迄今为止,创新没有统一的定义,但是,创新是一个被普遍使用的概

---

① 毛泽东文集(第七卷)[M].北京:人民出版社,1999:229.
② 江泽民.在新西伯利亚科学城会见科技界人士时的讲话[N].人民日报,1998 – 11 – 25 (1).

念。创新的内涵指在世界上第一次引入新东西、引入新概念、制造新变化,其中,"新"指在结构、功能、原理、性质、方法、过程等方面的、第一次的、显著性的变化;"新"的含义是知识产权意义的新,不是时间意义或地理意义的新。① 创新是为人类社会的文明与进步创造出有价值的、前所未有的物质产品或精神产品的活动。换句话说,创新是人类在社会实践中扬弃旧事物、旧思想、旧方法,把新设想、新技术、新成果成功地付诸实施并获得更高效益的运作过程。广泛意义上创新的含义主要有:①创新是一个形成某种新事物的过程;② 创新是人的创造性劳动及价值的实现;③创新是对现存事物进行某种创造性的改造。从一个狭义的经济学的专门词汇到社会生活的日常用语,"创新"是一个相当广泛的概念,涉及众多的领域。正如江泽民同志所说的:创新,包括理论创新、体制创新、科技创新及其他创新。例如,教学创新是教师和学生等教学主体在教学实践中,为了更好地解决教学问题、促进学生的全面发展和实现教师自身的价值,遵循教学和学习的规律,对当前教学各个环节进行必要变革,以使教学活动得以更新和发展的活动。又如,科技创新。中国内涵的"科技创新"主要包括以下三个方面:一是创造前所未有的事物与理论,即一般的创造、发明的意思;二是引入新的领域产生新的效益,即经济学意义的技术创新的意思;三是其他的一些有利于实现创新的变革行为。② 再如,学术创新。一般说来,一项学术研究是否具有创新性主要应从四个方面进行考察:一是在开拓研究领域是否具有创新性;二是在使用研究方法方面是否具有创新性;三是在运用论证资料方面是否具有创新性;四是在阐述观点或理论方面是否具有创新性。③

　　例如,豆腐是中国古代沿海地区的一项发明。长期以来,人们依样画葫芦,用眼看、鼻嗅、口尝、手摸等办法制作豆腐,一代传一代,祖祖辈辈一个样,满足于豆腐的"初级阶段",吃了二千多年没有想到要创新它。豆腐传到日本后,日本对豆腐及其生产技术进行创新,发明豆腐自动生产线,

---

① 张凤. 创新的内涵、外延和经济学意义[J]. 世界科技研究与发展,2002(3).
② 李卫华. "创新"内涵的三层拓展与社会意蕴[J]. 理论前沿,2009(9).
③ 徐海燕. 学术创新的内涵与思维工具的选择[J]. 中国特色社会主义研究,2005(1).

创造五大类 30 多个新品种。如彩色豆腐——具有绿、玫瑰、澄黄等色彩;果蔬豆腐——在豆腐中掺入蔬菜等汁料;安全豆腐——用葡萄糖、蔬菜汁替代石膏和卤水,这种豆腐对人体无副作用;保健豆腐等。日本人利用中国发明的豆腐,对它进行创新,然后推向西欧市场,引导欧洲人吃豆腐,还搞了"豆腐节",从中获取巨大的经济效益。

今天,"创新"已经成为一个在广泛的社会领域中使用频率极高的词。创新是人们为了发展的需要,运用已知的信息,不断突破,发现或产生某种新颖、独特的有价值的新事物、新思想的活动。

(二)开拓创新的含义与要素构成

"开拓"即扩充、开展的意思。开拓创新,是指专业技术人员在职业活动中,要解放思想,勇于破除各种束缚,敢于创造,不断开拓,敢为人先,走前人没有走过的路,做别人没做过的事,善于开创各项工作的新局面。开拓创新是科学精神的灵魂。开拓创新由下列要素构成。一是开拓创新的主体。开拓创新的主体是人,但不是抽象的人,是指从事实践活动和认识活动的具体的历史的社会的人。二是开拓创新的基础。社会实践是开拓创新的基础,脱离社会实践这个基础,人就不可能成为开拓创新的主体。三是开拓创新的客体。开拓创新的客体是指主体从事实践活动和认识活动所指向的对象。四是开拓创新的结果。人类通过实践和认识活动,进行开拓创新,其结果是创造新事物,消灭旧事物,从而使事物得到发展。因此,开拓创新的实质就是主体通过社会实践改造客体,使客体由旧质向新质转化,形成新事物。从本质上看问题,"开拓创新"可以简称"创新"。[①] 开拓创新是马克思主义的本质特征。

二、开拓创新对专业技术人员的作用

开拓创新,对专业技术人员可持续发展的作用表现在以下方面。

(一)开拓创新是专业技术人员适应社会生存与发展的必然选择

当今世界科学技术突飞猛进,国际竞争日趋激烈,知识经济已见端

---

① 张多来,周晓阳. 论江泽民党建思想的理论品质[J]. 南华大学学报(社会科学版),2003(2).

倪。知识经济时代,创新活动是人们从事的主要活动。在新的历史时期,"物竞天择、适者生存",要适应新的环境,求得生存和发展,必须站在新的历史起点,以科学发展观为指导,解放思想,转变观念,开拓创新,敢于创新的人才能取得成功。

（二）开拓创新是实现专业技术人员可持续发展的源泉和重要手段

从马克思主义哲学的角度看来,"全面发展的个人……也就是用能够适应极其不同的劳动需求并且在交替变换的职能中只是使自己先天和后天的各种能力得到自由发展的个人来代替局部生产职能的痛苦的承担者。"① 显然只有具备创新精神和创新能力,并进行创新活动的人,才能适应"极其不同的劳动需求",才能"把不同的社会职能当做互相交换的活动方式"②。这说明创新是人的自由全面发展的源泉和重要手段,离开了创新,人的自由全面发展就成了无源之水,无本之木。③ 专业技术人员大多从事专业技术工作,科技创新实现人的全面发展的重要途径是:首先,科技创新创造了日益丰富的物质财富;其次,科技创新为人的全面发展提供了精神条件;最后,科技创新有利于人的素质能力的提高和人的个性的发展。④

例如,中国工程院院士、发展中国家科学院(TWAS,原称第三世界科学院)院士、中南大学黄伯云教授,不但是一位极具开拓意识、创新能力、奉献精神与人格魅力的工程技术专家,而且是一位世界著名的材料科学家,还是一位能高瞻远瞩,有驾驭全局的魄力、胆识与能力的战略科学家。黄伯云教授曾获得国家技术发明奖一等奖 1 项、国家技术发明奖二等奖 1 项,国家科技进步奖二等奖 1 项、三等奖 1 项,国家成果奖二等奖 1 项,香港何梁何利科学与技术进步奖,以及省部级科技成果奖一等奖 5 项、二等奖 7 项,国家发明专利 11 项,出版专著 3 部,在国内外一流学术期刊上发表科技论文 100 余篇,其中被国际检索机构 EI,SCI 输入 80 余篇。2005

---

① 马克思. 资本论(1)[M].北京:人民出版社,1975:500 .

② 马克思恩格斯全集(23)[M]. 北京:人民出版社,1975:113 .

③ 马军显. 创新与人的自由全面发展[J]. 平顶山师专学报,2004(4).

④ 万锋锋. 科技创新与人的全面发展[J]. 经济与社会发展,2009(9).

年3月28日,中共中央总书记、国家主席胡锦涛在人民大会堂为黄伯云颁发了"国家技术发明奖一等奖",结束了我国该奖项连续六年空缺的历史。

三、开拓创新对专业技术人员的基本要求

开拓创新对专业技术人员的具体要求主要有以下几方面。

(一)专业技术人员要有强烈的创造欲

创新欲望是一种发现和探求新知识的心理需求。心理学研究表明,人的创新意识,不仅要以其知识和智慧做基础,而且与其积极情绪,特别是创新欲望密切相关。强烈的创造欲是创新人才探究未知,进行创新的基础和起点。当今,科学技术和信息日新月异,没有旺盛的求知欲和创造欲,就不可能用系统、科学的知识来解释周围的事物与现象,更谈不上进行创新。

因此,专业技术人员应养成有利于创新能力培养的学习方式,优化创新氛围,诱发创新兴趣,启发想象,训练创新思维,具有敢为人先的精神,培养创新精神和实践能力。

(二)专业技术人员要有创造性思维能力

创造性思维能力是指对事物间的联系进行前所未有的思考,从而创造出新事物的思维方法的一种能力,是一切具有崭新内容的思维形式的总和。[①] 在创造过程中,从发现问题到解决问题,始终贯穿着创造性思维的活动,它既包括求异思维,也包括形象思维、逻辑思维,而且,它们是有机结合在一起的。

因此,专业技术人员应以激发兴趣为起点,以系统知识的积累为基础,以良好的心理品质为关键,以培养科学思维为途径,培养创造性思维能力。

(三)专业技术人员要有坚强的意志力

意志力是指一个人能自觉支配、调节自己的行动,克服各种困难去实现目标的品质。坚强的意志能发动创造,取得创造性成果;坚强的意志能

---

① 水木.创造卓越:创新思维训练方法[M].北京:中国商业出版社,2004:5.

制止诸如涣散和半途而废之类的某些行为,能调节自己的行为和心理状态,使创造得以坚持并取得成功。美国科学史专家朱克曼对诺贝尔奖获得者的意志品质进行过研究,并写了一本名叫《科学的精英》的书。她的调查表明,这些在科学上做出重大成就的人,都有一个共同的心理特点,即他们不怕失败,锲而不舍,不迷信权威,很自信,有毅力,兴趣广泛,人际关系良好,等等。这些意志品质,被认为是创造性品格,是创造活动取得一定的成就所必需的。没有这些意志品质,就无法在科学研究和发明创造的道路上取得较大的成就,就不可能获得这种科学的桂冠。[①]

坚定的意志力是成功的可靠保证。一个人如果没有坚强的意志,就很难开发出他的创造力。比如,人类第一次发现烈性炸药硝化甘油的是意大利化学家索布雷罗。1846 年,索布雷罗偶然将制造肥皂的副产品——甘油和浓硫酸混合在一起,得到了一种烈性炸药,但就在他刚意识到发现了什么的时候,突然的爆炸差点使他丧命,于是他退缩了,对于这一发现不再问津。18 年后,诺贝尔却凭着顽强的意志继续实验,终于获得了伟大的成功。[②]

因此,在为达到预期目的的行动中,专业技术人员要有不怕任何挫折和失败,努力克服各种障碍和困难,不达目的誓不罢休的坚定信念,胜不骄,败不馁的坚强意志。

(四)专业技术人员要有顽强的拼搏精神

任何一种科学研究,只要是探索新问题、求解新未知、揭示新规律、创立新理论,都不是轻而易举地获得真理性的成果的。谁拼搏进取,谁就能走向通往成功的大门。正如马克思所说:"在科学上没有平坦的大道,只有不畏劳苦沿着陡峭山路攀登的人,才有希望达到光辉的顶点。"例如,诺贝尔为了解决炸药的控制和引爆的安全问题,用 13 年的时间进行研究和试验,失败的次数几乎连他本人也记不清,更惨痛的是在一次爆炸中就牺牲了 5 个助手,受到政府指责和群众的抗议。但诺贝尔从不气馁,努力探

---

①　朱长超. 挖掘大脑中的财富:创新与全脑开发[M]. 上海:上海科学普及出版社,2000:217.

②　张浩. 论情感、意志与创造性思维[J]. 青海民族大学学报(教育科学版),2011(1).

索下去,终于在 1813 年获得了成功。①

因此,专业技术人员需要具备藐视困难、勇往直前的精神,需要具备团结协作、爱国奉献、开拓进取的精神,需要具备勤于思考、不断创新的精神。这些精神,正是不屈不挠、知难不退的拼搏精神。

(五)专业技术人员要有崇高的献身精神

任何一项创新,都是一个艰辛而漫长的过程,创造的道路曲折而坎坷。据统计,现代基础研究的成功率仅有 2%,绝大多数基础研究课题不能获得圆满的结果。大量从事基础研究的科学家辛勤探索一生,最终只是默默无闻,成为无名无利的科学发展大道上的铺路石。更大的风险还在于等待科学家的不仅有荣誉与财富,还可能经受生与死的考验。

例如,伽利略为捍卫日心说受到罗马教皇残酷的迫害和折磨,但他没有放弃对真理的追求,年近七旬又体弱多病的伽利略被迫在寒冬季节前往罗马,跪在冰冷的石板地上接受罗马宗教裁判所的审判,先是被判终身监禁,后又改为在家软禁,精神和肉体上的折磨仍然没有动摇他的信念,直到 1642 年 1 月 8 日病逝。300 年以后的 1979 年罗马教皇才为他公开平反昭雪。

又如,我国经济学家孙冶芳因提出社会主义企业也要进行利润核算而被有权势的"极左"代表人物迫害,在被关进监狱后仍然以"心写"的方式完成了他关于社会主义企业管理和利润核算的专著。②

再如,2005 年诺贝尔医学奖是由两位澳大利亚科学家巴里·马歇尔和罗宾·沃伦分享。表彰他们"发现了幽门螺杆菌及这种细菌在胃炎和胃溃疡等疾病中扮演的角色。"由于他俩做出的这一具有先驱性的发现,胃溃疡病已不再是一种经常导致人失去生活能力的慢性疾病,医生可以使用抗生素和有机酸抑制剂来治愈这种疾病。沃伦早在 1979 年就获得了对幽门螺杆菌的初步发现,但因有悖于当时的医学认识而不为人所承认。众人的质疑,并没有动摇沃伦的看法,更没有使他放弃自己的探索。他寻找一切机会去继续试验,直至随后和马歇尔合作坚持继续研究。为

① 周志华."科学人"与科学精神[J].学术论坛,2007(4).
② 周志华."科学人"与科学精神[J].学术论坛,2007(4).

了打消科学界同仁对人体肠胃内存在幽门螺杆菌的疑问,马歇尔喝下了一份含有这种细菌的培养液,在患病过程中承受了胃痛、恶心和呕吐。他的妻子向他提出要求:不只是科学,还应顾及自己的家人,尤其是孩子。而他所做的就是接受治疗,以恢复健康方式证明了幽门螺杆菌研究的实际意义。这是异常之举,所显示的精神是为科学奉献自我。在接到获奖电话通知后,已经68岁的沃伦不禁回忆起当年的研究状况:"改变那种是因为压力和其他因素引起(胃溃疡等疾病)的想法,是如此难以进行,几乎没有人相信那真的是因为细菌引起的!""我当时只是认为那是一项令人激动的新发现,"沃伦说,"从来不想它是能够获得诺贝尔奖的那类(重大)发现。"由此我们可看出,他们的出发点并不是要获什么奖,他们就是要证明自己的见解,为了科学的兴趣,也显示了他们的执着,不为权威所折服。两人的执着敬业、为科学献身的精神,也是他们理应赢得这份荣誉的一个重要因素。①

因此,专业技术人员对创新要充满热情,把创新看做是人生追求、人生价值观的重要组成部分。正确处理个人与他人、集体与国家之间的利益关系,把为社会服务、为人民谋福利作为自己的最高价值追求目标,进而把创新活动同社会的发展、国家的富强、人类的进步有机地结合起来,在追求真理的道路上不畏艰险、锲而不舍。

【案例与评析】

[案例背景]

"丫头"如莲②
——记"全国道德模范"乡村女医生刘玉莲

2007年9月18日下午,北京人民大会堂。

"一直坚持几十年,不容易呀,祝贺你!"刚刚荣获"全国道德模范敬业

① 李春霞,赵兴太. 科学呼唤执著敬业的献身精神——诺贝尔医学奖获奖者的启示[J].科技信息(学术研究),2007(4).
② 朱振陆,等. "丫头"如莲——记"全国道德模范"乡村女医生刘玉莲[J].今日新疆,2007(12).

奉献奖"的刘玉莲,当听到中共中央总书记、国家主席胡锦涛这亲切的话语时,眼泪不由地夺眶而出。

她不敢相信这是真的。作为边远偏僻的少数民族聚居村庄的一位汉族医生,刘玉莲没有想过要得到这荣誉那奖励的,更不敢奢求能受到党和国家最高领导人的亲切接见和问候。她只知道,给村里的乡亲们治病防病是自己的本分。

的确,刘玉莲41年如一日扎根乡村,默默地尽心尽力为各族群众服务,她那平凡而感人的事迹,早已深深地印在了当地农民的心里,其高尚的医德和敬业奉献精神时常为她救治的各族病人所传扬,赢得了社会的广泛赞誉。

那年·那月·那些事儿……

1966年6月,初中毕业的刘玉莲随父母从老家甘肃迁移到哈密市二堡镇二堡村,村民中98%是维吾尔族。这里自然环境恶劣,生活条件艰苦,常年干旱少雨,最让村民优虑的是缺医少药,生病后得不到医治。

不久,勤快、脾气好、又有文化的刘玉莲被老队长玉努斯·铁木尔选送到公社卫生院,参加赤脚医生培训,从此开始了她40多年的乡村医生历程。

刘玉莲清楚地记得第一次接诊的情景:那天傍晚,正做晚饭的刘玉莲,听到村民帕旦木汗大妈喊着:"头疼,头疼得很!"她凑近一看,只见病人脸色苍白,一量体温:40.4度! 这么高! 是不是看错了? 重新量一次,还是40.4度。当时的刘玉莲比病人还紧张,心在狂跳不停,打针时,手一个劲地哆嗦……她从书上查到阿斯匹林片既可退热还能发汗时,便赶忙给病人倒开水喂药,直到病人呻吟声渐渐地小了、呼吸匀称了,她才松了一口气。

初战告捷,刘玉莲兴奋不已,在当天的日记中写道:我将全身心地投入到医疗工作中,尽心尽力为病人解除痛苦! 后来,刘玉莲又参加了驻军某部队医院的培训,学会了针灸技术。从此,她白天肩背红十字药箱,甩着齐腰长的大辫子,走村串户给村民打针治病;晚上在煤油灯下翻看《赤脚医生手册》《新针疗法》等医学书籍,并按照书上标明的人体穴位图,在自己的头上、手上、腿上练扎针，找针感。

在二堡村，无论男女老少都把刘玉莲叫做"丫头"。玉素甫·买买提老人因患支气管哮喘病多年，到城里多家医院诊治，均不见好转。刘玉莲采用当时部队军医发明并向全国推广的新针疗法，结合药物治疗后，效果竟然出奇的好。这样持续治疗了两个多月，不但治愈了老人的支气管哮喘病，连他脖子上的"大疙瘩"也慢慢消散了。老人逢人便伸出大拇指说："丫头，医术好得很!"

刘玉莲终生难忘她结婚的日子。那一天，老队长玉努斯·铁木尔在自己家里为"丫头"举行了隆重的维吾尔族婚礼，村民们敲着手鼓、唱着歌、跳着舞，用漂亮华丽的马车把"丫头"从娘家接到新房里。"每到农忙季节，家里地里的活儿便都落在了丈夫身上，邻居莫合买提他们常来帮助我家干这干那……孩子小没人照顾，古娜尔汗大姐总是主动把孩子接走都我带。维吾尔族乡亲对我们的好，我是一辈子都难忘记呀!"提起这些往事，刘玉莲一直萦怀于胸，心存感激。她说："我没别的能耐，只有给乡亲们看好病、止住痛，才对得起他们啊!"

病人·家人·软轻软

毛沙·尼牙孜老人讲起刘玉莲给他妻子接生小儿子那件事就激动不已。那天夜里，为了赶时间，她们经过一片刚收割过的高粱地，尖利的高粱茬子把刘玉莲的脚脖子划出一道道血口，她顾不了那些，一个劲往前赶。到家后一检测，发现孕妇玛丽亚木严重贫血，刘玉莲便劝他们到镇卫生院去生产。但毛沙·尼牙孜为难地说："家里太穷，没钱住院，上面那几个孩子不也是你在家里接生的，我们相信你!"刘玉莲只好在家接生。孕妇的血压只有50/60，脉搏微弱。刘玉莲仔细地操作，5个小时后，一个男婴降生了，孩子安全，产妇却昏迷不醒，刘玉莲急忙抢救，产妇终于苏醒了。刘玉莲赶紧为她做了一碗红糖荷包蛋，并亲手给她喂。产妇的体温和血压慢慢正常了，这时天已大亮。刘玉莲要走时，玛丽亚木拉着她的手，硬咽着说："丫头，我的命是你给的，你是我的'夏帕艾且'(维吾尔语:救命女神)!"

2000年，村民艾买提·玉努斯在修坎儿井时，不小心掉进井底，造成右腿骨折，由于家庭困难，他住不起医院。刘玉莲只好每天早晚步行3公里到他家为他打针，一直坚持了一个多月，她还自掏腰包为他垫付了2000多元的药费。提起这事，艾买提·玉努斯忍不住哭起来："'丫头'是个好人，就算给她两个金疙瘩子都不够！"他边说边用手比划着，感激之情溢于言表。

2006年7月18日深夜3点多，刘玉莲被三组村民亚合甫·亚亚的敲门声惊醒，说老婆要生小孩。刘玉莲便赶紧到他家，一检查，发现是难产，刘玉莲劝他们到镇卫生院。亚合甫怕钱不够，不愿去。刘玉莲说："有我呢！"亚合甫这才答应。在镇卫生院，刘玉莲协助接生员费了好大工夫才将这个只有1700克重的早产小巴郎接生出来。

作为医生，刘玉莲40多年来为二堡村及附近乡村的乡亲们亲手接生了400多个孩子，成功率达100%。而她自己却因忙于治疗病人，曾先后有5个孩子都耽误治疗，不幸早天。

尤其是1978年夭亡的那个女孩儿才叫可惜。孩子10来个月时，刘玉莲由于工作忙，又怕孩子摔着碰着，便每天上班前把孩子绑在炕头上。虽然诊所离家并不远，可病人多，一进去就出不来。有一天下班回家，她发现孩子睡着了，却额头发烫，便赶紧抱在怀里喂奶，可孩子又吐又拉，送到公社卫生院抢救，已经来不及了。医生责怪她："你也是个医生，怎么把孩子耽误成这样！"

刘玉莲何尝不心疼自己的亲生骨肉，可她的确没有分身之术，一边是自己的家人，一边是抱病在身渴求救治的乡亲，孰重孰轻？确实不好掂量。可她心里始终记着刚当赤脚医生和1986年入党时的誓言：为二堡这块养育我的土地和人民奉献出自己的一切！

在女儿吴晓英的眼里，母亲刘玉莲从来没有闲的时候，星期天在家里也是经常围着不少病人。2000年春天，吴晓英生孩子，妈妈没时间照顾，一直到孩子周岁才来看过两次，而且都是当天返回。现在外孙7岁了，姥姥上门的次数也不到10次。

对于在鄯善石油基地工作的儿子昊晓成来说，母亲就像一座不停摆的钟表，心思和时间几乎全用在了病人身上。4年前他的妻子周金萍做剖腹产手术，刀口50多天未愈合，妻子想要当医生的婆婆来陪上十天半个月,在家里换药方便。电话打过去,答复是:病人多,走不开。后来母亲来了,可只呆了两个小时,放了些营养品,看了看孩子和儿媳就又匆匆赶了回去。这不,孙子长到4岁多了,与奶奶在一起的时间还不足10天!

而作为丈夫吴正义,他最大的企求就是能和妻子一起按时按点吃顿团圆饭。他每天早早起床做好饭,担心耽误妻子上班。刘玉莲走后,他便忙着洗碗、打扫院子、喂羊、喂驴,然后再到地里干活。常常是辛苦一天,晚上回到家里却还是冷锅凉灶,他还得亲自动手做饭。而且往往是饭做好了,仍不见妻子回家。

好脾气的吴正义也会生气,他有时对刘玉莲说:"你回来吧!呆在家里我又不是养活不了你!没日没夜地忙图个啥?还没有在家多养两头驴挣的钱多!"

吴正义生气归生气,地里的活照干,一日三餐照做。刘玉莲说:"我家那个'老倔头'其实非常通情理,也很支持我的工作,遇到哪家没钱看病了,他会毫不犹豫地拿出种地、卖羊的积蓄,让我去治病救人。"

多年来,刘玉莲接纳诊治患者30余万人(次),先后为看不起病的贫困村民垫付医药费3.5万元,为村里贫困学生捐助学习用品价值6000多元。

18·58·永远的"丫头"!

刘玉莲尽管早已当了奶奶、姥姥,是58岁的年近花甲之人,可乡亲们改不了口,仍叫她"丫头"。原因何在?据说有两点:一是刘玉莲早年用针灸治好玉素甫·买买提老人的支气管哮喘和大脖子病后,老人到处夸赞刘玉莲是个好"丫头";二是刘玉莲刚从老家迁来参加劳动点名时,老队长玉努斯·铁木尔嫌叫名字太拗口,没有像叫自己的女儿"丫头"一样顺口,又亲切自然,就干脆叫刘玉莲"丫头"。从此,"丫头、丫头",就一直叫了下来。

的确,刘玉莲从18岁开始行医,40多年来是心甘情愿地为当地的父老乡亲们当"丫头",不管白天黑夜,也不论大人小孩,只要一声"丫头",她就会立即跟着走,而且,从来不要一分钱的出诊费和治疗费。为了便于与民族兄弟姐妹交流和治病,她还学会了一口流利的维吾尔语。

提起"丫头",二堡乡的乡亲们个个都竖大拇指。75岁的依拉音·索巴老人患有耳聋、大小便失禁等老年综合症。今年7月村里发洪水,他家的房子被冲毁,刘玉莲在为老人看病的同时,还送去了被子。70岁的哈克里·玉素甫曾患有结核病,刘玉莲连续8个月每天到老人家里打针、送药……"丫头"这一桩桩、一件件自己看来平凡的小事却被维吾尔族乡亲们牢牢地记在了心里。

刘玉莲尽管至今仍是一个非正式编制的乡村医生,月工资也仅有350元,不及镇卫生院晚她30多年工作的年轻在编护士的三分之一,而且没养老、社保、医保等"三金"。但是,她以"九死不悔"的信念,凭着"吃草挤奶"的精神和"拼命三郎"的韧劲,用自己那瘦弱的肩膀挑起了救护二堡村1000多人近半个世纪、横跨两三代人健康的重担,终使"小病不出村,大病才上医院"的基本医疗目标变为现实。

正是由于刘玉莲这种甘做"丫头"的坚定信念和奉献精神,才使本村的医疗卫生工作几十年来一直走在自治区农村的前头。

刘玉莲也因此获得数十项各级表彰的令人艳美的荣誉:"学雷锋标兵"、"五好赤脚医生"、"民族团结先进个人"、"优秀共产党员"、"防疫妇幼保健先进工作者"、"中国民间优秀名医"、"结核病防治先进个人"、"模范乡村医生"、"自治区劳动模范"。这不,最近,她又荣获"全国道德模范"荣誉称号,受到了胡锦涛总书记的亲切接见。

[案例评析]

不论做任何工作,只要认真负责,精益求精,不辞劳苦,就可以说是爱岗敬业。刘玉莲恪尽职守,对事业虔诚执著,在平凡的岗位上,用超乎常人的坚韧,将责任心、使命感化做了坚守的动力。她以"九死不悔"的信念,凭着"吃草挤奶"的精神和"拼命三郎"的韧劲,用自己那瘦弱的肩膀挑起了救护二堡村1000多人近半个世纪、横跨两三代人健康的重担,终使"小病不出村,大病才上医院"的基本医疗目标变为现实。爱岗是敬业的前提,敬业是爱岗情感的进一步升华,是对职业责任、职业荣誉的深刻认识。不爱岗的人,很难做到敬业;不敬业的人,很难说是真正的爱岗。

思考与练习

1. 论述爱岗敬业的重要性。

2. 结合个人实际谈谈怎样才能做到爱岗敬业。

3. 为什么说诚实守信是专业技术人员职业道德的根本。

4. 联系个人实际谈谈怎样做到诚实守信。

5. 办事公道的具体要求和作用是什么。

6. 怎样才能做到办事公道。

7. 简述专业技术人员为什么要坚持服务群众。

8. 谈谈奉献社会的意义。

9. 简述奉献社会与个人人生价值之间的关系。

10. 论述专业技术人员坚持真理的基本要求。

11. 联系实际谈谈你对开拓创新的理解。

12. 结合个人实际,简述专业技术人员开拓创新的具体要求。

第四章　行业职业道德规范

职业道德规范是根据各个职业的特点、性质、地位和作用,按照自身职业活动的客观要求而制定的,是人们从事职业活动、处理职业关系的行为准则。各种专业技术职业都有其相应的职业行为规范和准则。法国社会学家埃米尔·涂尔干((Emile Durkheim)在论述职业伦理时明确指出:"任何能够在整体社会中占据一席之地的活动形式,要想不陷入混乱无序的形态,就不能脱离所有明确的道德规定。一旦这种力量松懈下来,就无法将其自身引向正常的发展,因为它不能指出究竟在哪里应该适可而止。"①本章分别对几种主要专业技术职业道德规范加以介绍,以使专业技术人员举一反三,融会贯通,力求知其然,也知其所以然,指导专业技术人员实践职业道德。

本章学习要点

了解会计、科研、卫生、教师、新闻、律师、图书馆员、档案、体育等职业的职业道德规范的含义;理解会计、科研、卫生、教师、新闻、律师、图书馆员、档案、体育等专业技术人员职业道德规范的具体内容;了解规定相关职业道德规范的意义,并能正确地用来指导职业生活。

第一节　会计人员职业道德规范

会计人员的职业道德的优劣,必然直接影响会计职能的发挥和信息使用者的决策,以及会计工作的质量与服务单位的经济质量,从而影响整个社会的经济、政治和道德建设。因此,本节讨论会计人员职业道德的含义、特征和会计人员职业道德的基本要求。

---

① [法]爱弥尔·涂尔干.梁敬东,付德根译. 职业伦理与公民道德[M]. 上海:上海人民出版社,2001:13.

一、会计人员职业道德含义及特征

会计人员职业道德源于会计职业的产生,是会计人员在长期的职业活动中逐步形成和总结出来的。

会计人员职业道德是指会计人员在职业活动中应当遵循的、体现会计职业特征的、调整会计职业关系的职业行为准则和规范。它是专业技术人员职业道德的基本规范在会计工作中的具体体现,体现了会计工作的特点和会计职业责任的要求,是带有强烈经济性色彩的经济道德。

会计人员职业道德有原则性、无私性、服务性、稳定性的基本特征。

二、会计人员职业道德规范的基本要求

下面分别阐述会计人员职业道德规范和中国注册会计师职业道德的具体要求。

(一)会计人员职业道德规范的具体要求

1980 年 7 月,国际会计师联合会职业道德委员会拟订并经国际会计师联合会理事会批准,公布了《国际会计职业道德准则》,规定了正直、客观、独立、保密、技术标准、业务能力、道德自律等七个方面的职业道德内容。1996 年 6 月,财政部颁发的《会计基础工作规范》,首次较系统地提出了会计人员职业道德要求。会计人员职业道德规范的具体要求主要包括以下方面。

1. 熟悉法规

会计工作不只是单纯的记账、算账、报账,而时时、事事、处处涉及执法守规的问题。因此,会计人员只有熟悉财经方针、政策,以及会计法律、法规和制度,具备了娴熟的财会技能,才能在处理各项经济业务时,做到知法依法,知章循章,依法把关守口,实现客观公正,保证所提供的财会信息合法、真实、准确、及时、完整。熟悉法规是会计人员职业道德规范的重要基础。

2. 依法办事

依法办事要求会计人员做到:正确处理国家、集体和个人三者的利益关系,有法必依,执法必严,严格贯彻执行国家的有关法律、法规和制度,

依法办理有关业务,不唯上,不为情(钱),只唯法,不怕得罪人,不怕打击报复,敢于抵制歪风邪气,同一切违法乱纪的行为作斗争。依法办事是会计人员职业道德规范的重中之重。

3.廉洁自律

廉洁,指的是清廉、清白,与贪污相对。自律,伦理学上与他律相对,指主体的自觉的道德意识和实践,是反映道德发展水平的概念。廉洁是会计职业道德自律的基础,而自律是廉洁的保证,二者不可偏废。廉洁自律要求会计人员做到以下几点。一要树立正确的人生观和价值观。会计人员应以马克思主义、毛泽东思想、邓小平理论、"三个代表"和胡锦涛同志"八荣八耻"为指导,树立科学的人生观和价值观,自觉抵制享乐主义、个人主义、拜金主义等错误的思想。二要养成"理万金分文不沾"的道德品质和高尚情操,做到公私分明、不贪、不馋、不挪用、不占用,"常在河边走,就是不湿鞋"。三要严格执行财经纪律,尽职尽责,在利益与道德的博弈中,守住自身的道德底线,必须要学会面对社会中的各种诱惑,自觉抵制不正之风。廉洁自律是会计人员职业道德的重要特征,也是衡量会计人员职业道德的基本尺度。

4.客观公正

客观是指按事物的本来面目去反映,不搀杂个人的主观意愿,也不为他人意见所左右。公正就是平等,公平正直,没有偏失。对于会计职业活动而言,客观主要包括两层含义:一是真实性,即以实际发生的经济活动为依据,对会计事项进行确认、计量、记录和报告;二是可靠性,即会计核算要准确,记录要可靠,凭证要合法。公正就是要求会计人员不仅应当具备诚实的品质,而且应公正地开展会计核算和会计监督工作,即在履行会计职能时,摒弃单位、个人私利,公平公正,不偏不倚地对待相关利益各方。客观公正要求会计人员做到:①保持客观、公正的职业态度,遇事三思而后行;②必须遵守各种法律、法规、准则和制度;③实事求是,坚定不移地维护会计信息的真实性,对各项经济活动进行客观公正的记录与反映,完整、准确、真实地反映各项经济活动情况,做到客观、公平、理智、诚实,不偏不倚;④保持应有的独立性。客观公正是会计人员职业道德规范的灵魂。

5. 讲究效益

会计与经济效益之间客观上存在着内在的、必然的、不可分割的紧密联系。会计的根本任务是提高经济效益。讲究效益要求会计人员做到：①在做好本职工作的同时，努力钻研相关业务，不断提高自身素质；②全面熟悉服务对象的经营活动和业务流程，运用掌握的财务、会计信息为改善单位内部管理主动提出合理化建议，协助领导决策，提高经济效益服务；③精打细算，勤俭节约，把资金用在"刀刃上"，提高经济效益。

6. 信息真实

会计信息的真实性是会计工作的生命，决定会计工作的得失成败。会计人员必须坚持实事求是的原则，提供"真实、完整"的信息。会计信息失真，容易误导会计信息使用者的决策，不利于社会资源的有效配置，甚至可能会给个人、社会、国家带来巨大的危害。例如，美国安然公司、世界通讯公司（watdcom）宣布破产，造成美国经济乃至世界经济的衰退，其最主要原因就是会计造假虚增利润造成的。中国证券市场连续不断地发生深原野、琼民源、鄂猴王、郑百文、银广夏、黎明股份、麦科特等事件，给资本市场和投资者造成巨大伤害，也为会计行业及会计人员本身带来巨大灾难。又如，2006 年 12 月 23 日《经济日报》报道了财政部抽审百户国有企业 2005 年会计报表情况，多数企业主要会计要素核算存在偏差。其中，81% 的企业存在资产不实问题，共虚列资产 37.61 亿元；83% 的企业存在所有者权益不实问题，共虚列所有者权益 26.12 亿元；89% 的企业存在损益不实问题，共虚列利润 27.47 亿元；27% 的企业明显存在原始凭证、记账凭证不真实、不合规的问题。假账已经成为我国市场经济中的一个难以治愈的"毒瘤"。从不题词的朱镕基，却破例三次题词"不做假账"。2001 年 4 月 16 日，朱镕基同志在视察上海国家会计学院时的题词"不做假账"，既是对《中华人民共和国会计法》等法律要求的高度概括，也是会计人员应当遵循的基本准则和道德规范。

7. 保密守信

在日常工作中，会计人员总会了解到单位、企业或集团的商业秘密，甚至是国家机密的会计信息。保密守信要求会计人员做到：必须严格保守机密，对法律法规要求披露的，要实事求是地充分披露，对法律法规不需要披露的,就应保守秘密;必须坚持客观性原则,尊重事实,尽最大的努力,围绕单位、企业或集团的经济运行总体目标,在对外交往或商业交易中,切实做到诚实可信,履行承诺。泄密,不仅是一种不道德的行为,也是违法行为。朱镕基同志在2001年视察北京国际会计学院时,为北京国家会计学院题词:"诚信为本,操守为重,坚持准则,不做假账。"这正是对广大会计人员职业道德最基本的要求。保密守信是会计人员职业道德规范的基本要求。

8.高效服务

及时对单位内部财务、会计制度提出可行性的措施和建议,建立健全高效服务的管理制度。高效服务要求会计人员做到:①树立服务意识,端正服务态度,提供全面、真实、及时、完整的会计信息,服务于单位和社会经济的发展;②保证服务质量,做好政策服务、资金服务、管理服务,根据发展变化的新情况,最大限度地及时调整服务类型,保证服务重点,统筹兼顾,科学运作,开展个性化服务,努力提高服务水平;③正确处理监督和服务的关系,将二者有机地统一起来。高效服务是会计人员职业道德规范的时代要求和最终归宿。

会计职业道德的核心内容可以概括为"求实讲真"四个字。所谓"求实"包含两层意思:一是数字求实,即从定量角度准确、真实地反映会计主体的财务状况、财务收支和经营成果;二是工作务实,这个要求可以引导出许多具体的道德规范及表现形式。如工作作风的严谨扎实、工作质量的精益求精、技术方法的开拓创新等。所谓"讲真",也包含两层意思:一是敢讲真话,即要求会计职业人员不畏权势,不为利诱,以一种高度的社会责任感和正义感真实地记录会计事项,准确地反映经营成果;二是追求真理。会计的职能不仅是客观地反映会计事项,得出会计信息,更重要的是保证会计信息的质量,通过提供真实、完整的会计信息,作为投资者、政府、管理层及社会公众进行经济决策参考的依据。这就要求会计职业人员不断地坚持真理,敢于与一切弄虚作假的行为作坚决的斗争。换一个角度讲,"求实"主要指会计确认、会计计量和会计记录过程中的道德要求,"讲真"则是会计报告过程中的道德要求。此外,"讲"字还体现了会计信息社会化,会计应当服务于社会的含义。①

　　会计人员职业道德是会计人员从事会计工作应遵循的道德标准。它体现了会计工作的特点和会计职业责任的要求,规定了财会工作者在履行公职中"应当怎么样"、"不应当怎么样"。这些道德标准是财经法规、财会政策制度所不能替代的。非法行为肯定不道德,但合法行为也可能存在着不道德问题。因此,会计人员应时时刻刻遵循会计人员职业道德。

(二)中国注册会计师职业道德的具体要求

中国注册会计师职业道德基本准则

第一章　总则

　　第一条　为了规范注册会计师职业道德行为,提高注册会计师职业道德水准,维护注册会计师职业形象,根据《中华人民共和国注册会计师法》,制定本准则。

　　第二条　本准则所称职业道德,是指注册会计师职业品德、职业纪律、专业胜任能力及职业责任等的总称。

　　第三条　注册会计师及其所在会计师事务所执行业务,除有特定要求者外,应当遵照本准则办理。

第二章　一般原则

　　第四条　注册会计师应当恪守独立、客观、公正的原则。

　　第五条　注册会计师执行审计或其他鉴证业务,应当保持形式上和实质上的独立。

　　第六条　会计师事务所如与客户存在可能损害独立性的利害关系,不得承接委托的审计或其他鉴证业务。

　　第七条　执行审计或其他鉴证业务的注册会计师如与客户存在可能损害独立的利害关系,应当向所在会计师事务所声明,并实行回避。

　　第八条　注册会计师不得兼营或兼任与其执行的审计或其他鉴证业

---

① 国风莉. 试谈会计职业道德的核心内容[J]. 河北企业,2008(11).

务不相容的其他业务或职务。

第九条　注册会计师执行业务时,应当实事求是,不为他人所左右,也不得因个人好恶影响分析、判断的客观性。

第十条　注册会计师执行业务时,应当正直、诚实,不偏不倚地对待有关利益各方。

第三章　专业胜任能力与技术规范

第十一条　注册会计师应当保持和提高专业胜任能力,遵守独立审计准则等职业规范,合理运用会计准则及国家其他相关技术规范。

第十二条　会计师事务所和注册会计师不得承办不能胜任的业务。

第十三条　注册会计师执行业务时,应当保持应有的职业谨慎。

第十四条　注册会计师执行业务时,应当妥善规划,并对业务助理人员的工作进行指导、监督和检查。

第十五条　注册会计师对有关业务形成结论或提出建议时,应当以充分、适当的证据为依据,不得以其职业身份对未审计或其他未鉴证事项发表意见。

第十六条　注册会计师不得对未来事项的可实现程度做出保证。

第十七条　注册会计师对审计过程中发现的违反会计准则及国家其他相关技术规范的事项,应当按照独立审计准则的要求进行适当处理。

第四章　对客户的责任

第十八条　注册会计师应当在维护社会公众利益的前提下,竭诚为客户服务。

第十九条　注册会计师应当按照业务约定履行对客户的责任。

第二十条　注册会计师应当对执行业务过程中知悉的商业秘密保密,并不得利用其为自己或他人谋取利益。

第二十一条　除有关法规允许的情形外,会计师事务所不得以收费形式为客户提供鉴证服务。

第五章　对同行的责任

第二十二条　注册会计师应当与同行保持良好的合作关系,配合同行工作。

第二十三条　注册会计师不得诋毁同行,不得损害同行利益。

第二十四条　会计师事务所不得雇用正在其他会计师事务所执业的注册会计师。注册会计师不得以个人名义同时在两家或两家以上的会计师事务所执业。

第二十五条　会计师事务所不得以不正当手段与同行争揽业务。

第六章　其他责任

第二十六条　注册会计师应当维护职业形象,不得有可能损害职业形象的行为。

第二十七条　注册会计师及其所在会计师事务所不得采用强迫、欺诈、利诱等方式招揽业务。

第二十八条　注册会计师及其所在会计师事务所不得对其能力进行广告宣传以招揽业务。

第二十九条　注册会计师及其所在会计师事务所不得以向他人支付佣金等不正当方式招揽业务,也不得向客户或通过客户获取服务费之外的任何利益。

第三十条　会计师事务所、注册会计师不得允许他人以本所或本人的名义承办业务。

第七章　附则

第三十一条　本准则由中国注册会计师协会负责解释。

第三十二条　本准则自 1997 年 1 月 1 日起施行。

第二节　科研工作者职业道德规范

科研工作者的职业道德规范,是从事科研工作的人员所必须遵守的道德规范,科研人员必须深刻理解其含义和基本要求,充分认识树立高尚职业道德的意义,自觉履行科研工作者道德规范。

一、科研工作者职业道德规范的含义

科研工作者的职业道德是调整科研人员个人与个人之间、个人与集体之间、个人与社会之间关系的行为准则。它是科研人员应遵循的道德规范和所应具备的道德品质。

二、科研工作者职业道德规范的基本要求

1995年5月26日,江泽民同志在全国科学技术大会上的讲话中指出:"广大科技工作者肩负着科教兴国的伟大历史使命,要为社会主义物质文明和精神文明建设贡献自己的全部力量。要坚持党的基本路线,大力弘扬爱国主义精神、求实创新精神、拼搏奉献精神、团结协作精神。这四种精神,是我国数代科技工作者崇高品质的结晶,也是科技事业繁荣的重要保证,要作为科技界精神文明建设的重要内容,发扬光大。"[①]为引导科研人员树立正确的科研道德,繁荣科学研究事业,科研工作者职业道德规范的基本要求主要有以下几方面。

(一)献身科学

现代汉语词典给科学的定义是:"反映自然、社会、思维等的客观规律的分科的知识体系。"人类学、心理学、社会学等属于"软"科学;物理学、生物学、免疫学、化学、遗传学、生理学等属于"硬"科学。科学研究是一项崇高的事业,但需要付出艰辛、痛苦,甚至献出宝贵的生命。正如马克思所说:"在科学上没有平坦的大道,只有不畏劳苦沿着陡峭山路攀登的人,才

① 江泽民. 论科学技术[M]. 北京:中央文献出版社,2001:60.

有希望达到光辉的顶点。"①献身是道德的崇高境界,它的实质是科研工作者全身心地投入科研事业。

1. 热爱科学

热爱科学是最重要的科学素质。真正的科学家或真正的科学研究工作者都会把"科学"当做一个最崇高的名词,把科学研究工作当做一种最高尚的事业,把自己发现的真理性成果看做比自己的生命还珍贵的东西;把对科学真理的追求当做自己人生追求的最高目标。在真正的"科学人"的心里,没有什么比科学事业和科学真理更有价值,更值得珍重;在真正的科学研究工作者眼里,没有什么职业比"科学研究"这一职业更崇高,更光荣。这就是崇尚科学、热爱科学的精神。有了这种精神,才能支撑一个科学研究工作者在任何艰苦的环境下都能为科学真理奋斗到底。这种崇尚科学、热爱科学的精神是科学研究工作者探求未知、追求真理的内源力。没有这种内源力,他就不会成为终生的科学研究工作者,也就不可能获得重大的真理性成果。② 科研工作者对科学研究的强烈爱好和浓厚兴趣是激励科研工作者探索的最强烈动机,是科研人员的"第一动力"。兴趣是个体积极探究某些事物或进行某些活动的倾向。孔子云:"知之者不如好之者,好之者不如乐之者。"杨振宁说:"成功的真正秘诀是兴趣。"例如,华罗庚受到的正规教育是短暂的,从表面上看,它几乎不足以奠定学术生涯的基础,然而他却成为那个时代的领头数学家之一。没有对数学事业的执着与热爱,没有持之以恒的科学作风,没有为社会进步和科学的发展而奋斗的信念,没有谋略大智,没有质疑批判的精神,怎么会有卓越的成就?③ 因此,科研工作者要牢记高尔基的名言:"应当热爱科学,因为人类没有什么力量比科学更强大、更所向无敌的了。"

2. 发扬拼搏奉献精神

科学研究需要拼搏奉献精神。W. I. B. 贝弗里奇说:"科学研究是一种高度复杂而又难以捉摸的活动。"④人类的幸福及社会的进步源于无私

① 马克思恩格斯全集(第二十三卷)[M]. 北京:人民出版社,1972:26.
② 周志华. 论"科学人"与科学精神[J]. 学术论坛,2007(4).
③ 蒋霞玲. 科学家成功历程启示[J]. 人才开发,2007(8).
④ [英]贝弗里奇. 陈捷译. 科学研究的艺术[M]. 北京:科学出版社,1979:149.

奉献,人类的灾难和社会的倒退源于纯粹攫取。因此,奉献精神是人类社会存在与进步永恒的道德内核。所谓奉献精神,就是指为了正义和真理,为了国家、集体和他人的利益,个人能自觉地让渡、舍弃自身利益的一种高尚品格。它是建立在对个人利益与社会利益关系的正确理解基础上的,具有两个显著的特征。其一是谦让性,即在个人利益与他人利益、社会利益发生对立冲突不能两全时,道德行为主体能够让渡个人利益;其二是高度的自觉性。奉献行为是一种高度自律的行为,它不是出自外在力量的压制,而是完全出自行为者自我的主动选择。① 简言之,奉献精神就是无论在什么情况下,都无条件地以国家利益为先,当个人利益与国家利益发生冲突时,勇于牺牲个人利益,并以此为荣。正如江泽民同志指出的那样:"一个国家,一个民族,一个人,总要有点精神。赤忱爱国、自强不息、乐于奉献,是我们民族最可宝贵的精神财富。"

　　提倡奉献精神,讲求无私奉献,并不是否定和漠视个人利益,关键是要处理好个人与社会、个人与集体的关系,实质上也就是正确认识与处理奉献精神和个人利益的关系,坚持奉献精神和个人利益的统一。邓小平同志曾指出:"不讲多劳多得,不重视物质利益,对少数先进分子可以,广大群众不行,一段时间可以,长期不行。革命精神是非常宝贵的,没有革命精神就没有革命行为。但是,革命是在物质利益的基础上产生的,如果只讲牺牲精神,不讲物质利益,那就是唯心论。"可见,提倡奉献精神,并不是否定科研工作者正当的个人利益。提倡奉献精神,要求科研工作者在作奉献时,不应以获取个人利益为前提,要为维护人民利益能自觉牺牲个人利益,甚至生命。著名科学家巴甫洛夫在临终前谆谆告诫人们,对科学一定要有不怕牺牲、忘我工作的献身精神。他说:"科学是要求人们为它贡献毕生的,就是有两次生命也不够用。"古今中外科研工作者,为了人类的幸福、美满,在科技创新中,忘我拼搏,日以继夜工作,不惜牺牲健康、家产,甚至生命,创造一个又一个新的奇迹,为人类服务。例如,我国"两弹"元勋邓稼先年轻时获得留美"博士"学位后,谢绝恩师与好友的挽留,放弃了在美国的优越条件,毅然回到祖国。为了祖国的原子弹试验,他工作在

　　① 方爱东. 奉献精神刍议[J]. 高校理论战线,2002(4).

飞沙走石的戈壁滩上,冒着严寒酷暑,整整 8 年过着单身生活。为了祖国的原子弹试验,他不顾自己生命健康安全,捡原子弹碎片并检验原子弹放射性物质以致于他肝脏、骨髓里都侵入放射物,最后身患癌症。他将智慧和心血、青春和生命都奉献了祖国的原子弹事业。[①] 又如,居里夫人是一位法国籍波兰科学家,研究放射性现象,发现了一系列新元素,其中包括镭和钋。此外,她的放射原理及放射同位素分离法也是非常有名的。1903 年,她和丈夫皮埃尔一起荣获诺贝尔奖。当时,放射性元素的破坏作用还没有被发现。居里夫人在工作时没有采取任何保护措施,有时将装有放射性元素的试管放在衣袋里,有时放在抽屉里。由于长期接触放射性元素,居里夫人最终在 1934 年 7 月 4 日死于恶性贫血。[②]

3. 树立淡泊名利的人生态度

科学研究是一个长期的、艰巨的探索过程,需要科研人员满怀兴趣,一丝不苟,正确对待名利,乐于在艰苦中求索,善于在失败中取胜。中国第一个目标飞行器天宫一号(Tiangong－1)的成功发射,是我国几代科学家孜孜以求、顽强拼搏的成果。例如,居里夫妇在发现镭的过程中,是在简陋的棚户般的实验室中,连续工作了 4 年,经历了 450 多次的失败,才提炼出了氯化镭。如果没有不畏艰难、百折不挠、执着探索的精神和顽强的意志和毅力,要取得最后的成功是不可能的。达尔文一生中恪守的一个信条就是名望、荣誉、享乐、财富同科学和事业相比,只不过是尘土罢了。

科研工作者要勇于面对失败。俗话说,失败乃成功之母。淡泊名利并不是指不要个人名利或轻视个人名利,而是不要把名利看得太重,既不要为名利所诱,更不要为名利所累,在"忘我"工作时不计名利,在取得荣誉后淡然处之,在未获荣誉时也不气馁。淡泊名利所要淡泊的不是贡献,而是荣誉、称号、利益等名利的形式表现。科学史反复证明,过分的争名夺利使科学家失误的情形很多,其中不乏大名鼎鼎、受人尊敬的大科学家。美国病毒学家、1975 年诺贝尔生理学和医学奖获得者巴尔的摩就是其中一例。其助手——美国麻省理工学院分子免疫学资深专家特里萨·

① 陈富昌. 青少年科技教育中学习科学家发扬奉献精神[J]. 教师,2010 (20).
② 赵连胜. 10 位为科学事业献身的名人[J]. 物理教学探讨,2009(14).

嘉丽伪造实验数据,与巴尔的摩联名于1986年4月在美国享有盛名的权威杂志《细胞》上发表了题为《在含重排Mu重链基因的转基因小鼠中内源免疫球蛋白基因表达方程式的改变》的论文。在此后长达5年的指控与反调查过程中,巴尔的摩利用自己的声望和权威庇护特里萨·嘉丽,压制敢于揭发、敢于斗争的小人物玛戈·欧图丽,甚至借科学神圣之名,公开威胁调查者,反对外界和国会的干预。最后,真相大白,对社会造成极其恶劣影响。①

(二)严谨治学

严谨治学是指科研工作者对于科研和学术问题具有实事求是的态度和精神。严谨治学不仅是科学研究的内在要求,而且是科研工作者取得成功的必备条件。科研工作者的职责是探索规律,追求真理,改造自然,在推动社会进步中为人类谋利益。严谨治学要求科研工作者做到以下几点。

1. 尊重事实和勇于纠正错误

由于科学描述的是客观世界,揭示的是客观规律,因而研究的成果必须是可以证实的。如果掺杂进任何与科学本身不相干的因素,就是不纯洁的、不道德的。正如邓小平同志所指出:"特别是科学,它本身就是实事求是、老老实实的学问,是不允许弄虚作假的。"尊重事实,要求科研工作者对实验数据、结果处理、论文撰写、成果评价都要坚持科学的、实事求是的态度,绝不能有丝毫的马虎。在研究的过程中,错误是难免的,关键在于勇于纠正错误。例如,1973年4月,美国著名科学家塞宾在美国科学院的一次集会上宣布,他发现疱疹病毒可以引起某些人体肿瘤。但一年后他又宣布收回以前发表的材料,因为,在以后的实验中无法证实其可靠性。这一尊重事实、对科学负责的态度,受到人们的普遍赞扬。②

2. 尊重科研成果

科研工作具有继承性,大多数研究成果是对前人研究的一种深化和

---

① 朱立煌,陈受宜. 诺贝尔桂冠下的科学赝品——记轰动世界科学界的巴尔的摩事件[N].科技日报,1991-11-22.

② 韩长伟. 论医学科研道德的基本原则[J]. 中医药管理杂志,2006(1).

拓展。科研工作者尊重科研成果:一是尊重自己的成果,重要的是要客观,不夸大,不虚张,一分为二,在看到成果价值的同时,还要看到其不足与日后的发展问题;二是尊重别人的成果,其中关键之处是对别人的科研成果要客观、公正,不要带门户之见、学派之争,更要注意到成果的取得与前人的探索、付出的关联。①

(三)团结协作

谦虚谨慎,团结协作,是科研工作者必备的职业道德。现代科学的发展日益趋向整体化、综合化,形成高度分化与高度综合的统一。这表现在三个方面:一是学科与学科之间、科学与技术之间、自然科学与社会科学之间,一体化趋势出现并深化;二是科技协作组织形式有新的变化,出现由国家统一规划和领导的多学科综合研究组织、科研生产综合体和科研中心组织;三是科技人才的组合趋向集团化,形成不同的系统、不同层次的群体结构。可见,现代科技活动中众多部门、多方人才协同研究,联合攻关,将成为科技工作者的主要活动方式。② 现代科技活动,越来越需要依靠集体的努力,越来越需要不同领域的交流和合作,越来越达到最佳的整体组合和知识的"整合",越来越需要依靠科研群体的智慧来加以解决。就科研工作者协作的表现层次而言,首先是所在研究团队内的协作,其次是同行的合作;最后是不同行之间的合作。例如,来自美国"Authority Center of The Public Opinion Poll"机构的统计资料表明:从1901年首次颁发诺贝尔奖到1972年止,在286位获奖者中(大部分是美国人),有185人是由于与别人进行各种形式的合作而获奖的。而且,在获奖者中,因合作研究而获奖者占的比例逐渐上升,在诺贝尔奖金设立的头25年为41%,第二个25年为65%,而现在的统计数据表明,已升到79%。③ 20世纪生物学领域的重大发现——生命遗传物质脱氧核糖核酸(DNA)双螺旋结构,就是多学科交叉的成果。发现DNA的四位科学家,只有一位毕业于生物专业,另三位分别毕业于物理专业和化学专业。"人类基因组计

① 乔法容,刘二灿. 科技道德简论[J]. 郑州工业大学学报(社会科学版),2000(1).
② 乔法容,刘二灿. 科技道德简论[J]. 郑州工业大学学报(社会科学版),2000(1).
③ 李湘德. 科学家的基本素质[J]. 科技进步与对策,1999(6).

划"是在世界范围内协作完成的,我国只承担了1%,就这1%也需要多学科、多领域的许多科研人员共同完成。

在美国流传这样一个故事。某软件公司的一个项目组,为了交流心得,每个星期五中午都有一次自助餐沙龙,大家在一起畅谈工作体会和碰到的问题。有一位中国毕业生,可能由于语言问题,总是静静地听着大家的发言,自己却从不说话。这位中国人是大家公认的技术能手,几乎所有交给他的任务都能很好地完成,但是最后却被经理"炒了鱿鱼"。他到经理那里去质问,究竟为什么要开除他,经理回答说,同事们认为在沙龙中,他只有吸取(听),从来不做贡献(说),以至一发现他来了大家就不说话了,为了维护团队的合作,只能请他"走路"了。这个故事一方面说明,在西方国家,团队合作被认为是高于一切的,经理宁可开除一位技术精英也不能使团队涣解;另一方面,真诚的交流、谦虚的风格和容忍的胸怀是团队协作的基础。尽管这位中国毕业生完全可能是哑巴英语的受害者,也不说并不是想窃取别人的智慧,但是团队还是不能容忍他。[①]

因此,一个科研工作者必须具备团结协作、共同攻关的精神。团结协作不仅是科研方法的问题,同时也是科研工作者的职业道德问题。在团结协作的科研过程中,科研工作者首先要正确处理个人与科研集体的关系,其次要正确处理个人与协作者的关系。

(四)造福人民

报效祖国,造福人类,是科研工作者的最高职业道德要求,也是科研工作者的根本立足点。服务全人类是21世纪科技伦理观的核心和最高宗旨。马克思曾经指出:"科学不是一种自私的享乐,有志于科学研究的人应该拿出自己的学识为人类服务。"1988年,邓小平同志在一次谈话中指出:"世界在变化,我们的思想和行动也要随之而变。自我孤立,这对社会主义有什么好处呢?历史在前进,我们却停滞不前,就落后了。马克思讲过科学技术是生产力,事实证明这话讲得很对,是非常正确的。现在看

---

① 冯坚,王英萍,韩正之. 科学研究的道德与规范[M]. 上海:上海交通大学出版社,2007:28.

来这样说可能不够,依我看,科学技术是第一生产力。"①1992 年春,他在视察南方的谈话中又说:"经济发展得快一点,必须依靠科技和教育。我说科学技术是第一生产力。"②在当今科学技术作为第一生产力支撑人类社会发展的情况下,科研的道德约束就显得至关重要。正如 2000 年 8 月 5 日,江泽民同志在会见 6 位国际著名科学家时所指出:"在 21 世纪,科技伦理的问题将越来越突出。核心问题是,科学技术进步应服务于全人类,服务于世界和平、发展与进步的崇高事业,而不能危害人类自身。"③科技进步当以服务全人类、造福全人类为核心和最高宗旨,这是因为它反映了科学技术与人类利益之间的关系这个科技道德的根本性问题,是科学技术的价值的最高体现。科技服务于全人类是科学技术正价值的最大实现,应是一切科技活动的出发点和落脚点。一个科技人员在科学技术面前做出何种选择,是不是能用? 如何用? 唯一的标准就是看它能不能服务全人类,造福全人类。④ 科学是全人类的共同财富,是没有国界的,但正如法国科学家巴斯德所说的:"科学虽然没有国界,但是学者却有自己的祖国。"造福人类是衡量一个科研工作者行为是否道德的根本标准,这是一把永恒的"尺子"。

因此,科研工作者应增强的社会责任感,始终本着造福人类的目的从事科学研究。科研工作者应当像江泽民同志要求的那样:努力承担起认识世界、传承文明、创新理论、咨政育人、服务社会的责任……,为报效祖国,造福人类用好手中这支笔。例如,"二战"时期,爱因斯坦曾率科学家上书罗斯福总统不要对日本投放原子弹,这就是科学家站在全人类高度的社会责任感的体现。又如,1973 年,中国人袁隆平向全世界捧出了"杂交水稻"这一震惊世界的"中国创造"的解决方案。这无疑是史书上值得浓墨重彩的一笔,"杂交水稻"的发明成果不仅解决了中国人自己的粮食问题,还为世界做出了莫大贡献。这一创举使我国成为世界上第一个在

① 邓小平文选(第 3 卷)[M].北京:人民出版社,1993:274.
② 邓小平文选(第 3 卷)[M].北京:人民出版社,1993:377.
③ 江泽民.论科学技术[M].北京:中央文献出版社,2000:217.
④ 王琼玉,姜素贤. 20 世纪科技道德问题的历史回顾与反思[J]. 晋中师范高等专科学校学报,2001(3).

水稻生产上利用杂种优势获得成功的国家。袁隆平以此为科学依据发表水稻有杂交优势的观点，打破了世界性的自花授粉作物育种的禁区，彻底推翻了西方学者几十年来关于"自花授粉作物没有杂种优势"的断语。1974年以后杂交水稻技术得到全国性推广，仅1974年—1978年，中国的水稻亩产就从300千克提高到600千克，在此后的20多年中，因袁隆平和他的课题小组的研究成果而成功解决了杂交早稻"优而不早，早而不优"的技术难关，实现早、晚双季杂交稻的配套，促成了中国杂交稻的第二次大发展，形成了一个多类型、多熟期、早中晚组合全面配套的新格局，为中国增产粮食3000亿千克。曾有专业的资产评估事务所对袁隆平进行过品牌价值评估，结论是其品牌价值为1000亿元。国际上这样评论袁隆平及其杂交水稻："中国杂交水稻是在脱离了西方这个所谓农业科学源头的情况下，自己创造出来的一项成果，而袁隆平给中国解决贫困与饥饿，赢得了宝贵的时间。""他增产的粮食实质上降低了人口增长率。""他在农业科学的成就击败了饥饿的威胁。他正引导我们走向一个丰衣足食的世界。"①

科学知识的误用、滥用、恶用会产生灾难性后果，有的已经直接危及人类的生存。例如，原子核能的开发是一件很有意义的突破性事件。若是用之于和平目的，如用于发电，可从根本上解决长期困扰人类的能源危机。但若是用于战争可毁灭地球。

第三节 医务人员职业道德规范

医生是一种特殊的职业，需要具有广博的知识、精湛的医术和丰富的经验，同时又需要高尚的医德。高尚的医德，是医生的职业灵魂。古人云："医无德者，不堪为医。"

---

① 张茱.向"中国创造"致敬——新中国的"新四大发明"[J].中国发明与专利,2009(1)

一、医务人员职业道德规范

医务人员是指经过考核和卫生行政部门批准和承认,取得相应资格及执业证书的各级各类卫生技术人员。也就是说,各级各类医疗机构中的医师、护士及其他卫生专业技术人员,管理人员中执行卫生技术人员岗位工资的人员都是医务人员。

医德,即医务人员的职业道德,是医务人员应具备的思想品质,是医务人员与病人、社会及医务人员之间关系的总和。医德规范是指导医务人员进行医疗活动的思想和行为的准则。它是社会一般道德在医学领域中的具体表达。

医学道德的基本原则是:防病治病,救死扶伤,实行医学人道主义,全心全意为人民身心健康服务。

二、医务人员职业道德规范的基本要求

根据《执业医师法》、国务院《护士条例》,卫生部《医务人员医德规范及实施办法》、《医师定期考核管理办法》和《关于实行医务人员医德考评制度的指导意见(试行)》等相关规定,医务人员职业道德规范的基本要求主要有以下几方面。

(一)救死扶伤,全心全意为人民身心健康服务

一是要树立救死扶伤、以病人为中心、全心全意为人民身心健康服务的意识,大力弘扬白求恩精神。救死扶伤要求医务人员把患者的生命和健康放在第一位,为患者谋利益。救死扶伤,是古今中外医德传统的精华所在。1941年7月,毛泽东同志为中国医科大学毕业生题词:"救死扶伤,实行革命的人道主义"。毛泽东同志的题词,使医学道德原则的人道主义发生了质的飞跃,为传统的人道主义赋予了崭新的内容。

全心全意为人民身心健康服务。为人民健康服务的内容应该是全方位的,也就是说,医学服务既要认真看病,更要真诚关照患者;既要给以生物学方面的救助,更要给以心理学、社会学方面的照顾,从而满足人民大众不断增长的健康需求,使他们在医学帮助下,尽可能好地恢复、保持和

改善生理、心理、社会、道德诸方面的良好适应能力和状态。① 它体现了社会主义医德的根本宗旨,是社会主义医德的实质和核心。我国《执业医师法》规定,"医师应当具备良好的职业道德和医疗执业水平,发扬人道主义精神,履行防病治病、救死扶伤、保护人民健康的神圣职责。"毛泽东在《纪念白求恩》一文中说:"白求恩同志毫不利己专门利人的精神,表现在他对工作的极端的负责任,对同志对人民的极端的热忱","他以医疗为职业,对技术精益求精",号召每一个共产党员都要向白求恩同志学习,"学习他毫无自私自利之心的精神",学习他"真正共产主义者的精神"。② 2003 年 SARS 的到来,那些抗击 SARS 的模范医生——把困难留给自己,把幸福留给别人,把痛苦留给自己,把安全留给别人。人民的好医生,我国第一枚白求恩奖章获得者——山西长治市人民医院副院长赵雪芳,从医 34 个春秋,为数万名患者解除了痛苦,自己却积劳成疾,得了膀胱癌、直肠癌、肺癌等八种不治之症。但就在她做了肿瘤切除手术,医生让她绝对休息的日子里,她还是坚持出诊,并为患者做了 100 多台手术。从理论到实践,对什么是救死扶伤做出了最为精彩的诠释。但在今天,救死扶伤的神圣职责在个别医务工作者的头脑中被淡漠了。例如,中国青年报 2011 年 8 月 23 日报道,7 月 27 日晚,河北安国市中医院按 110 指挥中心的通报,将被撞伤的一流浪女拉到医院门口,由一名值班医生上救护车进行了简单包扎。然后,该院副院长张运兴电话指示:"从哪来的扔哪去!"工作人员遂将流浪女"送"到博野县一片小树林里抛弃。翌日早晨,人们发现了流浪女的尸体。在安国市中医院,"革命的人道主义"不讲了,传统"救人一命,胜造七级浮屠"的悲悯情怀没有了。"从哪来的扔哪去!"态度何其决绝,做法何其冷血,对待一个同类就像对待一块无用的石头! 现在博野县警方已将张运兴等"医务工作者"正式逮捕……③每一个医务人员都应当把白求恩作为自己行为规范的楷模,把"毫不利己,专门利人","对工作极端的负责任,对同志对人民极端的热忱","对技术精益求精"作为自己毕

---

① 路薇. 医学伦理学(4)——基本原则及范畴[J]. 诊断学理论与实践,2006(3).
② 毛泽东选集(第二卷)[M]. 北京:人民出版社,1991:659 – 660.
③ 杨于泽. 沦陷的医德:从哪来的扔哪去[N].中国青年报,2011 – 08 – 23.

生的追求。

二是要增强工作责任心,热爱本职工作,坚守岗位,尽职尽责。医德全面概括了医务人员的意志、情感、知识和行为,主要表现为医务人员对医疗卫生工作的忠诚和热爱,立志为解除人类疾苦而奋斗终身的事业心,对"患者如亲人"的同情心和对工作认真负责、一丝不苟的责任心。

(二)尊重患者的权利,为患者保守医疗秘密

尊重患者的权利。随着医学的发展,可供选择的诊断、治疗方法增多,患者有权根据自己的病情和经济状况进行选择。医务人员要尊重病人。尊重病人主要表现在三个方面。第一,尊重病人的生命价值。第二尊重病人的人格。对患者不分民族、性别、职业、地位、贫富都平等对待,不得歧视。第三,尊重病人的权利。

尊重病人的哪些权利? 病人权利是指病人在享受医疗服务的全过程中享有的、为道德、法律及习俗所认可的正当利益,并以法律、道德及习俗所确定的资格、赋予的力量、在界定的自由度内自由地主张的一种利益。[①]世界上许多国家专门立法确认病人的各项权利、权利实现方式及救济途径。例如,1983 年芬兰制定了《芬兰病人权利条例》,1994 年荷兰制定了《病人权利法》,1998 年丹麦制定了《病人权利法》,2002 年法国制订了《关于病人权利和卫生体系质量的法律》,1973 年美国医院协会制定了《病人权利典章》。美国《病人权利典章》规定:①病人有权利接受关怀和被尊重的照护。②病人有权利从其医师获知有关自己的诊断、治疗以及预后情形,并且使用病人可以了解的字句。如果基于医学上的考虑,认为病人不宜知道上述消息,医师必须将此消息告诉病人的重要亲属。此外,病人也有权利知道其主治医师的全名。③病人有权利在任何处置和/或治疗前,获知有关的详情,在未经病人同意时,不可以妄予治疗,除非在紧急情况中。需要告诉病人的项目包括特定的手术和/或治疗,有关的医疗上的重大危险,以及可能失去行动能力时期的长短。此外,当治疗上有重要的改变,或当病人要求改变治疗时,病人就有权利得到正确的信息。病

---

① 李建光.用权利制约权力——论病人权利与医师权力的关系[J].中国医学伦理学,2005 (6).

人也有权利知道其处置和/或治疗者的名字。④病人有权利在法律允许的范围内,拒绝接受治疗,同时,有权利被告知拒绝接受治疗的后果。⑤病人在其个人的治疗计划上,有权利要求隐私方面的关注。病例讨论会诊、检查和治疗都是机密的,且应该审慎地加以处理。与病人之治疗无直接关系者,必须取得病人同意才可以在场。⑥病人有权利要求有关其治疗的所有内容及记录,以机密方式处理。⑦病人有权利要求医院在其能力范围内,对病人要求之服务做合理的反应。医院应依病况的紧急程度,对病人提供评估、服务及转院。只要医疗上允许,病人在被转送到另一机构前,必须先得到有关转送的原因及其可能的其他选择的完整资料与说明。病人将转去的机构必须先同意接受此位病人的转院。⑧只要与病人的治疗有关,病人即有权利知道医院与其他医疗及学术机构的关系。病人也有权利知道治疗他(她)的人彼此间存在的职业关系。⑨如果医院计划从事对病人之治疗有影响的人体实验,病人有权利事先知道其详情,而且,病人有权拒绝参加如此的研究计划。⑩病人有权利获得继续性的医疗照护。他(她)有权利知道可能的诊病时间、医师及地点。出院后,病人有权利要求医院提供一套联络办法,藉此,病人可获得在医疗上需要继续注意的事项。⑪不论病人付账的情形如何,病人有权利核对其账单,也有权利在账单上获得适当的说明。⑫病人有权利知道医院的规则和规定。

医务工作者要维护患者的合法权益,尊重患者的知情权、选择权和隐私权。2011年6月26日,中国医师协会正式公布《中国医师宣言》。《中国医师宣言》第2条规定:"患者至上。尊重患者的权利,维护患者的利益"。国内一些学者参照国外有关资料,认为病人的权利可以概括为如下内容:①①享有医疗、护理、保健和康复的权利。②有权认识和了解自己所患疾病,包括诊断、处理、治疗及预后等方面的情况,并有权要求作出通俗易懂的解释。③享有保守个人秘密的权利。有权要求医生保守个人秘密,不得将个人稳私和秘密泄露给第三人。④有权知道处方上的内容,出院时有权索要处方副本,有权查医疗费用。⑤有权拒绝非治疗性活动。⑥有免除承担某些社会责任和义务的权利。如有权得到休息,调动适宜工

---

① 张秦初. 论医患关系及其调整[J]. 中国卫生法制,1997(6).

作、病退、免服兵役,保外就医等等。⑦有权知道医院职工姓名。⑧在不违反法律规定范围内有权出院。⑨按"自己生命自己负责"原则,有权拒绝医疗处理,并有权知道这样做的后果。⑩没有正当的医学理由,医院方面无权中止医疗活动,也就是说,病人有受到继续治疗的权利。⑪有权享受来访及与外界联系。⑫如因医务人员失误而造成病人生命和健康损害,有向医院上级单位反映的权利,并保留提起诉讼的权利。在开展临床药物或医疗器械试验、应用新技术和有创诊疗活动中,遵守医学伦理道德,尊重患者的知情同意权。①

保守患者的医疗秘密。为患者保守秘密和尊重患者的隐私是临床医疗工作中一个重要的伦理学原则,也是医生的传统义务,在医疗中泄露给医务人员的有关患者的私人信息必须被看做是机密性的。保密义务意味着禁止医生将与患者病情相关的信息透露给其他感兴趣的人,鼓励医生采取防备措施以确保只有经过授权获得信息的人才可以获得这些信息。保密意味着限制他人得到患者的私人信息。① 早在两千多年前,希波克拉底就在其誓言中指出:"凡我所见所闻,无论有无业务关系,我认为应守秘密者,我愿保守秘密。"世界医学会 1994 年采纳的《日内瓦协议法》也规定:"凡是信任于我的秘密我均予尊重。"同年制定的《国际医学伦理准则》中规定:"由于病人的信任,一个医生必须绝对保守所知病人的隐私。"1998 年 6 月,我国颁布的《职业医师法》第三章"职业规则"中第二十二条关于医师在职业活动中履行义务的规定:"关心、爱护、尊重患者,保护患者的隐私";第五章关于"法律责任"中第三十七条规定"泄漏患者隐私,造成严重后果的"要承担相应的法律责任。对有隐私的病人,医务人员不应歧视病人,不可私下议论,该保密的不张扬泄密。保密性治疗需考虑病人承受能力,可逐步稳妥地向病人讲明病情或告诉家属,以减轻病人精神压力。在其有心理准备的情况下选择放弃或接受治疗。

(三)文明礼貌,优质服务,构建和谐医患关系

在医院临床技术不断趋于同质化的今天,"治好我的病"成为患者理所当然的理性要求,其已缩小为一个稳定的核,而受尊重、被理解及舒适

---

①　翟晓梅.患者的保密权和隐私权[J].基础医学与临床,2007(3).

方便这些心理和情感需求日益成为患者及家属选择或评价医院的重要指标。此类感性需求的满足主要是依靠优质服务来实现的。[①] 21世纪医院服务的发展趋势:一是从生理服务转向综合服务;二是从粗放式服务转向精细化服务;三是从普遍化服务转向个性化服务;四是从基本服务转向特需服务;五是从职业化服务转向社会化服务等。[②] 正如诺贝尔医学奖获得者S. E. Luria所指出,医学的本质上具有两重性,一是严谨的科学性,二是具有人文需要的人文性。以"为人民健康服务"为核心,是对以往"以医疗为中心"理念的校正,它避免了在医疗中出现见物不见人和见利忘义的偏颇。因此,医务人员应把"防病治病,救死扶伤,实行革命的人道主义,全心全意为人民健康服务"作为自己的神圣职责和道德目标。在医疗实践中,运用自己的专业知识和技能,竭尽全力减轻和消除病人的病痛,做好疾病的预防工作,维护和保障人类的健康,才能真正实现"为人民健康服务"的价值观。努力做到:①关心、体贴患者,做到热心、耐心、爱心、细心;②着装整齐,举止端庄,服务用语文明规范,服务态度好,无"生、冷、硬、顶、推、拖"现象;③认真践行医疗服务承诺,加强与患者的交流和沟通,自觉接受监督,构建和谐医患关系。

(四) 遵纪守法,廉洁奉公

所谓廉洁,是指清白,与损公肥私和贪污盗窃相对立。所谓奉公,是指奉行公事,与假公济私相对立。廉洁是清廉无私、刚正不阿精神的体现,奉公是为人民服务美德的弘扬。廉洁奉公是指医务人员洁身自好,为人民健康服务,不以医疗为手段谋取个人私利。

遵纪守法,廉洁奉公的基本要求包括以下内容。

第一,自觉遵纪守法。严格遵守卫生法律、法规、卫生行政规章制度和医学伦理道德,严格执行各项医疗护理工作制度,坚持依法执业,廉洁行医,保证医疗质量和安全。

第二,不以医谋私。在医疗服务活动中,不收受"红包",不收受"回扣"。"红包"是指与履行职务有关,通过赠予或给予方式所获得的现金、

---

① 李斌,杨威荣. 医院服务定位新论[J]. 中国医院院长,2010(1).
② 唐维新,易利华. 医院服务战略概论[M]. 北京:人民卫生出版社,2003:24.

有价证券、信用卡、购物卡等经济利益。"回扣"是指医疗器械、设备、卫生耗材(检验试剂、卫生材料等)和药品生产、经营企业及其代理人在购销活动中给予医疗机构及工作人员的现金、有价证券、信用卡、购物卡,以及支付旅游费用等形式给予的经济利益。

第三,不开具虚假医学证明,不参与虚假医疗广告宣传和药品、医疗器械促销,不隐匿、伪造或违反规定涂改、销毁医学文书及有关资料。

第四,不违反规定外出行医,不违反规定鉴定胎儿性别。

(五)因病施治,规范医疗服务行为

近年来,一些医院片面追求经济效益,在为病人的施治的过程中,不因病施治,存在盲目检查、滥用药物、不规范治疗等问题,给患者造成了极大的危害。什么是因病施治? 因病施治就是根据不同患者的具体病情需要,制定出个性化的检查和治疗方案。因病施治,规范医疗服务行为要求医务人员严格执行诊疗规范和用药指南,坚持合理检查、合理治疗、合理用药,认真落实有关控制医药费用的制度和措施,严格执行医疗服务和药品价格政策,不多收、乱收和私自收取费用。

(六)顾全大局,团结协作,和谐共事

"当代科学技术的发展,使得自然科学、技术与社会科学之间相互影响、渗透,联系愈来愈密,由此产生的综合学科、交叉学科层出不穷,社会经济与科技已经形成一个复杂的大系统。"①这就要求不但同一领域里的不同医务人员要团结协作,而且,不同学科之间、不同单位之间、甚至不同学派之间、不同地区之间的医务人员都应该团结协作,联合攻关。常言道,"一个篱笆三个桩,一个好汉三个帮","红花虽好,也得绿叶扶持"。这说明即便英雄好汉,也需别人帮衬,单打独斗是不行的,唯有合作共事方能成就大业。

所谓大局,是指党、国家、民族和人民的最高利益。医务人员顾全大局,团结协作,和谐共事,就是以患者的健康为中心,相互协作,履行义务,做好本职工作,平等、尊重、信任、支持、自我完善和互相学习,建立同心同

① 江泽民.论科学技术[M].北京:中央文献出版社,2001:58.

德的同志式关系,纵向联系、横向结合的协作关系,共同提高。

　　医务人员怎样才能做到顾全大局,团结协作,和谐共事呢? 一要克服自我封闭意识,扩大交往范围。二要摒弃"文人相轻"的陋习,增进医务人员间的相互尊重,互相配合,取长补短,共同进步。周恩来说:"我们的自然科学,有许多是从国外学来的,学医的有德日派和英美派,彼此形成门户。同样,学数学、物理、化学、工程、农业、交通的人,也有这类门户之见。"对于学派问题,周恩来主张一方面大力提倡百家争鸣,百花齐放;另一方面则坚决反对因门户之见而妨碍协作,坚决"克服本位主义的不良作风"①。周恩来一再强调,要在知识分子中间"大力贯彻协作原则,以充分发挥科学研究人员的积极性和创造性"②。江泽民对知识分子寄予殷切希望,要求广大知识分子要"提倡文人互勉,反对文人相轻",一再叮嘱"切不可文人相轻、学科相轻、学派相轻"。三要正确处理"义"与"利"、"人"与"己"的关系。积极参加上级安排的指令性医疗任务和社会公益性的扶贫、义诊、助残、支农、援外、对口支援等医疗活动。四要积极创造交流沟通的机会,培养医务人员之间的友谊,增进彼此的合作意识。五要形成"群己和谐"的社会价值观,培养坚强的医务人员集体。

　　(七)严谨求实,努力提高专业技术水平

　　严,指严密、严格、严肃。谨,指谨慎小心。求实,即实事求是。严谨求实就是在尊重科学、尊重事实的前提下,以严肃的态度、严谨的作风、严格的要求、严密的方法,探索事物发展变化的客观规律,反映客观事物的本质。严谨求实要求医务人员积极参加在职培训,刻苦钻研业务技术,精益求精,努力学习新知识、新技术,不断提高专业技术水平,增强责任意识,防范医疗差错、医疗事故的发生。

第四节　教师职业道德规范

　　教师是人类社会最古老的职业之一,教师是履行教育教学职责的专

---

①　赵春生.周恩来文化文选[M].北京:中央文献出版社,1998:559.
②　赵春生.周恩来文化文选[M].北京:中央文献出版社,1998:553.

业人员,承担教书育人,培养社会主义事业建设者和接班人,提高民族素质的使命。教师的这一特殊身份决定了国家和社会对教师的职业道德的高要求。理解教师职业道德规范的含义和基本要求,有利于增强教师践行职业道德规范的自觉性。

一、教师职业道德的含义

教师职业道德是指调节教师与学生、教师与教师、教师与学校、教师与国家、教师与社会相互关系的基本行为准则。它对教师的职业道德起指导作用。教师职业道德规范不是对教师的全部道德行为和教育教学工作的要求,不能取代学校的其他各项规章制度。

二、教师职业道德规范的基本要求

根据教育部的有关规定,下面分别对高等学校教师和中小学教师的职业道德规范的基本要求加以叙述。

(一)高等学校教师职业道德规范的基本要求

(1)爱国守法。热爱祖国,热爱人民,拥护中国共产党领导,拥护中国特色社会主义制度。遵守宪法和法律法规,贯彻党和国家的教育方针,依法履行教师职责,维护社会稳定和校园和谐。不得有损害国家利益和不利于学生健康成长的言行。

(2)敬业爱生。忠诚于人民教育事业,树立崇高的职业理想,以人才培养、科学研究、社会服务和文化传承创新为己任。恪尽职守,终身学习,刻苦钻研,甘于奉献。真心关爱学生,严格要求学生,公正对待学生,做学生的良师益友。不得损害学生和学校的合法权益。

(3)教书育人。坚持育人为本,立德树人。遵循教育规律,实施素质教育。注重学思结合,知行合一,因材施教,不断提高教育质量。严慈相济,教学相长。尊重学生个性,促进学生全面发展。不拒绝学生的合理要求,不得从事影响教育教学工作的兼职。

(4)严谨治学。弘扬科学精神,勇于探索,追求真理,修正错误。实事求是,发扬民主,团结合作,协同创新。秉持学术良知,恪守学术规范。尊重他人劳动和学术成果,维护学术自由和学术尊严。诚实守信,力戒浮躁。坚决抵制学术失范和学术不端行为。

(5)服务社会。勇担社会责任,为国家富强、民族振兴和人类进步服务。传播优秀文化,普及科学知识。热心公益,服务大众。积极参与社会实践,自觉承担社会义务,主动提供专业服务。坚决反对滥用学术资源和学术影响。

(6)为人师表。学为人师,行为世范,淡泊名利,志存高远。树立优良学风教风,以高尚师德、人格魅力和学识风范教育感染学生。模范遵守社会公德,维护社会正义,引领社会风尚。言行雅正,举止文明。自尊自律,清廉从教,以身作则。自觉抵制有损教师职业声誉的行为。

(二)中小学教师职业道德规范的基本要求

(1)爱国守法。热爱祖国,热爱人民,拥护中国共产党领导,拥护社会主义。全面贯彻党和国家的教育方针,自觉遵守教育法律法规,依法履行教师职责权利。不得有违背党和国家方针政策的言行。

(2)爱岗敬业。忠诚于人民教育事业,志存高远,勤恳敬业,甘为人梯,乐于奉献。对工作高度负责,认真备课上课,认真批改作业,认真辅导学生,不得敷衍塞责。

(3)关爱学生。关心爱护全体学生,尊重学生人格,平等公正对待学生。对学生严慈相济,做学生的良师益友。保护学生安全,关心学生健康,维护学生权益。不讽刺、挖苦、歧视学生,不体罚或变相体罚学生。

(4)教书育人。遵循教育规律,实施素质教育。循循善诱,诲人不倦,因材施教。培养学生的良好品行,激发学生的创新精神,促进学生全面发展。不以分数作为评价学生的唯一标准。

(5)为人师表。坚守高尚情操,知荣明耻,严于律己,以身作则。衣着得体,语言规范,举止文明。关心集体,团结协作,尊重同事,尊重家长。作风正派,廉洁奉公。自觉抵制有偿家教,不利用职务之便谋取私利。

(6)终身学习。崇尚科学精神,树立终身学习理念,拓宽知识视野,更新知识结构,潜心钻研业务,勇于探索创新,不断提高专业素养和教育教学水平。

第五节 中国新闻工作者职业道德规范

新闻工作者的新闻职业道德是其立业的基石,也是衡量和评价每一个新闻工作者职业思想和职业行为的道德尺度。因此,掌握新闻工作者职业道德的含义和职业道德准则,有助于新闻工作者履行职责,践行职业道德规范。

一、中国新闻工作者职业道德的含义

新闻工作者的职业道德,是指新闻工作者在职业活动的整个过程中,必须遵循的与所从事的职业活动相适应的行为规范和准则。新闻工作者的职业道德是社会道德的一个组成部分。

二、中国新闻工作者职业道德准则

2009 年 11 月 27 日,中华全国新闻工作者协会公布了新修订的《中国新闻工作者职业道德准则》。作为一个全国性的新闻工作职业道德规范,《中国新闻工作者职业道德准则》代表着我国新闻界行业自律的基本规范与核心要求。

《中国新闻工作者职业道德准则》

中国新闻事业是中国特色社会主义事业的重要组成部分。新闻工作者要坚持以马克思列宁主义、毛泽东思想、邓小平理论和"三个代表"重要思想为指导,深入贯彻落实科学发展观,高举旗帜、围绕大局、服务人民、改革创新,贴近实际、贴近生活、贴近群众,用马克思主义新闻观指导新闻实践,学习宣传贯彻党的理论、路线、方针、政策,继承和发扬党的新闻工作优良传统,积极传播社会主义核心价值体系,努力践行社会主义荣辱观,恪守新闻职业道德,自觉承担社会责任,敬业奉献、诚实公正、清正廉洁、团结协作、严守法纪,做到政治强、业务精、纪律严、作风正。

第一条 全心全意为人民服务。要忠于党、忠于祖国、忠于人民,把体现党的主张与反映人民心声统一起来,把坚持正确导向与通达社情民

意统一起来,把坚持正面宣传为主与加强和改进舆论监督统一起来,发挥党和政府联系人民群众的桥梁纽带作用。

1.积极宣传党和政府的重大决策部署,及时传播国内外各领域的信息,满足人民群众日益增长的新闻信息需求,保证人民群众的知情权、参与权、表达权、监督权;

2.牢固树立群众观点,把人民群众作为报道主体和服务对象,多宣传基层群众的先进典型,多挖掘群众身边的具体事例,多反映平凡人物的工作生活,多运用群众的生动语言,使新闻报道为人民群众喜闻乐见;

3.积极反映人民群众的正确意见和呼声,批评侵害人民利益的现象和行为,依法保护人民群众的正当权益。

第二条　坚持正确舆论导向。要坚持团结稳定鼓劲、正面宣传为主,唱响主旋律,不断巩固和壮大积极健康向上的舆论。

1.始终坚持以经济建设为中心,服从服务于改革发展稳定大局不动摇,着力推动科学发展、促进社会和谐;

2.宣传科学理论、传播先进文化、塑造美好心灵、弘扬社会正气,增强社会责任感,坚决抵制格调低俗、有害人们身心健康的内容;

3.加强和改进舆论监督,着眼于解决问题、推动工作,坚持准确监督、科学监督、依法监督、建设性监督;

4.采访报道突发事件要坚持导向正确、及时准确、公开透明,全面客观报道事件动态及处置进程,推动事件的妥善处理,维护社会稳定和人心安定。

第三条　坚持新闻真实性原则。要把真实作为新闻的生命,坚持深入调查研究,报道做到真实、准确、全面、客观。

1.要通过合法途径和方式获取新闻素材,新闻采访要出示有效的新闻记者证。认真核实新闻信息来源,确保新闻要素及情节准确;

2.报道新闻不夸大不缩小不歪曲事实,不摆布采访报道对象,禁止虚构或制造新闻。刊播新闻报道要署作者的真名;

3.摘转其他媒体的报道要把好事实关,不刊播违反科学和生活常识的内容;

4.刊播了失实报道要勇于承担责任,及时更正致歉,消除不良影响。

第四条 发扬优良作风。要树立正确的世界观、人生观、价值观,加强品德修养,提高综合素质,抵制不良风气,接受社会监督。

1. 强化学习意识,养成学习习惯,不断提高政治和业务素质,增强政治意识、大局意识、责任意识,努力成为专家型新闻工作者;

2. 深入基层、贴近群众、体验生活,在深入中了解社情民意,增进与群众的感情;

3. 坚决反对和抵制各种有偿新闻和有偿不闻行为,不利用职业之便谋取不正当利益,不利用新闻报道发泄私愤,不以任何名义索取、接受采访报道对象或利害关系人的财物或其他利益,不向采访报道对象提出工作以外的要求;

4. 尊重新闻同行,反对不正当竞争,尊重他人的著作权益,引用他人的作品要注明出处,反对抄袭和剽窃行为;

5. 严格执行新闻报道与经营活动分开的规定,不以新闻报道形式做任何广告性质的宣传,编辑记者不得从事创收等经营性活动。

第五条 坚持改革创新。要遵循新闻传播规律,提高舆论引导能力,创新观念、创新内容、创新形式、创新方法、创新手段,做到体现时代性、把握规律性、富于创造性。

1. 深入研究不同传播对象的接受习惯和信息需求,主动设置议题,善于因势利导,不断提高舆论引导能力和传播能力;

2. 认真研究传播艺术,利用现代传播手段,采用受众听得懂、易接受的方式,增强新闻报道的亲和力、吸引力、感染力;

3. 善于利用新载体、新技术收集信息、发布新闻,提高时效性,扩大覆盖面。

第六条 遵纪守法。要增强法治观念,遵守宪法和法律法规,遵守党的新闻工作纪律,维护国家利益和安全,保守国家秘密。

1. 严格遵守和正确宣传国家的民族区域自治制度、各民族平等团结和宗教信仰自由政策,维护国家主权和社会稳定;

2. 维护采访报道对象的合法权益,尊重采访报道对象的正当要求,不揭个人隐私,不诽谤他人;

3. 维护未成年人、妇女、老年人和残疾人等特殊人群的合法权益,注意保护其身心健康；

4. 维护司法尊严，依法做好案件报道，不干预依法进行的司法审判活动，在法庭判决前不做定性、定罪的报道和评论；

5. 涉外报道要遵守我国涉外法律、对外政策和我国加入的国际条约。

第七条　促进国际新闻同行的交流与合作。要努力培养世界眼光和国际视野，积极搭建中国与世界交流沟通的桥梁。

1. 在国际交往中维护祖国尊严和国家利益，维护中国新闻工作者的形象；

2. 积极传播中华民族的优秀文化，增进世界各国人民对中华文化的了解；

3. 尊重各国主权、民族传统、宗教信仰和文化多样性，报道各国经济社会发展变化和优秀民族文化；

4. 积极参加有组织开展的与各国媒体和国际(区域)新闻组织的交流合作，增进了解、加深友谊，为推动建设持久和平、共同繁荣的和谐世界多做工作。

附则：对本《准则》，中国记协各级会员单位要结合实际制定相应实施细则，认真组织落实；全国新闻工作者要自觉执行；各级各专业记协要积极宣传和推动，欢迎社会各界监督。

第六节　律师职业道德规范

律师肩负着维护国家、集体和公民合法权益的重任，是捍卫法律尊严、追求法律公正的实践者，是以维护社会公平正义为使命的。优良的职业道德，高尚的情操是律师职业的生命线。因此，掌握律师职业道德的含义和基本准则，是提高律师职业道德水平的有效途经。

一、律师职业道德的含义

律师职业道德是指律师在执行律师职务，履行律师职责的过程中应遵守的道德行为规范的总和。律师职业道德是社会伦理体系的重要组成部分，是社会道德在律师职业领域中的具体体现和升华。

二、律师职业道德基本准则

根据经中华全国律师协会修订,经司法部同意并于2002年2月26日转发各省、自治区、直辖市司法厅(局)、新疆生产建设兵团司法局学习执行的《律师职业道德和执业纪律规范》中规定律师职业道德基本准则。

第二章　律师职业道德基本准则

第四条　律师应当忠于宪法和法律,坚持以事实为根据,以法律为准绳,严格依法执业。律师应当忠于职守,坚持原则,维护国家法律与社会正义。

第五条　律师应当诚实守信,勤勉尽责,尽职尽责地维护委托人的合法利益。

第六条　律师应当敬业勤业,努力钻研业务,掌握执业所应具备的法律知识和服务技能,不断提高执业水平。

第七条　律师应当珍视和维护律师职业声誉,模范遵守社会公德,注重陶冶品行和职业道德修养。

第八条　律师应当严守国家机密,保守委托人的商业秘密及委托人的隐私。

第九条　律师应当尊重同行,同业互助,公平竞争,共同提高执业水平。

第十条　律师应当自觉履行法律援助义务,为受援人提供法律帮助。

第十一条　律师应当遵守律师协会章程,切实履行会员义务。

第十二条　律师应当积极参加社会公益活动。

第七节　图书馆员职业道德规范

图书馆是社会主义精神文明建设的重要基地。随着计算机技术、高密度存储技术和数据通信技术的飞速发展,图书馆正朝着电子化、数字化、多样化及网络化方向迈进。而图书馆员的职业道德,对于图书馆工作质量的提高起着关键性的作用。因此,本节阐述图书馆员的职业道德。

一、图书馆员职业道德的内涵

职业道德是从事某种职业的人们在职业活动中用来调整本职业与服务对象之间、本职业与其他行业之间、本职业内部人与人之间相互关系的行为准则。图书馆员职业道德是指图书馆员在为读者用户服务过程中处理人与人、个人与工作、个人与社会之间相互关系所遵循的职业行为的准则。简单地说，是一个职业集团的自律规范。这里的图书馆员，指所有从事图书馆和信息服务工作的人员。图书馆员职业道德是对从事图书馆和信息服务工作的人员职业道德的具体化。它必然反映图书馆的特质，是职业道德的一部分。

二、图书馆员职业道德的基本要求

为了贯彻落实中共中央《公民道德建设实施纲要》等有关精神，加强图书馆员职业道德建设，培养图书馆员良好的思想道德素质，强化图书馆员的社会角色意识，树立正确的职业理念，提高服务水平，为社会提供文明、优质、高效的知识信息服务。中国图书馆学会组织全国公共、高校、专业等系统的图书馆界代表及有关专家、学者，总结了我国图书馆活动的实践经验，为履行图书馆承担的社会职责，制定了《中国图书馆员职业道德准则（试行）》。《中国图书馆员职业道德准则（试行）》鲜明地体现知识经济时代职业道德的要求。

《中国图书馆员职业道德准则（试行）》突出了"读者第一"的职业道德核心，强调了图书馆员必须具备良好的信息素养，明确了图书馆员"爱护文献资源、规范职业行为"的基本职业职责，要求图书馆员有"真诚服务读者，文明热情便捷"与"适应时代需求，勇于开拓创新"的职业态度；引入"维护读者权益，保守读者秘密"和"尊重知识产权"等法律理念，强调了图书馆员的职业纪律，体现了精诚合作的团队精神。正如文化部副部长周和平所言，这"标志着中国图书馆员职业道德建设发展到了一个新阶段，填补了我国图书馆界的一项空白"[①]。

---

① 李国新.中国图书馆员职业道德的制定突破和问题[J].大学图书馆学报,2003(5).

现把中国图书馆学会六届四次理事会2002年11月15日通过的《中国图书馆员职业道德准则(试行)》的正文摘录如下:

1. 确立职业观念,履行社会职责。
2. 适应时代需求,勇于开拓创新。
3. 真诚服务读者,文明热情便捷。
4. 维护读者权益,保守读者秘密。
5. 尊重知识产权,促进信息传播。
6. 爱护文献资源,规范职业行为。
7. 努力钻研业务,提高专业素养。
8. 发扬团队精神,树立职业形象。
9. 实践馆际合作,推进资源共享。
10. 拓展社会协作,共建社会文明。

第八节　档案专业人员职业道德规范

档案是人们在社会发展实践活动中保存下来的真实记录,也是社会进程中的一笔宝贵历史文化财富。档案专业人员加强职业道德修养,对于发展档案事业,促进档案工作更好地为构建和谐社会服务,具有重要意义。本节着重讨论档案专业人员职业道德的含义、特点,阐述档案专业人员职业道德规范的主要内容。

一、档案专业人员职业道德的内涵与特点

档案专业人员的职业道德具有的社会价值,是由档案工作的职业特点决定的。下面主要阐明档案专业人员职业道德的内涵和特点。

(一)档案专业人员职业道德的内涵

什么是档案? 按照《中华人民共和国档案法》定义:档案是指过去和现在的国家机构、社会组织及个人从事政治、军事、经济、科学、技术、文化、宗教等活动直接形成的对国家和社会有保存价值的各种文字、图表、声像等不同形式的历史记录。所谓档案专业人员职业道德是指档案专业人员在从事档案行政、档案保管和利用服务等职能活动中应当遵守的基

本行为规范。这里的档案专业人员主要包括:档案馆、档案室的专业人员,从事档案行政管理、档案科学技术研究、档案宣传出版等工作的专业人员。档案专业人员职业道德不仅是对档案专业人员在职业活动中的行为要求,而且也是档案专业人员对社会所承担的道德责任和义务。它涵盖了档案专业人员与服务对象、档案职业与档案专业人员、档案职业与其他职业之间的关系。

档案专业人员职业道德是社会各种职业道德中的一种,是社会主义职业道德的基本原则和要求在档案职业领域中的反映和体现,是从事档案工作这一职业的专业人员所必须具备的道德品质,也是档案专业人员行为的规范。

(二)档案专业人员职业道德的特点

1. 政治性

档案工作是一项政治性很强的工作,是党和国家制定宏观经济发展规划、宏观调控政策的重要依据,蕴藏着巨大的潜在价值。档案工作的政治性特征决定了档案专业人员职业道德的政治性。对于党政领导机关、军队等机构的档案专业人员来说,由于管理的档案严重关系到国家安全和社会稳定,机密程度高,因而,档案专业人员职业道德的政治性要求更为突出。例如,重要科研成果的关键工艺流程,党、政会议记录等文件材料,要求档案人员具有较高的思想觉悟、政治素质,不能泄密。

2. 原性则

作为档案工作者,政策观念一定要强,要勇于坚持原则。政策和职业道德虽然是两个不同范畴,但作为社会主义的档案政策,档案制度都反映了国家、集体和广大生产者、消费者的根本利益。要使这些政策、法规制度得以顺利地实施,必须坚持原则。坚持原则不仅使档案工作者职业义务感和使命感得以加强,更能对不正之风进行有效的抵制。[1]

3. 继承性

档案职业道德在内容上具有继承性。我国档案工作源远流长,有着悠久的历史和优良的传统。在档案工作的发展进程中,历代档案工作者

---

[1]　时虹云. 浅谈当代档案工作者的职业道德观[J]. 价值工程,2010(15).

不仅为后人留下了弥足珍贵的档案文献,而且也为后人留下了忠于职守、维护史实的优良传统和道德品质。汉代史学家司马迁以坚忍不拔的意志,在广泛收集整理、研究考证档案和图书史料的基础上,为历史留下《史记》这部"史家之绝唱"的同时,也为后代档案工作者留下了一笔宝贵的精神财富。档案工作的革命前辈,在艰苦卓绝的战争年代里表现出的革命精神,更是激励现代档案工作者无私奉献的精神动力。为了保护中央文库的绝对安全,在白色恐怖的恶劣环境里,几任文库负责人和工作人员前仆后继,历经千难万险,终于在上海解放时,胜利将文件送交至党中央。在社会主义现代化建设的伟大实践中,广大档案人员继承优良传统,开拓进取,乐于奉献,涌现出一批又一批先进典范,展现出档案工作者特有的精神风貌。档案职业道德内容在继承中不断创新发展,不断得到升华。①

二、档案专业人员职业道德的基本要求

1996 年 9 月,第 13 届国际档案大会在中国北京举行期间,国际档案理事会召开了全体代表大会。会议的重要议程之一就是讨论、通过了修改后的《档案工作者职业道德准则》(AG/96/9),供各国档案工作者参照执行。《中华人民共和国档案法》要求档案专业人员"忠于职守,遵守纪律,具备专业知识"。这是档案专业人员应遵守的法律要求,同时也是档案专业人员应履行的道德义务。档案专业人员职业道德规范的主要内容应体现《中华人民共和国档案法》的要求,其核心是热爱档案工作,全心全意为利用者服务。档案专业人员职业道德规范的基本要求有以下几方面。

1. 爱岗敬业,忠于职守

档案专业人员热爱档案事业,愿为档案事业贡献自己的力量,是一种崇高的职业情感。档案专业人员只有热爱所从事的档案专业,才能激发事业心和责任感,在档案专业工作岗位上忠于职守,兢兢业业。忠于职守、爱岗敬业是档案专业人员职业道德的基本要求,具体表现在敬业、乐

业、勤业、精业上。[①]

敬业,是对档案工作社会地位与作用的认同及其表现。进入新时期以来,在党和政府的关怀重视下,在档案专业人员的不断努力下,档案工作的社会地位愈益提高,档案工作的社会作用愈益增强,广大档案专业人员受到很大鼓舞,对自己从事的职业和岗位有了更深的理解。但是档案工作毕竟是一项基础性、服务性工作,以功利的价值标准来衡量,实惠少,权利小,待遇低。如果没有敬业的精神,就不可能切实履行好自己的职责。档案专业人员要培养自己的敬业精神,既要"跳出档案看档案",把档案工作放到改革开放、经济建设的大环境中来看档案职业的社会作用和意义,又要脚踏实地,做好每一项具体工作,在工作实践中体察自己所从事职业的价值。

乐业,是对档案工作目标理想的确立及其表现。档案专业人员要把自己的聪明才智融于档案工作实践中,创造性地开展工作,为各项工作提供优质服务,这样,就一定能体现自己的人生价值,从中得到事业的成功感,享受工作的快乐。许多优秀的档案人员,正是在各自的岗位上勇于探索,积极进取,做出了优异的成绩,得到了单位、系统乃至社会的高度赞誉,从中找到并拓展了个人发挥才智、创造人生价值的天地。

勤业与精业,是对档案工作效益的追求及其表现。勤业,是实现档案工作效益的最基本价值的保证;精业,是实现档案工作最大效益的价值追求。首先,档案专业人员要有勤业精神。档案工作具涉及面广、依附性强、时间跨度长、工作细致、责任重、成果间接隐性等特点。每项工作、每个项目都要经过持久的努力,才能做出成效来;社会也不可能对档案工作制定具体的工作指标和要求,因而档案专业人员的勤业精神显得尤为重要。其次,要使自己的辛勤劳动转化为最大的社会经济效益,还要具有精业精神。这种精业精神既体现在对工作的精益求精上,更体现在对工作的不断改革创新上。社会日新月异的发展,给档案工作不断提出新的课题,要求档案专业人员在实践中去研究、去解决。档案专业人员只有创造性地开展工作,才能适应社会各项事业发展的需要,才能追求档案工作的

---

① 郭红解. 论档案职业道德[J]. 浙江档案,2006(5).

最大效益。

2. 实事求是，尊重历史

第13届国际档案大会通过的《档案工作者职业道德准则》指出："档案工作者的首要任务，就是维护他们所保存的档案资料的完整性。他们应该抵制来自任何方面的，为隐瞒和歪曲事实而要求窜改证据的压力。"档案专业人员职业道德要求档案专业人员必须维护档案和历史事实的原貌，既不能任意篡改和歪曲档案的内容和特征，也不允许主观臆断随心所欲地鉴别档案。无论在什么情况下，都要实事求是，坚持据实立档，据实用档，尊重历史，求准求实，保持档案资料的完整齐全。

3. 利用者至上，热忱服务

档案的价值是通过利用者利用文献来体现的，档案工作的最终目的就是满足社会主义事业对档案的需要。档案工作是一项服务性的工作，要求档案专业人员树立"以人为本"的新型的服务理念，本着全心全意为利用者服务的思想，想利用者之所想，急利用者之所急，以满足利用者需求为己任，以利用者能最大限度利用档案信息资源为快乐，尽量满足利用者的需要。

4. 遵纪守法，保守秘密

档案专业人员在进行档案管理工作中了解并掌握许多机要文件，有些档案资料是国家机密或企业不可以公开的经济情报，档案专业人员应当珍视国家和社会给予的特殊信任，认真执行《中华人民共和国档案法》，严守党和国家的机密。这不仅是档案职业纪律，更是不可缺少的职业道德。档案专业人员对于利用者不能"来者不拒，有求必应"，必须克服主观随意性，按照法律和工作纪律的要求正确处理保密与利用的关系。要严格依法办事，实事求是，秉公执法，做到严格、严肃、严明、客观、公正地对待其专业"特权"，约束自身的行为，确保党和国家秘密安全，确保个人的隐私权受到尊重。

5. 钻研业务，精益求精

精良的专业技术水平，是每一个档案专业人员为人民服务的基础。第13届国际档案大会通过向世界各国档案工作者推荐的《档案工作者职业道德准则》指出：档案工作者应系统地、继续不断地更新他们的档案知识,卓有成效地做好本职工作,共享他们的经验和研究成果。一是认真学习马克思主义、毛泽东思想、邓小平理论、三个代表重要思想及科学发展观,掌握其基本的理论、观点和方法。二是档案知识要专。通晓国家及本单位的有关规定,增强做好本职工作的能力和水平。三是相关知识要博。认真学习政治、经济、科技、法律、历史、文学、艺术、计算机、外语等与档案有关的知识,了解其工作的内容和规律,以便更好地管理好各个领域形成的档案,更好地为各项工作开展服务。四是本岗位技术要精,相关岗位技能要通。学习和掌握新产生、新形成、新应用的档案工作理论与技术方法和经验。掌握计算机数据录入、数据库管理、多媒体和网络管理等方面的技能。五是勇于实践,注重在实际工作中锻炼提高自己的业务能力。不断学习和实践,努力成为具备合理的知识结构和技能的复合型档案专业人才。

6.团结协作,开拓进取

档案工作是一项多环节的业务,就其具体业务来分,分为档案的收集、整理、鉴定、保管、统计、检索、编研和提供利用工作。要建立团结协作、互相关心、互相理解、互相尊重、互相配合的关系,提高工作效率。对档案工作中出现的新问题、新情况、新特征,需要档案专业人员去研究、去解决。因此,档案专业人员必须解放思想,大胆探索,勇于改革,积极创新。

第九节　体育工作者职业道德规范

体育工作者了解并遵守各自的职业道德规范,对维护体育工作者的良好形象,促进我国体育事业的发展和社会主义精神文明建设都具有重要的意义。本节阐述体育工作者职业道德的内涵和作用,重点讨论教练员、裁判员、运动员的职业道德规范。

一、体育工作者职业道德的内涵和作用

所谓体育工作者职业道德,就是指体育工作者应当具备的最基本的道德素养,是所有体育工作者在其职业活动中应当遵循的行为准则。这

里体育工作者是指专门从事某项体育运动的组织、训练及参加比赛的各类人员,包括运动员、教练员、裁判员和体育事业管理人员等。

奥林匹克精神的精髓表现为参与、竞争、公正、友谊与奋斗。它要求人们本着"更高、更快、更强"的精神去挖掘自己最大的潜力,以创造更大的人生价值。加强体育竞争中的道德建设,不仅有利于社会主义的道德建设,而且,对促进社会主义体育事业的发展,提高体育工作者的整体素质具有重要的现实意义。

二、体育工作者职业道德的基本要求

下面分别讨论教练员、裁判员、运动员的职业道德规范。

(一)教练员职业道德

教练员是运动员的引路人。教练员职业道德的基本要求如下①:

1. 爱岗敬业做好本职工作

在我们国家从事任何一种职业都是为人民服务,即社会公民之间通过相互服务来谋求共同的幸福,竭力做好本职工作,是爱岗敬业的具体体现。爱岗敬业是教练员职业道德的基本点,教练员担负培养攀登运动高峰和社会主义"四有"人才的任务,其工作性质决定了教练工作的艰难性和辛苦性:早训练、晚查铺、风里来、雨里去,整天与运动员一起摸爬滚打。因此,只有具备崇高的敬业精神,把本职工作与国家建设和事业发展联系起来,才能激起高度的工作热性和强列的责任感,才能热爱事业、热爱队员、热爱工作,才能吃苦耐劳,任劳任怨。

2. "教书"育人,忠于职业守则

《中华人民共和国教师法》讲道:"教师是履行教育教学的专业人员,承担教书育人,培养社会主义建设者和接班人,提高民族素质的使命。"教书育人是党和国家对教育者的最高要求。在社会主义职业活动中,这一要求的内容更广泛。教练员也是教育者,教练工作是教育的一个部分。《教练员守则》也明确道:教练员不仅要对运动员进行技术训练,而且要严格管理教育,加强思想政治工作,培养社会主义"四有"新人。教练员的技

---

① 顾玉飞. 谈教练员的职业道德[J]. 安徽体育科技,2001(2).

能传授和品德教育,都直接影响被教育者的成长。"教书"育人,忠于职业守则,是职业道德对教练员的要求,也是教练员忠于党和人民的体现。

3.钻研业务,提高教练能力

专业技能是职业道德的基础,没有很好的专业技能,就不能很好地为人民服务。在我们的日常工作中,每个职业工作者,都要通过自己的职业实践活动来达到岗位工作的目的,而每个人实践能力的强弱,专业技能的高低,都将直接关系到岗位工作完成得好坏。教练员从事的是培养优秀运动人才的工作,如果教练员才疏学浅、技能不高、知识不全、讲解不清、示范不准,就难以完成培养高水平运动员的任务,同时也影响自身的职业形象。教练员要不断地钻研业务,进取创新,精益求精,充实专业知识,提高专业技能,这不仅是教练工作的需要,也是职业道德的要求。

4.以身作则,为人师表

教练员是以培养教育人为工作目的的。他的工作方式不是使用具体的劳动工具来制造产品,而是以思想、品德、知识、情感等因素来塑造运动员。这些因素,都影响着运动员的成长。另外,教练工作的直观示范性是一般职业劳动所不具备的。因此,这就决定了教练员道德的自觉性和表率性。教练员必须具备更高的职业道德意识,具备更规范的职业道德行为。实践证明:教练员的道德形象本身就是一种强有力的教育力量,也是一种很有说服力的教育形式。

5.团结协作,注重合作意识

一个优秀运动员的成长,是教练员集体智慧的结晶,在看到主教练工作业绩的同时,还要看到集体互补合作的作用。在现代社会里,人们日益要求信息交流、相互切磋、密切合作。教练员之间的关系是志同道合的同志关系。此外,运动队的工作从局部看是一种个体的教学行为,但从更广的角度看,还有领队工作、科室配合、领导支持,还涉及家庭的理解,以及社会的支持,等等。因此,一个能把运动队的各项工作做得很好的教练员,必须十分重视团结意识、合作意识、集体意识的培养。发扬集体主义是职业道德的要求,也是社会主义道德体系中的原则。

(二)裁判员职业道德

裁判员是比赛的法官。裁判员在竞赛活动中是体现公平竞争的关键人物,他提倡什么、支持什么、限制什么、反对什么都是裁判员职业道德的反映。裁判员的职业道德准则和规范集中体现在《裁判员守则》中,一般认为,裁判员职业道德具有以下几个方面的重要内容[①]。

(1)热爱体育事业、热爱裁判工作是裁判员职业道德的基本要求。热爱本职工作是任何职业道德的一项最基本的要求。作为裁判员,热爱体育事业,不仅要求他是一个体育迷,而且要求他对体育运动具有发自内心的真诚热爱,这样才能够满腔热情地投入工作中,才能够最大限度地发挥自己的聪明才智,才能够对竞赛工作抱有高度的责任感、义务感和荣誉感,才能够忠诚于裁判工作,遇到困难和压力才也不会退缩,而是努力去克服困难,认真学习,追求更高的目标。

(2)认真学习钻研竞赛规则和裁判法,是裁判员职业道德的重要内容。现代体育竞赛,水平更高超,竞争更激烈,场上形势瞬息万变。而裁判员作为竞赛场上的法官,和生活中法庭上的法官有很大不同,这就要求他们在瞬间对运动员的技术动作做出准确的判罚,其难度是很大的。没有扎实的业务基础,即使道德再高,也难以在竞赛场上得到体现和弘扬。因此,裁判员自觉学习和钻研竞赛规则和裁判法,在职业道德建设中具有重要的地位。

(3)公正公平,秉公执法,是裁判员职业道德的核心和精髓。裁判员的工作,最核心的内容就是维护赛场上的公平,要以事实为依据,以规则为准绳,不能带有任何个人情感和偏好,维持体育竞赛的公平公正。

(4)廉洁自律、严于律己、洁身自好,是裁判员职业道德的集中体现。一个职业道德良好的裁判员,必然在体育竞赛的执裁工作中自觉运用正确的世界观、价值观要求自己,主动摒弃唯利是图、见利忘义的行为,主动抵制金钱、名利的诱惑,抵制社会不良风气,拒腐蚀、永不沾。

(5)尊重运动员,尊重观众,具有良好的形象气质是裁判员职业道德的外在表现。一个职业道德良好的裁判员,必然也是个人修养良好的人,无论是在日常生活中的待人接物,还是在赛场上执法,总是会进退有节,具有良好的礼仪规范和形象气质。因此,这也是一个优秀裁判员必备的

① 宁聪. 裁判员的职业道德建设[J]. 搏击(体育论坛),2010(4).

条件。

（三）运动员职业道德

运动员担负着攀登竞技体育高峰的任务,他们道德素质的高低不仅关系到运动技术水平的提高,优秀运动队伍的建设,也关系到对社会主义建设者和接班人的培养。一般来说,运动员职业道德的基本规范如下。①

（1）热爱体育、为国争光。热爱体育、为国争光是优秀运动员高尚的道德情感,是优秀运动员职业道德的基础。"人生能有几回搏! 此时不搏,更待何时!"这句简练而有力的壮语出自我国优秀运动员容国团之口。1957 年,容国团从香港回到祖国怀抱,他受到周恩来总理、贺龙副总理等党和国家领导人的亲切接见和慰勉,得到了及时的培养。当面对世界强手对阵时,在为祖国取得荣誉的紧要关头,是祖国给了他力量,增添了他的勇气,推动着他第 1 个登上世界乒坛的顶峰。

（2）勤学苦练、奋力拼搏。勤学苦练、奋力拼搏是优秀运动员职业道德的基本内容,是优秀运动员攀登体育高峰的必由之路。中国女排姑娘为了赶超世界先进水平,把自己的青春奉献给排球事业。练滚翻救球,一节课不下 300 次,有的看来是毫无希望救到的球,她们照样奋不顾身地前去扑救,摔得浑身上下青一块紫一块,腿一瘸一拐的也不顾。崭新的球裤擦破了,套在膝盖上的两层护膝磨穿了,露出了渗血的粉红色嫩肉。倒在地上爬不起来了,大家一鼓励,又奋然跃起,继续奔跳扑救。有时,教练扣来的球,打在脸上,把姑娘们打哭了,但她们还是一面哭、一面练。功夫不负有心人,在秘鲁举行的第 9 届世界女子排球锦标赛上,中国女排在 0∶3 输给美国队之后,神奇般地连续夺取 6 个 3∶0 的胜利,最后在利马战胜东道主秘鲁队,再次登上世界冠军的宝座。

（3）讲究文明、增进友谊。讲究文明、增进友谊是优秀运动员职业道德的最基本要求,是优秀运动员训练、比赛、日常生活、人际交往的行为准则。在体育竞赛上,党和国家领导人十分重视讲文明、讲礼貌、讲风格。周恩来总理说过,运动员要"三尊重",即尊重裁判、尊重对方、尊重观众。贺龙副总理也一再强调要"打出风格、打出水平"。我国运动员"宁失一

---

①　庄浙,温安生. 谈优秀运动员的职业道德[J]. 安徽体育科技,2002(2).

球,不伤一人","赢球又赢人,输球不输人"的体育道德,受到国际上很好的评价和赞扬。我国著名三级跳远运动员邹振先,一次在瑞士参加国际比赛时,冠军是一名外国运动员,跳完后拿起外衣就走,跟谁也不打招呼,观众对他的傲慢无礼十分反感。邹振先虽然只得了个第 2 名,但他比赛结束后,主动走到每一个裁判面前,同他们一一握手道谢,向观众致意。发奖时,观众们为他爆发出一阵一阵的呼喊声"中国、中国"! 邹振先用自己高尚的道德风尚和高超的技术水平,为祖国争了光。

(4)严守法规、弘扬精神。严守法规、弘扬精神是优秀运动员职业道德的重要内容,是优秀运动员获取胜利的必要条件,也是显示一支队伍的战斗力的标志。要严守法规,遵守各种规章制度。《运动员守则》是优秀运动员应遵守的纪律核心,它从职业纪律的角度,对优秀运动员提出 10 条应该遵循的行为准则和要求。优秀运动员要学法和守法,才能适应社会主义现代化建设的需要,只有反对使用"兴奋剂",才能保证自己健康成长,才能有效地同违法犯罪行为作斗争。执行规则,尊重裁判。世界杯女子排球比赛中,裁判错判我方一次界外球,中国女排队长孙晋芳实事求是地当即向裁判提出异议,但裁判没有接受意见坚持原判。面对这样的现实,孙晋芳从容一笑,并举起手来,表示服从裁判。这一笑一举手,对待错判能泰然处之,是十分不容易的。有礼貌地服从,这一举动受到全场观众的赞赏。孙晋芳对待错判一事,虽说是一个很小的例子,但从中可以窥见我国体育健儿的道德风貌。

【案例与评析】

[案例背景]

诚实守信让生活更美好①
——记全国道德模范、海南省儋州市白马井中学教师李郁林

46 岁的李郁林,出身教师世家。1985 年,我国首个教师节设立。那

---

① 刘见. 诚实守信让生活更美好——记全国道德模范、海南省儋州市白马井中学教师李郁林[N]. 中国教育报,2011 – 10 – 18(1).

一年,他走上了教书育人岗位,每天与讲台、学生为伴,过得快乐又幸福。然而,2000年初,由于妻子借款与他人合资开发宅基地失败,欠下巨额债务,李郁林毫不迟疑地扛起了"妻债夫还"的重担。11年来,他恪守诚信,虽承受着物质生活的艰辛,但乐观向上。

作为教师,他将诚信之德传递给同事及学生,相信诚信的力量,可以让生活变得更加美好。在众人眼里,他是一名学生爱戴、同事信任、家长尊重的教书育人典范。

2000年初的一天,李郁林的妹妹找到他:"哥,嫂子出事了!"妹妹把嫂子借款与他人合资开发宅基地,后因生意失败欠下近20万元债务的事告诉了他。这对当时月工资仅有600多元的李郁林来说,可谓晴天霹雳。

欠下债务的妻子哭着提出离婚——

他斩钉截铁地说:"妻债夫还,天经地义。"

此前,李郁林一家虽不富裕,但也是小康之家。其父是退休教师,其妻在镇上经营着一家批发店,生意也还算兴隆。

当天晚上,知道闯下大祸的妻子内疚地向他提出离婚,她实在不愿为此拖累丈夫。这是一个辗转反侧之夜,李郁林通宵未眠。天亮时,他斩钉截铁地对妻子说:"妻债夫还,天经地义。我不同意离婚!"随后,夫妻二人挨家挨户地去向债主说明情况,商议还款时间。此后11年,李郁林一家一直"蜗居"在租来的20世纪40年代初建的民房里。李郁林每个月仅从工资中留出200元生活费,其他的全部拿去还债。多年来,他没为自己添过一件新衣,没下过餐馆,妻子也在渔港码头找了一份零工,补贴家用。

如今,李郁林凭着做人的诚信,已偿还债款17万多元。他说,这些年随着教师待遇的逐年提高,工资收入比以前也涨了不少,他盘算着今年年底前将所有的债务还清。

他说:"只有这样,我做了自己应该做的事情,心也就安了。"

面对图书经销商送上的红包——

他说:"即使要还债,也不能收这样的钱!"

常言说,人穷志短。但这话搁在李郁林身上,一点儿也不灵。

儋州市白马井中学有近5000名学生,学校成了不少教辅经销商眼中的一块"肥田"。身为学校德育室主任的李郁林,自然也是被重点关注的对象。

有一天，一个教辅经销商借拜访为名，在水果袋里悄悄放了一个信封，内装 1000 元。李郁林发现后，二话不说，赶忙追上来人，把钱退了回去。这时，正好有熟人路过看到了这一幕，好心劝他："收下吧，拿着还债。"李郁林摇了摇头："就是还债，也不能收这样的钱！"

在李郁林心里，人穷志不能穷。他时刻牢记着教育家陶行知先生的至理名言："学高为师，身正为范。"2010 年，李郁林的堂哥来到学校，拜托他帮忙解决朋友孩子上学的事，随即掏出个红包塞进他怀里说："朋友们知道你的难处，如果要请校长吃个饭什么的，不能让你破费，剩下的你就留着。"

李郁林知道，只要自己开口，事情就能办成，但他还是把红包退给了堂哥，说："哥，你知道规定，咱不能让校长、班主任犯难吧？而且欠债咱也不能用这钱还，你说是吧！"堂哥无奈地叹着气走了。

无论逆境顺境，总是笑容满面——

他说："诚实守信可以让生活变得更美好。"

李郁林以善良之心面对生活中发生的一切。无论逆境顺境，他总是笑容满面，内心阳光灿烂。

他说："坚守诚信的核心就是善，善让生活变得更美好。"

现在儋州市重点中学读高一的吴政清，以前称自己为"小混混"，直到有一天，他遇到了让自己"脱胎换骨"的李老师。他说："李老师说话算数的品德和对我们的爱，让我这个'小混混'变成了优秀学生。"

在吴政清的记忆里，李老师答应过的事，总是按时兑现，从不失约。李老师这种说话算数的品行，深深地影响着吴政清。今年，吴政清以优异的成绩，被市重点中学录取。

李郁林担任学校德育教研室主任 16 年来，关心每一个学生的思想、学习、成长，决不会因平时的一点小疏忽而让学生人身安全受到丝毫伤害。由于学校"面向大街，背靠大海"，学校操场离大海仅数米之遥。多年来，为了学生安全，人们总会看到李郁林在海边巡视的身影。如果遇到在此戏水的学生，他会立即劝阻，并用相机将此拍摄下来，拿着"证据"找家长，一起做学生的思想工作。

他从善的根本出发,以高度的责任感和严格的管理,使得这所有着近5000名学生的学校,从没发生一起学生溺水等安全事故。

11年的还债之路,对李郁林来说,虽然艰辛,但也让他体验到了许多美好。他以恪守诚信赢得了人们的尊重,也将诚信之美、师德之美,在日常的生活与工作中,潜移默化地传递给同事、学生和社会民众。今年,他被评为第三届全国道德模范。

[案例评析]

诚,是指真诚不伪,真实不欺。信,是指诚实无欺,严守信用,兑现诺言,实践成约。诚实守信就是诚实不欺,倍守信用。诚实守信的约束不仅来自外界,更来自个体的自律心态和自身的道德力量。李郁林恪守诚信,11年的还债之路,不仅赢得了人们的尊重,而且将诚信之美、师德之美,在日常的生活与工作中,潜移默化地传递给同事、学生和社会民众,被评为第三届全国道德模范。诚实守信成就了李郁林的事业,传承了中华民族的传统美德,实现了自身价值。

思考与练习

1. 什么是会计人员职业道德规范?
2. 为什么要保证会计信息真实?
3. 简述会计人员职业道德规范的基本要求。
4. 科研人员为什么应具有献身科学的精神?
5. 科研人员职业道德规范的基本要求包括哪些内容?
6. 简述医务人员职业道德规范的内容。
7. 怎样才能处理好医患关系?
8. 为什么中、小学教师要关爱学生?
9. 为什么高等学校教师要坚持服务社会?
10. 中、小学教师职业道德规范包括哪些?
11. 高等学校教师职业道德规范包括哪些?
12. 新闻工作者职业道德规范包括哪些?
13. 怎样才能坚持新闻的真实性?
14. 律师职业道德规范的基本要求有哪些?

15. 律师怎样才能做到尊重同行、同业互助、公平竞争、共同提高执业水平？

16. 请论述图书馆员职业道德的基本内容。

17. 为什么图书馆员职业道德突出读者第一？

18. 简述档案专业人员职业道德的特点。

19. 档案专业人员职业道德的核心是什么？

20. 论述运动员职业道德的基本要求。

21. 教练员职业道德的基本要求有哪些？

22. 谈谈自己所从事的职业的职业道德规范要求。

23. 联系实际,简述怎样才能养成良好的职业道德行为。

第五章　专业技术人员职业道德修养与评价

良好职业道德的形成,是社会主义道德建设的基础。阐明专业技术人员职业道德修养、职业道德评价的含义与作用,理解专业技术人员职业道德修养的过程,掌握专业技术人员职业道德修养、职业道德评价的方法,提升职业道德修养水平。本章主要讨论专业技术人员职业道德修养、职业道德评价的理论和方法。

本章学习要点

理解职业道德修养、职业道德评价的含义及其实质;了解职业道德修养和职业道德评价的作用;掌握专业技术人员职业道德修养的过程;掌握专业技术人员职业道德评价的标准;理解并掌握专业技术人员提高职业道德修养的方法;理解并掌握专业技术人员职业道德评价的方法。

第一节　专业技术人员职业道德修养与作用

阐明专业技术人员职业道德修养的内涵和专业技术人员加强职业道德修养的意义,有利于掌握专业技术人员职业道德修养的方法。

一、专业技术人员职业道德修养的内涵

所谓专业技术人员职业道德修养,是指专业技术人员按照一定社会或阶级的职业道德基本原则和规范,在专业技术职业活动中自觉进行的自我教育、自我改造、自我锻炼和自我提高等行为活动,以及经过实践所达到的一定的职业道德境界。例如,教师职业道德修养,是指教师在道德意识和道德行为方面,自觉地按照教师道德要求所进行的自我锻炼、自我改造和自我提高等行为活动,以及经过努力所达到的教师道德境界。① 又

---

① 李春秋.高等学校教师职业道德修养[M].北京:北京师范大学出版社,2000:267.

如,医务人员的职业道德修养,就是医务人员以全心全意为人民健康服务和救死扶伤为原则,按照医务人员职业道德规范的要求,经过长期的自我教育、自我改造和自我实践所达到的一定的职业道德水平。

职业道德修养的实质就是不断地解决职业道德必然性与个人职业道德选择之间的矛盾,是一个接受他律并经过内在良心调整达到自律的过程,是一个逐步内化的过程,是专业技术人员不断进行自我教育的过程。例如,就会计人员而言,是会计人员的职业道德规范与自身不符合会计人员职业道德规范的思想和行为的自觉斗争。职业道德修养是职业道德规范转化为个体职业道德品质的重要手段。专业技术人员的职业道德修养,不是一蹴而就的,而是专业技术人员在实践活动中经过长期不断锤炼而成的。

二、专业技术人员加强职业道德修养的意义

认识专业技术人员职业道德修养的规律,自觉提高专业技术人员职业道德修养,对于培养具有崇高职业品德的专业技术人员队伍具有十分重要的意义。对专业技术人员个人而言,加强职业道德修养的主要作用有以下几方面。

(1)专业技术人员加强职业道德修养,能有效地提高职业道德水平。实践证明,凡是道德品质高尚的人,都是自觉进行道德修养的人。人的美德,并非与生俱来,是需要学习、锻炼、修养的。只有不断提高职业道德修养,专业技术人员才能将外在的职业道德要求转化为内在的信念,进而将这种内在信念转化为实际的道德行为,达到较高的职业道德境界。因此,专业技术人员加强职业道德修养,是提高职业道德水平的重要措施。

(2)专业技术人员加强职业道德修养,是个人进步和成才的重要条件。专业技术人员职业道德修养水平的高低,直接决定着专业技术人员完成本职工作的质量。江泽民同志语重心长地教导我们:"一定要把人为什么活着这个问题弄清楚,为国家、为民族、为社会、为集体的利益,奋不顾身地工作着,毫无保留地奉献着自己的聪明才智,这样的人生才真正有意义,才是光荣的人生,闪光的人生。"1996年,中国科学院院长周光召在一次会议上寄语青年科技工作者:"一个人的成长并不取决于个人的聪

明,很重要的一条是取决于他处理好个人与社会、个人与群体之间的关系。……现在动机很好,你们要想做大事,还要特别注重道德方面的修养,不仅在科学上,也要在为人上全面锻炼成长,要心胸开阔,目光远大,要有高的精神境界,只有这样,你才能团结很多人,才能被大家所认识,才能奋不顾身去解决科学和社会中的大课题,克服各种困难,做出大成果,真正成为国际著名的科学家和中国科学事业的领导人。"①一个人的职业道德养成如何,将决定一个人的职业生涯的高度。一个技术娴熟、专业水平高,却人品低劣的人,是永远也不会受到组织的认可和重用的。专业技术人员只有注重职业道德修养,才能充分认识本职工作对社会、个人及家庭的意义,才会产生强烈的事业心、责任心与使命感,自觉把本职工作同人民幸福、国家兴旺联系起来,做出优秀的成果造福社会。

第二节　专业技术人员职业道德修养的过程

专业技术人员职业道德修养的主要内容包括:职业道德认识、职业道德情感、职业道德意志、职业道德信念、职业道德行为。在市场经济条件下,形成正确的职业道德认识、高尚的职业道德情感、坚强的职业道德意志、坚定的职业道德信念、良好的职业道德行为是专业技术人员职业道德的修养目标。专业技术人员职业道德成长是道德认知、道德情感、道德意志、道德信念、道德行动和谐统一的过程,是知行合一的过程。

一、职业道德认知

认识是行动的先导。职业道德知识是职业道德品质形成的理论基础。心理学研究表明,职业道德认知是职业情感、意志产生的前提和基础,而职业信念、职业行为习惯又是在职业认知、情感、意志的基础上形成与发展的。职业道德认知是指对职业道德的含义、重要性及职业道德价值、原则和规范的认识和理解。它是认知者、被认知者及职业道德情境等

①　转引自陶明报.浅谈科研人员职业道德修养的意义、途径和方法[J].高等教育研究学报,2003(3).

因素交互作用的复杂过程,也是个体对社会道德刺激加以综合认知的过程,道德认知是道德行为的基础。① 例如,对会计职业而言,会计职业道德认知主要是指对会计职业行为、准则及意义的认识和掌握。它包含两个方面:一是使人们掌握会计职业道德的概念和规范,了解职业道德的有关知识,掌握会计职业道德的要求;二是进行会计职业道德评价,即运用已有的职业道德认识,对已经发生的会计职业行为做出是非善恶等道德判断。通过道德评价,可以巩固和提高自身的道德认识,增加新的认识和纠正错误的认识,从而提高会计人员对职业行为的分析判断能力,加深对会计职业道德的认识和理解。②

没有正确的道德认识就不会有正确的道德行为。古希腊哲学家苏格拉底认为,一个人如果知道何为善恶,就能够做符合道德的事情。自身具备了扎实的职业道德知识,才能不断提高对社会主义职业道德原则、规范等理论的认识,进而提高职业道德行为选择的能力,提高对职业道德价值的认识。③ 只有这样,才能使专业技术人员明辨职业活动中的是非善恶,才能自觉选择哪些是应该做的,哪些是不应该做的,从而增强履行职业道德义务的自觉性。

二、高尚的职业道德情感

职业道德情感是指在职业活动中,专业技术人员对事物进行善恶判断所引起的内心体验,它包括职业责任感、义务感、良心感、正义感、荣誉感、幸福感等。职业道德情感在人的职业生活中起着巨大作用,是职业道德实践的直接动因。没有情感,道德就会变得枯燥无味,道德认识与道德行为就会脱节。苏霍姆林斯基说:"没有情感的道德就变成了干枯的苍白的语句,这语句只能培养伪君子。"如果没有人的职业道德情感,就不可能有人的职业道德行为。正如列宁所说:"没有'人的感情',就从来没有也

① 罗箭华. 试析高职院校学生职业道德教育之实践锻炼法[J]. 西南科技大学高教研究,2011(3).
② 张静. 试论会计职业道德修养[J]. 吉林省经济管理干部学院学报,2010(5).
③ 曲雅秋. 谈职业道德培养[J]. 现代企业教育,2006(9).

不可能有人对于真理的追求。"①爱因斯坦说得好:"在一切比较高级的科学工作背后,必定有一种关于世界的合理性或者可理解性的信念。这有点像宗教感情。……这种感情不存在的地方,科学就退化为毫无生气的经验。"例如,2010年,经120多万人参与投票,评选出了10位"全国教书育人楷模"。综观这10位楷模教师,尽管教育对象、工作环境、文化程度、年龄各不相同,然而在他们的教育经历中,都突出地表现了一项共有的特质,那就是对事业、对学生发自内心的热爱。这份爱是持久的,它让姜伯驹院士在北京大学执教50余载,始终坚持在教学第一线授课。用他的话说:"我首先是一名教师,其次才搞一些研究。"这份爱是无差异的,它让于漪老师乐于接手全校最乱的年级,把一群打架、偷窃,行为和心理有偏差的学生,培养成了合格人才,获得全市优秀集体。这份爱是忘我的,它让身患残疾的河南乡村女教师王生英30年如一日在崎岖的山路上摸爬滚打,把自家房屋改做教室,为了学生不惜卖掉家里的粮食。这份爱是不求回报的,它让湖北教师汪金权先后从微薄的收入中拿出10多万元,资助200多名贫困学生完成学业。这正如教育家陶行知所言:"捧着一颗心来,不带半根草去。"②

专业技术人员正确认识所从事的专业技术职业的价值,是养成高尚职业道德情感的前提。孔子曰:"知之者不如好之者,好之者不如乐之者。"意思是:做任何事情,了解它的人,不如爱好它的人;爱好它的人,又不如以它为快乐的人。因此,专业技术人员养成职业道德情感,一是培养爱岗敬业的情感。爱岗敬业是职业道德情感的核心。岗位和职业,既是一个人为社会服务的基本手段,也是一个人实现自己抱负和价值的基本方式。专业技术人员可采用与其他职业对比的方法来加深对所从事的职业的性质、意义的理解,从而坚定不移地热爱自己的职业。爱本职工作,就要忠于职守,干一行爱一行,不能干一行,混一行。二是培养爱集体的情感。集体情感,包括对个人所属的集体的关怀和爱护,对为集体做出贡献及对集体有所成就而自豪。爱集体就是要遵守各项规章制度,以集体

① 列宁全集(第二十五卷)[M]. 北京:人民出版社,1988:117.
② 任小艾,白宏太. "全国教书育人楷模"启示录[J]. 人民教育,2010(20).

为家,爱护集体的一草一木,与集体共荣辱,对同事热情友爱,互相帮助。三是在实践中磨炼。职业道德情感的养成是一个渐进的过程。新的职业道德情感的产生与巩固,不但要提高职业道德认识,而且更重要的是要在实践中经过长期的,甚至是痛苦的磨炼。

三、坚强的职业道德意志

道德意志是指人们在履行道德义务或者决定道德行为的过程中,自觉地做出抉择、克服困难的顽强力量和坚持精神。主要表现在克服外部障碍,坚决执行由道德动机做出的决定,用正确的观念战胜不正确的观念,从而完成一定的道德行为,履行一定的道德义务。[①] 自觉、坚持、果断和自制是一个人意志品质的四个基本要素。在支配道德行为的诸多道德意识要素中,道德意志是由道德认知、道德情感到道德行为的中介环节,是道德意识的最终体现,是道德意识向道德行为转化的最后阶段,是实施道德行为的直接动力因素。[②] 一个具有坚强职业道德意志的专业技术人员,即使在极其困难的条件下,也能抵制外部的腐蚀、引诱和压迫,保持高尚的情操。相反,一个职业道德意志薄弱的专业技术人员,即使有了道德认知与情感,也不能持久施行符合道德规范的行为。例如,诺贝尔奖获得者,美国的科学家科吉耶曼为了研究下丘脑激素花费了 35 年,经过 27 万次的试验,忍受了无数次的耻辱痛苦,最后终于取得成功。

专业技术人员磨练职业道德意志首先要确立道德理想。保加利亚的季米特洛夫曾说:"只懂得应该做什么是不够的,我们必须具有把应该做的事做出来的勇气。"职业道德意志不仅要在集体、社会的教育影响下形成,而且更要在自我修养中磨练而成。例如,当 30 年前谢赫特曼发现"准晶体"时,他面对的是来自主流科学界权威人物的质疑和嘲笑,他因而被称为"准科学家"。2011 年 10 月 5 日,瑞典皇家科学院宣布,将今年的诺贝尔化学奖颁发给以色列科学家达尼埃尔·谢赫特曼,共 1000 万瑞典克朗(约合 146 万美元)的奖金,由谢赫特曼一人独享。近 30 年后的今天,

---

① 冯契. 哲学大辞典(上卷)[M]. 上海:上海辞书出版社,1992:1615.
② 周斌. 试论道德意志在个人品德形成中的重要使命[J]. 伦理学研究,2010(1).

质疑"常识"的谢赫特曼终于获得全世界最权威的科学认可。纳西·杰克逊说:谢赫特曼的发现是科学界最伟大的发现之一,他勇敢挑战了当时的权威体系。①

四、坚定的职业道德信念

什么是信念? 信念是主体对于自然和社会的某种理论原理、思想见解坚信无疑的看法。它是人们赖以从事实践活动的精神支柱,是人们自觉行为的激励力量。信念一旦确定之后,就会给主体心理活动以深远的影响,决定着一个人的行为的原则性、坚韧性。② 职业道德信念是指人们不仅对某种人生观、道德理想和行为原则有深刻的笃信,而且也对相应的职业道德原则的正确性有深刻的笃信,同时也包含了由此形成的强烈的职业责任感。坚定正确的道德信念一旦形成,就成为支配人们行动持久的、稳定的内在动力,是养成专业技术人员职业道德的关键和核心环节。例如,我国著名数学家苏步青教授,17 岁到日本留学。为了给中华民族争光,他刻苦学习,连续发表 30 多篇论文,并获得了理学博士学位。在获得博士学位之前,他已在帝国大学数学系任讲师,指导教授还准备聘请他去某大学当教授。这样的机会应该说是不可多得的。但他还是决定回国任教,把学到的知识奉献给祖国和人民。他成功了,因为他在行动之前,在心里早有了目标;他胜利了,因为他的目标始终如一。③

五、良好的职业道德行为

专业技术人员职业道德行为是专业技术人员在一定的职业道德认知、情感、意志和信念的支配下所采取的自觉活动。自觉性和习惯性是职业道德行为的两大特点。专业技术人员职业道德行为的养成是专业技术人员把职业道德原则和规范进行有意识的训练和培养,养成良好的职业行为习惯,做到言行一致,知行统一,形成良好的职业道德品质。在某种

① 衰青. 化学奖:"准科学家"的勇气[N]. 中国新闻周刊,2011 - 10 - 17.
② 林传鼎,陈锦永,张厚粲. 心理学词典[Z]. 南昌:江西科学技术出版社,1986:307.
③ 苏圣儒. 论青年职业理想的作用[J]. 学术交流,2005(5).

意义上说,进行职业道德修养的最终落脚点是培养良好的职业道德行为。因为从业人员职业道德素养的高低、职业道德品质的好坏本身是无法测评的,只有通过他们丰富多彩的职业行为体现出来,职业行为是展示和检验职业道德修养水平与成效的指标。①

职业道德行为是专业技术人员一种习惯。专业技术人员良好行为习惯的养成不是一朝一夕就可形成的,它是一个多次重复出现的过程,是需要多重刺激反复更正才可实现的过程。美国物理学家富兰克林在他的自传中专门论述了品德培养问题。他说:"在培养某种品德时,要直到该种美德已经成为习惯,而且不受与它相反的性癖的干扰时才算牢固。"被迫的行为即便产生了良好的效果,也不能算是道德行为。列宁说得好:"只有那些已经深入文化、深入日常生活习惯的东西,才能算作已经达到的成就。② 黑格尔也说,"一个人做了这样或那样一件合乎伦理的事情,还不能说他有道德,只有这种行为方式成为他性格中的固定要素时,他才可以说是有道德的。"③这表明,养成符合职业道德规范要求的职业行为是一种很高的职业道德境。所以,专业技术人员要刻苦学习马克思主义的伦理知识,理论联系实际,坚持知行统一,强化职业道德认知、情感和意志,培养良好的日常行为习惯,自觉地进行"反思"和"慎独"。

专业技术人员职业道德修养是专业技术人员道德认知、情感、意志、信念、行为习惯诸要素从无到有、从低到高、从旧到新的质的矛盾运动过程。从专业技术人员职业道德修养的全过程来看,自始至终都是专业技术人员在实践中进行的。职业道德认知是前提,职业道德情感、意志与信念是核心,职业道德行为是最终的结果。因此,也就决定了专业技术人员职业道德修养是一个长期的艰苦过程,要求专业技术人员坚持不懈的努力。

总之,一个人职业道德品质的形成和发展是道德认知、道德情感、道德意志、道德信念和道德行为相互作用、协调发展的过程,一个人职业道

① 王易,邱吉.职业道德[M].北京:中国人民大学出版社,2009:191.
② 列宁全集(第四卷)[M].北京:人民出版社,1979:698.
③ 黑格尔.法哲学原理[M].北京:商务印书馆,1961:170.

德品质水平的高低主要取决于这五个要素协调、和谐发展的程度。就每个人而言,五个要素的发展水平总是有差异的、不平衡的,如果差异太大,比例失调,就会造成职业道德品质结构的缺陷,阻碍职业道德品质的形成与健康发展,甚至形成不良的职业道德品质。[①] 例如,被周总理称为"国宝教师"的霍懋征,在小学教师岗位上一干就是 60 年。霍懋征老师为什么在小学教师的岗位无怨无悔地奉献 60 年? 首先,取决于她对教师这一职业价值的深刻认识。"教师是一种职业,但在我眼里更是一项事业。这种观念在我的脑子里越来越清晰。"霍懋征认为,小学教育是启蒙教育,是一个人一生中最重要的教育。基础打好了,才能盖起高楼大厦。当记者问起霍老师做了一辈子小学教师,放弃了那么多"高升"的机会,后悔不后悔时,霍老师坚定地说:"不后悔,因为我喜欢小孩子。"其次,取决于她对教育事业和学生的爱。霍懋征认为,一位优秀教师,最重要的素质就是"爱这个事业"。教育是一项事业,不是一种职业,要有很强的事业心和责任心。"没有教不好的学生,只有不会教的教师。"在霍懋征看来,"好教师的标准"只有四个字:"敬业","爱生"。再次,取决于她对教师这一职业自觉地克服困难,排除障碍而进行行为抉择的力量和坚持精神。霍懋征一生扑在基础教育事业上,经历几番打击都未放弃:1962 年 6 月,霍老师正在给学生上课时,二女儿病逝;1966 年 6 月,她被打成"资产阶级反动学术权威",不能回家,孩子们丢在家里无人照管,13 岁的儿子被人轧死,15 岁的小女儿吓傻了;在一年零九个月的"牛棚"生活后,她没有屈服,依然坚持着基础教育事业。组织上希望她能出任北京市实验二小校长,霍懋征的态度无比坚决:"不! 我的生命在课堂上,我的事业在课堂上,我要重新回到课堂中去,而且,我要教语文。"从"职业"到"事业",这也许是一位优秀教师的必经之路。对一个人来说,最重要的支撑就是信念的支撑。也只有这样的支撑,一个人才能在自己选择的职业领域内排除万难取得成就,忠诚地履行自己教书育人的道德义务。这是霍懋征的座右铭:"当教师是最辛苦的,但也是最光荣的,最幸福的。当你的学生一批又一批地成

---

① 黄晓光. 教师职业道德修养:新规范内涵解读与实践导行[M]. 长春:东北师范大学出版社,2009:158.

为国家栋梁之材的时候,你获得的欣慰是任何人也理解不了的。"霍懋征对自己从事基础教育工作 60 年感到无悔。1993 年,在人民大会堂召开的"霍懋征从教 50 周年研讨会"上,霍懋征老人将自己的感受归结为六个字:光荣、艰巨、幸福。她说:"做一名教师实在是一件非常幸福的事情。"这也是霍懋征优秀的个体道德品质最充分的体现。(选自《特级教师家园》)

第三节　专业技术人员职业道德修养的方法

专业技术人员提高职业道德修养水平,还须掌握科学有效的方法。专业技术人员可根据自身情况和职业特点的不同,采用学习法、慎独法、自省法、自我激励法、榜样学习法、实践法。

一、学习法

学习不仅能使专业技术人员获得知识和技能,而且也是专业技术人员提升职业道德修养水平的重要途径。学习就是求知,而求知与为善之间有密切的关系。苏格拉底认为,美德出于有知,知识是一切德行之母;亚里士多德认为,人类一切最优秀和最合乎道德的活动,总是与知识、理性联系在一起的;伊壁鸠鲁认为,最大的善乃是明智。[①] 孔子也明确地提出:"笃信好学,守死善道"。他认为,不爱好学习,缺乏应有的知识,即使主观上好爱仁道,也不会有完善的道德品质。他主张"博学"、"多闻"、"志于学",这样才能有完善的道德品质。加强理论学习,是专业技术人员职业道德修养的必要方法。

一是学习和掌握马列主义、毛泽东思想、邓小平理论、三个代表重要思想和科学发展观,特别是马列主义伦理观。马列主义是科学世界观和道德观的理论基础。所以,专业技术人员要认真学习和掌握马列主义、毛泽东思想、邓小平理论、三个代表重要思想,深入贯彻落实科学发展观,形成正确、科学的人生观、世界观和道德观,提高辨别是与非、善与恶、美与

---

① 周辅成. 西方伦理学名著选辑(上册)[M].北京:商务印书馆,1987:94.

丑的能力,更好地抵制社会中存在的不良因素的影响,深刻认识职业道德修养的必要性和重要性。

二是学习道德理论,特别是社会主义职业道德基础知识。准确地理解职业道德原则、职业道德规范的内在合理性,明确专业技术人员职业道德修养的目标,恰当地把握好自己在职业劳动中的伦理位置,经常用职业道德规范去约束、分析、评价自己的言行,培养趋善避恶的道德意向及情感,选择恰当的职业行为,不断提高自己的职业道德水平。

二、慎独法

"慎独"源于儒家的《大学》、《中庸》。《大学》有云:"所谓诚其意者:毋自欺也,如恶恶臭,如好好色,此之谓自谦,故君子必慎其独也!小人闲居为不善,无所不至,见君子而后厌然,舍其不善,而著其善。人之视己,如见其肺肝然,则何益矣。此谓诚于中,形于外,故君子必慎其独也。"①《中庸》中说:"道也者,不可须臾离也,可离非道也。是故君子戒慎乎其所不睹,恐惧乎其所不闻。莫见乎隐,莫显乎微,故君子慎其独也。"②刘少奇同志在《论共产党员的修养》中对"慎独"做过通俗的解释:一个人独立工作、无人监督、有做各种坏事的可能的时候,不做坏事,这就叫"慎独"。所谓"慎独",就是指一个人在独自工作,无人监督的情况下,虽有做某种坏事一时不会被人知晓的条件,但仍然坚持道德操守,自觉地按照职业道德准则行事。由此可见,"慎独"不仅是一种很高的道德修养境界,而且又是中国伦理学史上一种古老而特有的道德修养方法。

"慎独"作为个体道德修养的方法,内含了道德认知、道德情感、道德意志、道德信念、道德行为习惯等多种道德因素于一体,注重知、情、信、意、行等方面的统一。"慎独"作为自我修养方法,不仅在古代的道德实践中发挥过重要作用,而且对今天专业技术人员的职业道德修养仍具有重要的现实价值。主要表现在:其一,慎独有利于培养个体的道德情感和道德自觉意识;其二,慎独有助于坚定个体的道德意志和道德信念;其三,慎

---

① 朱熹. 四书章句集注[M]. 北京:中华书局,1983:7.
② 朱熹. 四书章句集注[M]. 北京:中华书局,1983:17.

独有利于提高个体的道德自律能力;其四,慎独有利于强化个体道德习惯,成就个体道德人格。①

职业道德修养,重在"慎独"。做到"慎独"要经历一个由不十分自觉到自觉的过程,是一个不断进行思想斗争和锻炼的过程。正如毛泽东同志所说:"一个人做一件好事并不难,难的是一辈子做好事,不做坏事。""慎独"要求专业技术人员在"隐"、"微"、"恒"上下工夫。一个人的品性越是在隐微的地方,越能真实地显现。"慎隐"是做到慎独的基本要求,也是慎独的最高境界。"慎隐"就是在独处、无人监督、有机会做坏事而不会被人发觉的情况下,能做到隐处不放纵,严格自律,不做越轨的事。古希腊唯物主义哲学家德谟克利特也曾说过:"要留心,即使当你独自一人时,也不要说坏话或做坏事,而要学得在你自己面前比在别人面前更知耻。"慎微,就是要注意小节,在小事情上严格要求自己,以防造成较大的错误或损失。千丈之堤,以蝼蚁之穴溃;百尺之室,以突撩之烟焚。一个细节、一件小事,能成就一个人,也能毁掉一个人。专业技术人员要从一点一滴的"微小"事情做起,筑起"人格防线"。陶行知堪称这方面的典范。1940年夏天,他的儿子要去成都一家无线电修造厂学习工作,需要资格证明书,可是自己没有正规的学历,于是,他绕过陶行知,私下向陶行知的一个同事、老朋友要了张晓庄学校的毕业证明书。陶行知得知此事后,立即从重庆打电报给儿子,马上追问证明书,并写信谆谆教导儿子"追求真理做真人","决不向虚伪的社会学习或妥协"。②"恒",慎独需要很高的自觉性,要到达这种道德境界是一件不易之事,非一朝一夕能完成,必须持之以恒。

三、自省法

自省法就是专业技术人员依据职业道德要求对自己的思想和行为进行认知、评价、选择,找出自己职业活动中的行为与职业道德规范的差距,

① 朱晨静. 论慎独思想及慎独在个体道德人格养成中的价值[J]. 潍坊教育学院学报,2010(5).

② 赵宏义. 当代教师职业道德[M]. 北京:中央广播电视大学出版社,2003:200-201.

进行省察检讨,使自己的行为符合职业道德规范的要求。孔子是最早提出"自省"的修身方法,主张人应该经常去检查自己行为的动机和结果,及时发现和纠正自己的过错。孔子说:"见贤思齐焉,见不贤而内省也。"说的就是见到别人好的地方,要向人家学习,见到别人不好的道德表现,要联系自己,反省检查,引以为戒。曾子曰:"吾日三省吾身,为人谋而不忠乎? 与朋友交而不信乎? 传不习乎?"也就是说,自省可以在日常做人、交友和观察对比中进行。"自省"靠自觉来完成,自觉性不高或不自觉的人,很难进行内在的自我反省。"自省"是一个心理过程,它直接指向自己的灵魂深处,是认识自己的最好方法,其目的在于使自己的职业道德修养逐渐达到高尚的境界。

在运用自省法进行职业道德修养时,专业技术人员应重视以下几点:

(1)要增强自省的意识。自省,贵在自觉。提高对职业道德规范的认识,不断地增强自省的意识。

(2)要严于解剖自己,关键在于提高自觉性。以职业道德规范为准则,有针对性地解剖自己,加深自我认识,找出自身存在的不足,并进行积极的改进,使自己的职业道德水平得到不断的升华。

(3)要运用记日记、生活问题讨论、自我评价、关键事件分析等行之有效的反省方法。例如,大文豪托尔斯泰年轻时不太勤快,36岁时,他发现自己身上明显地存在急躁、懒惰、缺乏毅力的缺陷,什么都想干,但又难善始善终。他深感这种性格上的弱点是他实现人生理想的障碍。于是,他针对自己的弊病,采取天天早起做操和临睡前坚持写日记两项措施,并把这两项活动一直坚持到八旬高龄。当人们整理托尔斯泰的遗物时发现,在他逝世前几天,日记本里还留下他用颤抖的手写下的字迹。他借助这两项"易如反掌"的习惯,不断地克服懒惰、急躁、缺乏毅力的缺点,成为有恒心的人,写出《复活》、《安娜·卡列尼娜》、《战争与和平》等不朽的世界名作。[①]

---

①　吕一中.职业道德教育与就业指导[M].北京:北京大学出版社,2006:114.

四、自我激励法

"激励"一词来源于拉丁语"Movere",它的原意是"移动"、"采取行动"。自我激励法是指专业技术人员在自我认识的基础上,自己激发、鼓励自己为达到更高职业道德水平而努力的过程。美国哈佛大学的威廉·詹姆斯经过研究发现,一个没有受过激励的人,仅能发挥其能力的20% ~30%。而当他受到激励时,其能力可发挥至80% ~90%,即一个人在通过充分的激励后,所发挥的作用相当于激励前的3~4倍。自我激励是激发专业技术人员进行自我修养的内在动力,是专业技术人员强化和磨练克服各种障碍和阻力的动力,是专业技术人员进行师德修养的重要保障。

常见的激励类型有两种①,即目标激励和业绩激励。目标激励是人通过自我设定目标,产生实现目标的需要,激发自我教育的动机,进而促使自己为实现自我教育的最终目标而坚持不懈地努力。在此,个体为之奋斗的目标类型不一而同,可能是近期的阶段性目标,也可能是远期的最终目标;可能是头脑中的理想自我,也可能是现实中的先进典型。但无论哪种目标,都会使人内心感受到一种召唤,激励着他向前奋进。业绩激励是个体在达到某预定目标后,内心产生强烈的成就感和自豪感,成功的快慰不但使其更加自信,而且激励着他向更高的目标进发。善于自我激励的个体不但能够在顺境中信心百倍地开拓进取,而且在身处逆境时还依然能够保持锐气,有的甚至愈挫愈勇,在挫折中激发出自身的巨大潜能,取得富有创造性的成就,实现对自我的超越。就教师而言,教师自我激励的主要形式有四种:第一种,目标激励,也就是将做一名好教师作为奋斗目标;第二种,成果激励,即通过学生对自己肯定的评价来激励自己坚持做下去;第三种,反思激励,即反思自己在工作过程中出现的失误,寻找良方,从反思过程中提高抗挫折能力,使自己处理问题的能力增强;第四种,对比激励,就是通过与其他教师比较,寻找自己的不足,从而激励自己改

① 范宁. 浅析自我教育的四种能力[J]. 学理论,2009(26).

正缺点,做得更好。①

五、榜样学习法

前苏联学者伊·谢·康主编的《伦理学词典》是这样定义榜样的:在"道德上主动精神的一种形式,表现为一个人(一群人或集体)的举动变成其他人行为的楷模……它不仅激励别人仿效自己,而且向别人提供现成的活动方式,这种活动方式后来普及于其他人,变成许多人的行为规范"。②《辞海》对榜样做了这样的解释,"榜样是在各个历史时期内产生的同类事物中最突出或最具有代表性的人或事,又称先进典型。"所谓道德榜样,是指具有崇高的道德理想和道德境界、高尚的道德人格和道德品质、富有道德魅力和道德吸引力而令社会大众景仰、学习和模仿,从而对提升社会大众的道德素质和整个社会的道德水平产生重大影响的先进人物。道德榜样的内在价值至少表现在三个方面。首先,道德榜样是传统优秀道德的典型承载者。其次,道德榜样是现实主导道德价值的积极弘扬者。再次,道德榜样是未来理想道德的开拓创新者。③这正如列宁所说:"榜样的力量是无穷的"。

榜样学习是学习者根据自己身心发展的规律和发展需要,选择适当的榜样,利用榜样的作用,来激励和鼓励自己努力,以达到自己理想水平的一个过程。爱因斯坦说过:"只有伟大而纯洁的人物榜样,才能引导我们具有高尚的思想和行为。"心理学研究表明,人是最富有模仿性的动物,人的大部分行为是模仿,而榜样则是模仿行为发生的关键。专业技术人员在进行职业道德修养时,向选择的职业道德榜样学习,在专业技术人员头脑中形成相关的表象,为专业技术人员接受理性学习,架设了桥梁,提供了中介,同时也为专业技术人员认识转化为实践提供了催化剂。美国心理学家班杜拉曾指出:"他人的式样,如父母、教师、同伴或其他模范人物,能够产生功能性刺激,榜样学习就是对这种刺激的反映。"党的十七大

---

① 陈锐,吕建明. 提高高校教师职业道德修养的途径和方法[J]. 中国电力教育,2010 (24).

② [苏]伊·谢·康.王荫庭等译. 伦理学辞典[M]. 兰州:甘肃人民出版社,1983:312.

③ 廖小平. 论道德榜样——对现代社会道德榜样的检视[J].道德与文明,2007(2).

报告指出,要充分发挥道德模范的榜样作用,推动公民道德建设深入发展,促进社会主义核心价值体系建设。① 纵观古今中外,凡是取得重大成就的科学家或发明家,他们的道德品质也往往是后人钦仰学习的楷模。例如,居里夫人的成就是举世公认的,她的高尚的道德品质也是为人们交口赞誉的。许多女大学生都把居里夫人作为自己的崇拜偶像。居里夫人的一生犹如蜡烛,为他人点燃光明。② 正如科学泰斗爱因斯坦所说:"居里夫人的品德力量和热忱,哪怕只有一小部分存在于欧洲的知识分子中间,欧洲社会就面临一个比较光明的未来。"③专业技术人员要善于运用榜样学习法,从道德模范人物的模范行为中,不是学习他们的具体行为样式,而是从这些具体的行为样式中学习到体现在其中的道德精神,学习和领悟到在行为中表现出的道德观念自身的那种精神,从中培养自己的道德判断力。④

六、实践法

理论与实践相结合是最根本的职业道德修养方法。所谓实践法,是指专业技术人员积极参加各种实践活动,在改造客观世界的过程中改造自己的主观世界,不断提高思想觉悟和认识能力,养成良好的职业道德行为的方法。毛泽东在《实践论》一文中详细地论述了人的认识过程是由实践到认识,再由认识到实践,循环反复以至无穷的过程。其中,实践在认识过程中起着关键的重要作用。⑤ 实践是检验职业道德修养客观效果的唯一标准,是职业道德修养水平不断提高的动力。

专业技术人员的职业道德品质不是生来就有的,而是在长期社会实践中逐步形成和发展的。离开对客观世界的改造活动去空谈所谓修养,不可能提高职业道德水平。正如亚里士多德所说的:"我们由于从事建筑

① 张宿堂,孙承斌,李亚杰. 激发和汇聚亿万群众的道德力量——写在第二届全国道德模范评选表彰活动开展之际[N]. 人民日报,2009 - 04 - 24.
② 杜玶. 论科技道德的激励功能[J]. 十堰职业技术学院学报,2007(4).
③ 刘凤瑞. 简明科技伦理学[M]. 北京:航空工业出版社,1989:214.
④ 陈立新. 浅议道德典范人物问题[J]. 道德与文明,1998(4).
⑤ 毛泽东选集(第一卷)[M]. 北京:人民出版社,1991:282 - 298.

而变成建筑师,由于演奏竖琴而变成竖琴演奏者。同样,由于实行公正,而变成公正的人,由于实行节制和勇敢而变为节制的、勇敢的人。"[①]专业技术人员要成为有良好职业道德的人,只有把学到的职业道德理论、职业道德规范运用到实践中,言行一致,才能培养起真正属于自己的道德认知、道德情感、道德信念、道德意志,并养成良好的职业道德行为和习惯。

第四节 专业技术人员职业道德评价

专业技术人员职业道德评价是调整专业技术人员与他人、集体、社会之间的关系,保证专业技术人员职业道德规范在专业技术行为中有效贯彻的重要手段。因此,加强专业技术人员职业道德评价,以增强专业技术人员的责任感。本节主要讨论专业技术人员职业道德评价的理论和方法。

一、职业道德评价的内涵

专业技术人员职业道德评价是指社会和他人依据一定的职业道德原则和规范,对专业技术人员在专业工作中的职业道德行为和职业道德品质所做出的善或恶、道德或不道德的价值判断,以及表明自己褒贬态度的一种社会活动。专业技术人员职业行为的道德价值主要表现在:一是对他人和社会利益的满足程度;二是对他人和社会责任的履行程度。科学、合理、客观公正的专业技术人员职业道德评价,不仅反映专业技术人员职业道德的水平,保证专业技术工作的顺利进行,而且可以鼓励专业技术人员自觉地改善职业道德行为,促进专业技术人员职业道德的健康发展。

在现实的职业生活中,不管人们意识到与否,实际上每个人都在自觉或不自觉地进行着一定形式的职业道德评价,并在评价中扮演三种角色,即评价别人、被别人评价和自我评价。[②]

---

① 周辅成. 西方伦理学名著选辑(上册)[M]. 北京:商务印书馆,1964:292.
② 原所秀. 论职业道德评价的作用[J]. 大连大学学报,2000(3).

二、专业技术人员职业道德评价的作用

专业技术人员职业道德评价活动,在职业活动中起着一种特殊的维护、判断、教育、调节、监督等作用。其作用主要表现在以下方面。

(一)职业道德评价是培养专业技术人员个体职业道德品质的重要手段

专业技术人员个体的道德意识和道德理念不是头脑里固有的,其道德品质的形成与其他品质的形成一样,需要通过长期的职业实践和学习训练才能逐步形成,并以习惯的形式稳定下来。[①] 在职业道德评价中,专业技术人员个体可以从职业道德评价中更深刻地认识到什么是善,什么是恶,怎样才能更好地进行道德行为选择,在道德实践过程中怎样才能实现动机与效果的统一等,促使专业技术人员自觉地规范自己的职业道德行为,提高专业技术人员的职业道德觉悟。

(二)职业道德评价是专业技术人员个体道德自我教育和自我监督的 有效途径

专业技术人员职业道德评价是将职业集团的职业道德由他律转化为自律的杠杆。因为,专业技术人员职业道德评价的过程,实际上是一个灌输职业集团的职业道德规范的过程,也是专业技术人员个体接受一定道德要求的过程,是不断提高专业技术人员个体遵守职业道德规范自觉性的过程。

(三)职业道德评价是落实专业技术人员职业道德准则的保障

职业道德评价可以起到总结、概括、宣传和推广职业道德经验的作用。在职业道德评价中,对专业技术人员道德的思想和行为加以表扬和赞颂,使人钦佩,得到激励;谴责和处罚不道德的思想和行为,使专业技术人员愤懑,产生羞耻、不安和精神上的压力。这样一来,可以激发专业技术人员的道德荣誉感和职业责任心,从而树立正确的职业理念和价值目标,落实专业技术人员职业道德准则,提高社会道德水平。

---

① 张峰. 图书馆员职业道德评价及其作用[J]. 图书馆理论与实践,2006(1).

（四）职业道德评价可以有效地调节专业技术职业集团内外的人际关系

在专业活动中，专业技术人员个体面临众多的人际关系。例如，同事关系、上下级关系、家庭关系、亲友关系、与社会其他成员的关系。通过专业技术人员职业道德评价，可以有效地调节职业集团内、外的人际关系，赢得社会对职业集团的认可、理解和支持。

三、职业道德评价的标准

没有统一的衡量标准，就没有统一的认识。专业技术人员职业道德评价标准，是对专业技术人员的职业行为进行评判、衡量的尺度或准则。专业技术人员职业道德评价标准可分为 一般标准和具体标准。

（一）专业技术人员职业道德评价的一般标准

善与恶是人们评价道德行为的标准。职业道德评价作为道德评价的一个分支，其评价标准亦离不开职业行业的善与恶，所以，专业技术人员职业道德评价的标准应该是善与恶。什么是善，什么是恶，在不同的社会及历史阶段有不同的标准，表现出鲜明的阶级性和时代性。马克思主义伦理学认为，判断人们的行为善恶的标准不是抽象的，一成不变的，而是具体的，具有社会历史性。正如恩格斯所说："善恶观念从一个民族到另一个民族、从一个时代到另一个时代变更得这样厉害，以致它们常常是互相直接矛盾的。"①任何人的行为，归根到底要受制于他所处的那个时代。社会主义的职业道德和共产主义道德的基本原则——集体主义和为人民服务的思想是完全一致的。一般地说，凡是符合社会主义职业道德原则与规范的行为，就是善。反之，则是恶。以会计人员为例，会计人员职业道德评价的善恶具体体现为②：第一，是否有利于人民生活水平的提高；第二，是否有利于会计政策、法规、制度的贯彻落实；第三，是否有利于保证会计工作的正常秩序和会计工作任务的圆满完成；第四，是否有利于国家政治生活的稳定和经济建设的发展。

---

① 马克思恩格斯选集(第三卷)[M]．人民出版社,1972:132．
② 邱吉福．浅论会计人员职业道德评价体系[J]．引进与咨询,2004(12)．

(二)专业技术人员职业道德评价的具体标准

针对不同的评价对象,结合专业技术人员在职业活动中具体的道德行为和品质制定的标准是专业技术人员职业道德评价的具体标准。社会主义社会现行的职业道德规范必然具有广泛的群众性和极大的现实性,它符合人民群众的愿望和要求,可以成为人们普遍接受的、用以评价职业道德行为善恶的具体标准。行业从业人员职业道德评价的具体标准是行业的职业道德规范。例如,高等学校教师职业道德评价的具体标准就是《高等学校教师职业道德规范》。高等学校教师职业道德规范的基本要求:①爱国守法;②敬业爱生;③教书育人;④严谨治学;⑤服务社会;⑥为人师表。

四、专业技术人员职业道德评价的原则

专业技术人员职业道德评价的原则就是对专业技术人员职业道德进行评价所必须遵从的基本准则,它集中体现了专业技术人员职业道德评价的指导思想和基本要求。专业技术人员职业道德评价的原则主要有以下几方面。

(一)主体性原则

专业技术人员职业道德评价的主体性原则,要从主客体两个层面进行深入的把握。首先,从评价主体的层面,要求通过评价主体的主体性的发挥,促进评价活动的完善和发展。其次,从评价客体的层面,通过评价活动激发评价对象的主体性,从而实现评价的目的。再次,还包括评价系统的相对独立性。[①] 评价者不仅要引导评价的正确方向,达到预定的评价目的,而且要充分发挥评价对象的主观能动性。

(二)目的性原则

目的性原则是指在进行职业道德评价之前要有明确的目标。专业技

① 孙茂华,董晓波. 以胜任力的研究视角论高校辅导员职业道德评价的原则[J]. 教育与职业,2007(15).

术人员职业道德评价活动目的性原则的要义在于①：其一，目的是人们在开展评价活动之前，预先估计结束时应取得的结果。其二，"一切有目的的行为都可看做需要负反馈的行为"，即评价的目的并不仅仅在于鉴定，更在于后期的反馈和改进。其三，目的性代表了整体系统的结构模式，评价的主体和客体、评价的内容、评价的标准和方法，均受到目的性的制约。专业技术人员职业道德评价的目的在于促进专业技术人员提高道德修养水平。目的性原则要求紧紧围绕提高专业技术人员职业道德水平这一目标来设计，并由代表专业技术人员职业道德各组成部分的典型指标构成，多方位、多角度地反映专业技术人员的职业道德水平。同时还应与时俱进，具有时效性。

（三）全面性原则

全面性是指对专业技术人员职业道德行为表现予以全方位的认识和掌握。专业技术人员的职业道德，是一个复杂的结构物，是一个有机的整体，必须全面、发展、辩证地对专业技术人员的职业道德做出评价。一是职业道德评价的指标设计不仅有科学依据，而且能够真实地反映专业技术人员实际职业道德状况。指标设计全面、系统并具有代表性，不能只重视某一方面的指标和内容。二是坚持动机与效果、手段和目的的统一。不仅要看专业技术人员的过去和现在，而且还要着眼于未来。既要着重于专业领域，又不能忽视专业技术人员在社会交往中的道德行为表现。

（四）多元化原则

专业技术人员职业道德评价的多元化原则指评价目标多元化、评价内容多元化、评价主体多元化、评价方法多元化，促进专业技术人员朝着个性化与专业化的方向发展。

（五）发展性原则

发展性原则是指在对专业技术人员职业道德评价过程中尊重人、关心人、理解人、发展人。人的发展是职业道德评价的根本目的。科学发展

---

① 孙茂华，董晓波. 以胜任力的研究视角论高校辅导员职业道德评价的原则[J]. 教育与职业，2007(15).

观的本质和核心是"以人为本"。在评价专业技术人员职业道德时,要立足现实,面向未来,不纠缠专业技术人员"过去"的得与失。同时用动态的、发展的眼光审视专业技术人员的道德发展,关注专业技术人员日常行为表现与一些微小的进步,促进专业技术人员的可持续发展。

(六)定性与定量相结合原则

定性分析就是对研究对象进行"质"的方面的分析。量化分析就是分析数据化。量化分析具有实证性、明确性、客观性的特点。在专业技术人员职业道德的评价中,做到定性和定量相结合,对于能够进行量化的指标要形成一个量化结果,对于不能进行量化的指标,要进行定性分析。但是最终的评价结果要形成一个准确的量化结果,以排除定性分析中主观因素或其他不确定因素的影响,增强专业技术人员职业道德评价活动中的科学性和规范性。

五、职业道德评价的方法

专业技术人员职业道德评价方法是指为了树立良好的专业技术人员职业道德风尚,达到抑恶扬善的目的,对专业技术人员进行职业道德评价时所采取的方法和手段。专业技术人员职业道德评价的方法一般包括自我评价、内部评价和外部评价。下面介绍几种经常使用的方法。

(一)自我评价法

自我评价法是指行为当事人在心灵深处,对自己的行为和意识等进行善恶判断,表达自己倾向态度的一种活动。自我评价是一种内在的、自觉进行的评价方式,主要靠内心信念起作用。内心信念是指人们发自内心的对某种道德原则、道德规范和道德理想的真诚信服和强烈的责任感。内心信念有两个特点[1]。第一,充分的理智。职业道德信念,绝不是一时的感情冲动,而是一种充分理智的行为。一个人在充分理智的情况下,才能在多种职业道德行为选择面前,冷静而客观地权衡利弊,按照正确的职业道德规范自觉地选择职业道德行为。反之,一个人失去理智的控制,就

---

[1]　吕一中.职业道德教育与就业指导[M].北京:北京师范大学出版社,2006:127.

会是非不分、善恶不辨,干出不道德的事情来。第二,内心信念是通过职业良心而起作用的。职业良心对人们的行为具有重要的调节作用。这种调节作用主要表现在职业行为前、职业行为过程中、职业行为后三个阶段上。例如,对医务人员而言,是医务人员将自身的职业行为与医务人员职业道德规范进行对照,以得出是否符合医务人员职业道德规范要求的行为。

自我评价是非常不容易的。E.韦尔斯和G.马威尔在《自我评价:概念和测量》一书中指出,自我评价是经过反映评价、社会比较、自我归因和角色扮演等具体方式来实现的。对教师而言,要真正做到正确地评价自己。① 第一,必须严于反省、剖析自己。孔子提出:"见贤思齐焉,见不贤而内自省也"。曾子也说:"吾日三省吾身:为人谋而不忠乎? 与朋友交而不信乎? 传不习乎?"今天,广大教师如果能时时反省自己,剖析自己的一言一行,知错就改,我们的教风定会好转。第二,必须加强道德修养,提高善恶分辨能力,即教师应根据社会主义教师道德的要求,对照自己的行为,分清哪些是善的,哪些是恶的,从而弃恶从善。第三,必须做到知行统一,言行一致,即广大教师应坚持对的、善的行为,反对错的、恶的行为,做到了"知行统一",才能赢得教师人格的升华,赢得学生的爱戴。

自我评价可通过三种方式进行:一是根据别人对自己的评价来评价和认识自己;二是通过与同行的对比来评价自己;三是对照职业道德评价指标,通过自我分析来评价自己。例如,下面根据会计职业道德基本规范的要求,设计出会计人员"自我评价表"(表5-1)。② 该表依据会计职业道德基本规范设置八项自我评价内容,再根据每项内容的具体要求设计了多项具体指标。该表通过会计人员自我评价对其进行职业道德约束,形成自知、自尊、自诚的精神。

---

① 陈静.教师道德建设[M].武汉:华中师范大学出版社,2006:127.
② 陈景峰.会计职业道德评价方法探讨[J].财会通讯(综合版),2007(6).

表 5 - 1　　会计职业道德自我评价表

分类		评价内容	自我评价				
			优	良	中	及格	差
爱岗敬业	1	正确认识会计职业,树立爱岗敬业的精神					
	2	热爱会计工作,敬重会计职业					
	3	安心工作,任劳任怨					
	4	严肃认真,一丝不苟					
	5	忠于职守,尽职尽责					
诚实守信	6	做老实人,说老实话,办老实事					
	7	保密守信,不为利益所诱惑					
	8	执业谨慎,信誉至上					
	9	数字求实					
廉洁自律	10	树立正确的人生观和价值观					
	11	公私分明,不贪不占					
	12	遵纪守法,尽职尽责					
	13	大公无私,努力奉献					
客观公正	14	端正态度					
	15	依法办事					
	16	实事求是,不偏不倚					
	17	保持独立性					
坚持准则	18	熟悉准则					
	19	遵循准则					
	20	坚持准则					
提高技能	21	具有不断提高会计专业技能的意识和愿望					
	22	具有勤学苦练的精神和科学的学习方法					
参与管理	23	熟悉财经法规和相关制度,提高业务技能					
	24	熟悉服务对象的经营活动和业务流程					

分类		评价内容	自我评价				
强化	25	服务意识					
服务	26	服务要文明,质量要上乘					

(二)内部评价法

内部评价法是指通过部门内部的考核评分、工作效率评价、对比评价、追踪评价等方式,对专业技术人员的职业道德行为进行较为详尽的评价。开展专业技术人员职业道德评价的目的,是为了提高部门内部专业技术人员的职业道德素质。因此,可以说,在专业技术人员职业道德评价的方法中,内部评价法是关键和核心,起着最重要的作用。例如,根据会计职业道德的具体内容建立了会计职业道德评价指标,通过层次分析法对每个指标赋以权重(表5-2)。①

表5-2　会计职业道德评价指标体系

层次	内容	分值(满分)①	权重②	修正分值③=①×②
1	爱岗敬业	100	12.9%	12.9
2	诚实守信	100	18.8%	18.8
3	廉洁自律	100	12.9%	12.9
4	客观公正	100	14.1%	14.1
5	坚持准则	100	14.1%	14.1
6	提高技能	100	12.9%	12.9
7	参与管理	100	7.8%	7.8
8	强化服务	100	6.5%	6.5
	合计		100%	100

---

① 王晓翔. 会计职业道德评价方法简介[J]. 财会月刊(理论)2007(11).

(1)爱岗敬业。爱岗敬业是指要求会计人员热爱会计工作,安于本职岗位,忠于职守,尽心尽力,尽职尽责。这是会计人员做好本职工作的基础和条件。爱岗敬业的具体评价指标见表5－3。

表5－3　爱岗敬业评价指标

层次	具体评价指标	分值①	权重②	修正分值③＝①×②
1	自觉、主动履行岗位职责,工作勤奋	100	25%	25
2	安于本职工作,任劳任怨	100	25%	25
3	严肃认真,一丝不苟	100	50%	50
	合计		100%	100

(2)诚实守信。诚实守信就是指会计人员在从事会计工作时应当实事求是,要讲信用,重信誉,信守诺言,这是最基本的职业道德要求。诚实守信的具体评价指标见表5－4。

表5－4　诚实守信评价指标

层次	具体评价指标	分值①	权重②	修正分值③＝①×②
1	数据能真实地反映会计主体的财务状况、经营成果	100	39.1%	39.1
2	工作务实、严谨、扎实	100	27.6%	27.6
3	敢讲真话,具有高度的社会责任感和正义感	100	19.5%	19.5
4	追求真理,敢于与一切弄虚作假的行为作斗争	100	13.8%	13.8
	合计		100%	100

(3)廉洁自律。廉洁自律是指要求会计人员公私分明,不贪不占,遵纪守法,清正廉洁。这是会计职业的内在要求和行为准则。廉洁自律的

具体评价指标见表 5 - 5。

表 5 - 5　廉洁自律评价指标

层次	具体评价指标	分值①	权重②	修正分值③ = ①×②
1	两袖清风、公私分明、严于律己	100	50%	50
2	勤俭办事、节约开支	100	25%	25
3	大公无私、努力奉献	100	25%	25
	合计		100%	100

（4）客观公正。客观公正即要求会计人员端正态度,实事求是,不偏不倚,保持应有的独立性。客观公正的具体评价指标见表 5 - 6。

表 5 - 6　客观公正评价指标

层次	具体评价指标	分值①	权重②	修正分值③ = ①×②
1	公正对待一切利害关系	100	33.3%	33.3
2	真实、正当地呈报财务报告	100	33.3%	33.3
3	会计数据"公正"、"无偏见"	100	33.3%	33.3
	合　计		100%	100

注:"权重"与"修正分值"的合计数为近似值。

（5）坚持准则。坚持准则即要求会计人员熟悉国家法律、法规和统一的会计制度,始终按法律法规和统一的会计制度的要求进行会计核算、实施会计监督。坚持准则的具体评价指标见表 5 - 7。

表 5 - 7　坚持准则评价指标

层次	具体评价指标	分值①	权重②	修正分值③ = ①×②
1	掌握准则	100	19.6%	19.6
2	遵守准则	100	31.3%	31.3
3	坚持准则	100	49.1%	49.1
	合计		100%	100

(6)提高技能。提高技能即要求会计人员增强提高专业技能的自觉性和紧迫感,勤学苦练、刻苦钻研、不断进取以提高业务水平。技能包括会计专业理论水平、会计实务操作能力和职业判断能力三个方面。提高技能的具体评价指标见表5-8。

表5-8　提高技能评价指标

层次	具体评价指标	分值①	权重②	修正分值③=①×②
1	会计专业理论水平	100	33.3%	33.3
2	会计实务操作能力	100	33.3%	33.3
3	职业判断能力	100	33.3%	33.3
	合计		100%	100

注:"权重"与"修正分值"的合计数为近似值。

(7)参与管理。所谓参与管理,就是要求会计人员在做好本职工作的基础上努力钻研相关业务,全面熟悉本单位经营活动和业务流程,主动提出合理化建议,协助领导决策,积极参与管理。参与管理的具体评价指标见表5-9。

表5-9　参与管理评价指标

层次	具体评价指标	分值①	权重②	修正分值③=①×②
1	关注公司发展状况,积极思考有利于公司管理的方法	100	50%	50
2	熟悉公司工作流程,提出具有针对性和有效性的建议	100	50%	50
	合计		100%	100

(8)强化服务。强化服务要求会计人员树立服务意识,提高服务质量,努力维护和提升会计职业的良好社会形象。强化服务的具体评价指标见表5-10。

表 5 - 10　　强化服务评价指标

层次	具体评价指标	分值①	权重②	修正分值③ = ①×②
1	文明办公、服务规范	100	50%	50
2	工作精益求精,技术方法开拓创新	100	50%	50
	合计		100%	100

根据积分确定会计人员职业道德水平的最终等级,考核得分高于 90 分(含 90 分)的,评定为 A 级;考核得分高于 80 分(含 80 分)但低于 90 分的,评定为 B 级;考核得分高于 70 分(含 70 分)但低于 80 分的,评定为 C 级;考核得分高于 60 分(含 60 分)但低于 70 分的,评定为 D 级;考核得分低于 60 分的,评定为 E 级。

(三)外部评价法

外部评价法是指外部的政府部门、社会自律组织和外部人员等对于专业技术人员的职业道德行为进行道德或不道德的价值判断。外部评价法具体的评价方式有社会舆论评价、政府部门评价、中介机构评价、传统习俗评价。

1. 社会舆论评价

社会舆论评价是指在一定社会生活范围内或在相当数量的人群之中,对某种事件、现象、行为等正式传播或自发流行的情绪、态度和看法。社会舆论可划分为政治舆论、文艺舆论、宗教舆论和道德舆论等。社会舆论具有巨大的影响力量。黑格尔在《法哲学原理》中指出:社会舆论是人们表达他们意志和意见的方式,是一种巨大的力量。它不仅包含着现实的真正需要和正确趋向,而且包含着永恒的正义原则,以及整个国家制度、立法和国家普通情况的真实内容和信条。道德舆论是职业道德评价的主要形式。道德舆论以社会倡导的道德规范体系作为标准,对专业技术人员的职业道德行为和有普遍影响的专业技术人员职业道德事件和现象,在一定范围内公开进行评价,形成带有明确倾向的共同看法,从而对专业技术人员的职业道德行为施加有力的影响。例如,商业的"买卖公平,诚信无欺",教师的"学而不厌,诲人不倦",军人的"服从命令"等。职业道德舆论作为一种最经常、最普通的职业道德评价的基本方式,具有广泛性、灵活多样性和外在强制性的特点。可以通过语言(如演讲、报告、交谈等)、文字(如杂志、文件)、音响(如播乐曲)、形象(电影、电视、美术)等多种形式,对各地区、各行业、各个职业成员发挥广泛的影响,形成一种不容忽视的精神力量。

例如,弃学生不顾,"跑得比兔子还快"的都江堰教师范美忠,在天涯论坛写下了《那一刻地动山摇——"5.12"汶川地震亲历记》一文,表示自己"是一个追求自由和公正的人,却不是先人后己勇于牺牲自我的人! 在这种生死抉择的瞬间,只有为了我的女儿我才可能考虑牺牲自我。"随后,范美忠又发表了一篇《我为什么写〈那一刻地动山摇〉》,说:"你有救助别人的义务,但你没有冒着极大生命危险救助的义务,如果别人这么做了,是他的自愿选择,无所谓高尚! 如果你没有这么做,也是你的自由,你没有错! 先人后己和牺牲是一种选择,但不是美德! 从利害权衡来看,跑出去一个是一个!"其言论引发网络激烈争论,虽然有网友认为范美忠能在网上公开自己的所做所想,至少说明他是个诚实的人,勇于直面自己的人。但更多网友口诛笔伐,认定保护学生是教师义不容辞的责任,对既未尽到教师的职责,又没有丝毫的道德负疚感的"范跑跑"发起声讨。网络热议促使学校撤销了"范跑跑"的教师从业资格。之后,教育部在其官方网站上公布新修订的《中小学教师职业道德规范(征求意见稿)》,将"保护学生安全"条款正式地写入其中。①"范跑跑"事件的暴露和解决,充分显示了网络舆论强有力的力量,网络媒体的舆论监督使各种事件发展朝着民意方向推动,不但影响政府决策,而且涉及法律的变革。

2. 政府部门评价

政府部门评价主要是由专业技术职业的主管部门对专业技术人员的职业道德水平进行检查、评价。例如,县教育局对中小学教师的职业道德水平进行检查、评价。又如,县卫生局对医护人员的职业道德水平进行检

---

① 袁旭. 汶川地震视阈下的网络舆论监督效应评析[J]. 中共四川省委党校学报,2010(2).

查、评价。

3. 中介机构评价

中介机构评价主要是由行业自律组织等中介服务机构对专业技术人员的职业道德水平进行检查、评价。例如，会计师事务所对会计人员的职业道德水平进行检查、评价。

4. 传统习俗评价

传统习俗是指人们在社会生活中长期形成的一种相对稳定的、习以为常的行为倾向，并成为一定群体的传统习惯和社会风俗。传统习俗评价法，即以道德行为是否符合传统习俗作为评价标准，裁决人们行为的善与恶，适合传统和习惯的做法就是善的行为，否则就是恶的行为。① 传统习俗评价法通过"合俗"或"不合俗"的方式评价人们的思想和行为。

【案例与评析】

［案例背景］

明朝有一个名叫黄绾的人，一心想按照封建道德标准培养自己的道德品质，于是便遵照宋朝理学家程颢和朱熹所倡导的一套儒家"修养经"去做。他经常把自己关在家中，闭门思过。每当发现自己有什么不符合封建道德标准的思想品质时，便痛心疾首地惩罚自己10天整日不吃饭，整夜不睡觉，甚至罚自己下跪，自己打自己等。他在一个本子上用红笔记载自己符合"天理"（即封建道德标准）的思想，在另一个本子上用黑笔记载自己发自"人格"（即所谓与封建道德势不两立的各种要求）的念头，每隔10日进行一次小结，看看自己的修养效果。不但如此，他还做木牌写上自己应该时时加以注意的缺点，拴在手臂上，不时地拿出来反省，把修养之经书藏在袖中，时常翻阅，自我警告。黄绾的修养之意不可谓不诚，心不可谓不切，但结果怎样呢？他这样刻苦地做了许多年，到头发全白了，仍然觉得收效不大，有时候虽然可以使自己的行为得到约束，但心中的不正当念头却不能消去，"未足以纯德明道"。他只好发出悲叹了。②

---

① 陈景峰. 会计职业道德评价方法探讨[J]. 财会通讯(综合版),2007(6).
② 中华人民共和国教育部. 教师职业道德[M].北京:新华出版社,2003:286.

[案例评析]

通过这件事情,我们可以看到封建社会中唯心主义思想家们所提倡的道德修养的特点。第一,由于唯心主义者认为道德是"圣人"制造的,或者是先天禀赋的,所以在他们看来,进行道德修养,只要闭门思过、读圣贤书就可以了,根本无须与实践相联系。第二,他们也强调"躬行践履",实质上是唯心主义的,就是要人们从先验的封建道德观念出发,盲目服从各种教条,通过远离社会实践而孤立进行的"修身",养成对封建统治者俯首帖耳、唯命是从的道德品质。总之,封建思想家们所提倡的道德修养的根本缺陷在于脱离社会实践。[①]

良好的职业道德修养不是从天上掉下来的,也不是生来就有的,而是在长期的学习和职业生活实践中,通过自我修养而形成的。

思考与练习

1. 职业道德修养的含义是什么?

2. 职业道德修养的内容有哪些?

3. 请结合实践,谈谈专业技术人员加强自身职业道德修养的意义。

4. 怎样才能提高职业道德品质?

5. 职业道德意志的作用表现在哪些方面?

6. 职业道德信念的作用表现在哪些方面?

7. 联系实际,谈谈自己如何养成良好的职业道德行为?

8. 怎样理解职业道德修养是一个自我教育过程?

9. 结合自身和职业特点,制定提高自身职业道德修养的计划。

10. 联系实际,论述专业技术人员职业道德修养的基本方法?

11. 什么是职业道德评价?

12. 试分析职业道德评价的作用?

13. 职业道德评价的标准是什么?

14. 试分析你所从事的职业的职业道德评价的具体标准。

15. 职业道德评价的原则有哪些?

16. 职业道德评价的方法是什么。

---

① 中华人民共和国教育部. 教师职业道德[M]. 北京:新华出版社,2003:286.

第二部分　专业技术人员自主专业发展基本理论与策略

第六章　专业技术人员自主专业发展基本理论

阐明专业技术人员职业生涯发展阶段理论,分析专业技术人员自主专业发展的必然性,探讨专业技术人员自主专业发展的内涵、特点和理论基础,明确专业技术人员自主专业发展的基本步骤,促进专业技术人员专业发展。

本章学习要点

了解职业生涯的含义和职业生涯发展的阶段理论;理解专业技术人员职业生涯发展阶段的内涵;正确认识专业技术人员自主专业发展的必然性;掌握专业技术人员自主专业发展的内涵和特点;正确认识专业技术人员自主专业发展的理论基础;掌握专业技术人员自主专业发展的基本步骤,并能正确地用来指导自己的专业发展。

第一节　专业技术人员职业生涯发展阶段

职业生涯是人一生中最重要的历程,是追求自我实现的重要人生阶段,对人生价值起着决定性的作用。掌握专业技术人员职业生涯发展的基本规律,促进其在职业生涯所有阶段中的专业发展意义重大。

一、职业生涯与专业发展的关系

职业生涯一词译自英文单词"career",后来逐渐引申为道路,即人生的发展道路。在牛津辞典(Oxford Dictionary)上的解释是:"一生的经历、谋生之道、职业,或称为事业前程、生涯"①。据美国组织行为专家道格拉斯·霍尔(Donglas T. Hall)的观点,职业生涯是指一个人一生中所有与工作相联系的行为与活动及相关的态度、价值观等连续性变化经历的过程,包括客观和主观两个方面。也就是说,职业生涯,或者称职业发展,是指个体一生在各种劳动岗位上所走过的整个工作历程。它是个包含了具体职业内容的、发展的、动态的概念。专业发展可以理解为个体的专业成长或个体内在专业结构、专业素养(包括专业心理)不断更新、完善的一个动态的发展过程。

个体的职业生涯与个体的专业发展,在某种程度上应该说是相对同化的过程。职业生涯和专业发展的侧重点有所差异:职业生涯是职业发展的过程与周期,而专业发展侧重于专业结构的变化及专业结构发展的水平。可以说,专业发展是职业生涯最重要的组成部分,也是职业生涯的演进过程。促进专业技术人员在其职业生涯的所有阶段中的专业发展,有利于不同水平的专业技术人员的成长与发展。有了专业技术人员职业生涯的规划才对专业技术人员有专业的要求,缺少专业技术人员的专业发展,职业生涯是空谈。专业技术人员职业生涯规划可以促进专业技术人员的专业发展。

二、职业生涯发展的阶段

任何一个职业的成长都有一定的规律性,最大的规律就是其发展过程具有阶段性。美国著名人力资源管理专家加里·德斯勒将职业生涯划分为成长阶段(出生~14岁),探索阶段(15~24岁),确立阶段(24~44岁),维持阶段(45~60岁),下降阶段(60岁以后)。一些著名的职业管理学专家对于职业生涯的发展过程进行了长期和大量的研究,发现并总结了发展的规律,提出了职业发展的不同阶段,并提出了个人在职业发展

① Pao－Long Uhang, Career Needs and Carcer Development Programs: An investigation of the Concept of Gap[J]. Department of business Adminis ration, Feng UhiaUniversity, 2005(12):35－36.

各阶段的任务。综合起来,职业生涯主要有以下阶段,见表6－1①。国内有学者总结出了我国职业生涯发展阶段的模型,表6－2。

表6－1　不同职业生涯阶段

阶段	所关心的事	应开发的工作
早期职业生涯	(1)最主要的是得到一份工作; (2)要学会处理日常工作中所遇到的各种困难; (3)要为成功地完成所分派的任务而承担责任; (4)要做出改变工作或工作单位的决定。	(1)了解工作职业和工作组织的信息; (2)了解工作职务的协议; (3)了解如何与上司、同事和其他人一起工作,搞好关系; (4)开发某一方面或更多方面的专门知识。
中期职业生涯	(1)选择专业和决定应承担义务的程度; (2)确定专业和组织的一致性; (3)重新确定前进的进程和目标等; (4)在几种可供选择的成功的职业生涯方案中,做出选择(如工作重点放在技术上还是管理上)。	(1)开发更为宽广的职业和组织; (2)了解如何自我评价的信息(如工作的成绩效果等); (3)了解如何正确解决工作、家庭和其他利益之间的矛盾。
晚期职业生涯	(1)承担更大的责任或缩减在某一点上所承担的责任; (2)培养关键性的下属职员; (3)退休。	(1)加深兴趣和技术发展的广度和深度; (2)学习其他的综合性工作的尝试; (3)学习怎样合理安排生活,避免被工作限制。

---

① 柳建营,许德宽,郭宝亮.职业生涯规划与指导[M].北京:北京工业大学出版社,2004:187.

表 6 - 2　　中国职业生涯发展阶段①

阶段	阶段主要特征	面临的主要问题
准备阶段 (15 ~ 25 岁)	接受必要的教育,形成初步的职业观,开始选择自己喜欢的职业,并尝试着进入到职业。	如何选择一个和自己个性喜好相匹配的职业,并有选择地接受学校的专业教育。
初期阶段 (26 ~ 34 岁)	不断地调整工作,使得自己的个性兴趣与工作更加匹配,也是初步崭露头角的时候。	如何走上管理者的岗位,以更好地实践其生存与工作理念。
黄金阶段 (35 ~ 45 岁)	稳定下来,真正地投入工作中,是向职业阶梯攀升的主要时期	在新的环境下推动自己的职业发展,更新已有的知识,不成为落伍者。
后期阶段 (46 ~ 60 岁)	接受权利和责任减少的现实,不大可能再向上攀登	保住职位,并且为退休做准备。

　　尽管不同学者提出的职业生涯阶段理论存在差异,但他们的理论与模型中均隐含着三个共同的基本假设:

　　①个体的职业发展需要经历不同职业生涯阶段才能达成,每一个职业发展阶段具有不同发展任务;

　　②在每一个职业生涯阶段,个体会表现出不同的工作态度和行为;

　　③在同一职业生涯发展阶段的个体会以相似的方式满足自己与工作有关的需求(Bedian et al,1991)。②

三、专业技术人员职业生涯发展阶段

　　专业技术人员拥有丰富的知识、具有创新意识、追求自主性和个性

　　①　聂婷. 职业生涯发展阶段与开发策略的本土化研究[J]. 河南职业技术师范学院学报(职业教育版),2004(1).

　　②　白艳莉. 西方职业生涯发展阶段理论及其对组织人力资源管理的启示[J]. 现代管理科学,2010(8).

化,并具有很强的流动性。专业技术人员专业发展具有阶段性,在不同的职业发展阶段,专业技术人员专业成长的需求是不同的。不同的专业技术职业,职业生涯发展划分也不尽相同。

例如,广播电视新闻工作者的职业生涯划分为以下几个阶段。①

职业准备阶段:就职前的学习阶段。

职业介入阶段:参加工作三年左右,度过就职初期的懵懂期和新鲜感,对实践的渴望,书本知识与实际工作艰难结合。(20~25岁)

职业求知阶段:初步搭建工作平台,对专业知识的求知欲望极高。(26~35岁)

职业发展阶段:事业渐入佳境,职业稳定,不断推出成果。(36~45岁)

职业成熟阶段:事业成熟期,反思、总结、理性认识的积淀。(46岁以上)

表6-3　国外研究中的教师专业发展阶段论

研究者	阶段论
傅乐	教学前关注、早期生存关注、教学情境关注、关注学生
卡茨	求生存、巩固、更新、成熟
伯顿	求生存、调整、成熟
费斯勒	职前教育、入职、能力建立、热心和成长、生涯挫折、稳定和停滞、生涯低落、生涯退出
司德菲	预备生涯、专家生涯、退缩生涯、更新生涯、退出生涯
伯利纳	新手、高级新手、胜任、熟练、专家
安鲁赫	职前期、初任期、安全期、成熟期
格雷高克	形成期、成长期、成熟期、充分专业化期
麦克唐纳	过渡期、探索期、创造实验期、专业教学期
休伯曼	入职期、稳定期、歧异期(1)(2)、准备退休期

又如,20世纪60年代,西方学者开始从不同的研究角度,对教师专业

---

① 卢宏,冷松."职业生涯管理"与继续教育体系[J].中国广播电视学刊,2008(1).

发展过程做了具体的描述和分析,形成了有代表性的教师专业发展阶段论①,见表6-3。国内对教师专业发展阶段的研究始于20世纪80年代,我国学者在研究与借鉴国外研究成果的基础上对教师专业发展过程形成了有代表性的阶段论,见表6-4。

表6-4 国内研究中学教师专业发展的阶段论

研究者	阶段论
邵宝祥等②	适应阶段(从教1~2年)、成长阶段(从教3~8年)、称职阶段(35岁后高原阶段)、成熟阶段
钟祖荣等③	准备期(职前)、适应期(从教1~3年)、发展期(从教4~10年)、创造期
叶澜等④	非关注、虚拟关注、生存关注、任务关注、自我更新关注
王铁军等⑤	入职适应期(18~25岁)、成熟胜任期(25~35岁)、高原平台期(35~45岁)、成功创造期(40~55岁)、退职回归期(55~退休)

上述有关教师专业发展阶段的研究"路径"尽管存在歧异,各种理论的阶段划分也不尽相同,但对其进行比较分析后发现这些理论有诸多共同之处。⑥

①承认各个阶段都有发展的个别差异;

②把教师在环境压力下所产生的需求看成是教师专业发展的动力;

③ 充分注意到教师在各个发展阶段所具有的特性和兴趣;

---

① 吴永军. 我国大陆地区教师专业化过程研究评述[J]. 教育发展研究,2007(4).

② 邵宝祥等. 中小学教师继续教育基本模式的理论与实践[M]. 北京:北京教育出版社,1999:68-70.

③ 邵宝祥等. 中小学教师继续教育基本模式的理论与实践[M]. 北京:北京教育出版社,1999:124-128.

④ 叶澜等. 教师角色与教师发展新探[M]. 北京:教育科学出版社,2001:278-302.

⑤ 王铁军,方健华. 名师成功:教师专业发展的多维解读[J]. 课程·教材·教法,2005(12).

⑥ 唐玉光. 教师专业发展的研究[J]. 外国教育资料,1999(6).

④把着眼点集中在教师随时间的改变而带来的种种变化上；

⑤多数理论对教师专业发展阶段的变化的描述侧重于教师实际上已发生的变化；

⑥多数理论把教师职前的教育和在职的专业发展联系起来，把两者看成是一个完整的、持续的专业发展历程；

⑦教师专业发展的目的在于使教师不断地适应变化着的教学环境，不断的增长专业能力，从而胜任其角色，进而达到自我实现的境界。

一般而言，专业技术人员专业发展要经历四个阶段，即探索阶段、立业阶段、维持阶段、离职阶段。

第二节　专业技术人员专业发展的路径选择

专业技术人员如何发展，向什么方向发展是专业技术人员必须思考的重要问题。积极探究专业技术人员专业发展的路径和理论基础，对于促进专业技术人员成长和加速专业技术人员专业化进程具有极其重要的意义。

一、专业技术人员专业发展的路径

分析专业技术人员专业发展的含义，正确选择专业技术人员专业发展的路径。

(一)专业技术人员专业发展的含义

所谓"专业"是指一群人在从事一种必须经过专门教育或训练，具有较高深和独待的专门知识和技术，按照一定的专业标准进行的活动，通过这种活动将解决人生和社会问题，促进社会进步并获得相应的报酬待遇和社会地位。① 所谓"发展"则是指事物由小到大、由简单到复杂、由低级到高级、由旧质到新质的有规律的运动变化过程。② 对专业技术人员个体

① 教育部师范教育司. 教师专业化的理论与实践[M]. 北京:人民教育出版社,2003:9.

② 刘延勃,张长弓,马乾乐等.哲学辞典[M].长春:吉林人民出版社,1983:188.

而言,发展是指提高、完善、进步、变化。

专业技术人员专业发展是指专业技术人员个体专业不断发展的历程,包括信心的增强、知识水平的提高、专业技能的完善、科研能力的提升等,是专业技术人员不断接受新知识,增长专业能力的过程。专业技术人员专业发展是一个连续的、动态的、终身的过程,这一过程具有阶段性。

(二)专业技术人员专业发展的路径选择

一般说来,专业发展有三条路径,即自发式的专业发展、外控式的专业化和内驱式的专业自我发展。这三条专业发展路径各自的特征明显。①

(1)自发式的专业发展路径。专业技术人员自发地专业发展路径缺乏调控机制,致使专业技术人员的专业发展走向不明确,处于自生自灭的状态。

(2)外控式的发展路径。外控式的专业发展路径是指对专业技术人员进行有目的、有计划的培训和提高,它源于社会进步和发展,通过制定法律、政策和规章等形式保障专业技术人员的权利,规定专业技术人员的义务,从而实现专业技术人员的专业发展。这种专业发展路径有利于提升专业技术人员职业的社会地位,提高专业技术人员整体的专业素质、专业自主,但忽视专业自我发展,无法实现每一位专业技术人员个性化专业发展。

(3)内驱式的自主专业发展路径。内驱式的自主专业发展路径是指专业技术人员个体的自我完善与自主发展,它源于专业技术人员自我角色的愿望、需要及实践和追求。对于专业技术人员个体而言,专业发展不能只是一个被动的或通过外控达到社会要求的过程,更应是一个主动发展、终身学习、不断更新的自我追求的动态过程。相对于专业技术人员职业生涯来讲,教育与培训都只能是暂时的、阶段性的,甚至只是专业技术人员专业发展的历程中的一个插曲。外控的要求最终需要通过自身努力并自觉地内化,才能转化为专业技术人员的专业素质。因此,专业技术人员专业发展应当是内外两条路径的统一,最终依托于专业技术人员专业

---

① 叶澜等.教师角色与教师发展新探[M].北京:教育科学出版社,2001;316.

的自我发展。内控式的专业技术人员专业发展路径，既将调控置于专业技术人员专业发展阶段理论之下，又较充分地考虑专业技术人员自身的需要，是较为理想的一种专业技术人员专业发展路径。实现专业技术人员个体的自主发展，是专业技术人员专业发展的最高境界。

专业自主不是一项可由专业技术人员个体单独完成的事务，而是一项长期事业，它需要专业技术人员提升专业自主的"文化自觉"，单位构建开放、动态的专业自主机制，以及国家完善各种为专业技术人员专业自主提供法律保障的规章制度，多方位促进专业技术人员专业自主。①

二、专业技术人员自主专业发展的内涵和特点

探明专业技术人员自主专业发展的内涵和特点，加深对专业技术人员自主专业发展的理解。

（一）专业技术人员自主专业发展的内涵

自主(autonomy)一词最早是古希腊作为政治术语出现的，是"autos"（自我）和"nomos"（法律）两词的组合，作为古希腊的政治术语，它与能进行自我规范和自我管理的国家特征有关。《现代汉语词典》对"自主"的解释是："自己做主。"②《辞海》是这样解释"自主"的，"自主"是"自己做主，不受别人支配。"自主是个体通过意识与能力表现出来的认识、支配自身与认识、支配外界环境的主体状态。通常所说的了解、理解、探索、获得、控制、改变等都属于自主参与的个体意识和行为活动。③ 心理学中的"自主"就是遇事有主见，能对自己的行为负责。从哲学意义上讲，"自主"是个体作为主体对客体和主体自身的支配。它表现为个体在认识和改造客体时不因外界的压力使自身思维和行动受到干扰，而且，个体能够以自己的思想支配自己的行动，正确评价自我，树立明确目标，并通过自我调节和自我控制，促进自我发展。瑞吉斯(Ridgers)认为："自主是建立在个体

---

① 谭维智.教师专业自主发展模式探析[J].教育发展研究，2008(8).

② 中国社会科学院语言研究所词典编辑室.现代汉语词典[M].北京:商务印书馆,1978:1524.

③ 辞海编辑委员会.辞海(编印本)[Z].上海:上海辞书出版社,1999:2281.

尊重自己和他人的基础之上的,自主的行为是一种自愿自发的、自己选择的、自我控制的,并为之负责任的行为。"自主是个体通过意识与能力表现出来的认识、支配自身,认识、支配外界环境的主体状态。通常所说的了解、理解、探索、获得、控制、改变等都属于自主参与的个体意识和行为活动。

所谓专业技术人员自主专业发展,是指专业技术人员在职业集团共同愿景的指导下,在外在价值和自身内在需求的刺激下,自觉承担专业发展的主要责任,自主专业结构剖析,自我确定专业发展目标和计划,自我选择和实施专业发展的内容、途径和策略,自我反思专业发展过程,评价专业发展结果,主动调节自己的专业行为,不断提升自我、超越自我、完善自我,并不断向更高层次的专业方向发展,实现专业自主的可持续发展。专业技术人员专业自主发展是专业技术人员不断超越自我、实现自我的过程,更是专业技术人员作为主体自觉、主动、能动地追求自身发展与完善的过程。

例如,韩军,1962 年生,北京市特级教师,首都师范大学硕士研究生导师,享受国务院特殊津贴的教育专家,全国教育系统劳动模范,人民教师奖章获得者,省级专业技术拔尖人才(有突出贡献的省市级专家),全国曾宪梓教育基金一等奖获得者,省级教学能手。1993 年,在全国语文界首次提出"人文精神"的概念(比文学界早半年),由此引发 20 世纪 90 年代持续多年的"工具性"与"人文性"的大讨论。1999 年 6 月,在《中国青年报》"冰点"专栏发表长文"反对伪圣化",在社会各界引起较大反响。2000 年9 月,发表《"新语文教育"论纲》,首次提出并论证"新语文教育"。①

邱学华,1935 年生,1956 年考入华东师范大学教育系,曾做过小学教师、中学教师、大学教师、师范学校校长。1984 年被评为特级教师,1988年被评为江苏省有突出贡献的中青年专家,1992 年被评为国家级享受政府特殊津贴的专家。他对小学数学教学进行了长达 50 多年的实践与研究,进行了口算表、口算量表、基本训练、标准化考试、尝试教学实验等多

---

① 王想平. 教师自主专业发展的案例分析及途径探讨[M]. 宁夏教育,2009(4).

项具有创新性的研究,在教育界产生了深远影响。他出版过 270 本著作,在国内外教育杂志上发表了 600 多篇文章。他的尝试教学实验遍及全国 31 个省、自治区、直辖市及港澳台地区,实验基地 2100 多所,有 60 多万名教师、70 多万个班级、3000 多万名学生参与实验。邱学华老师博学多才、谦虚谨慎、执著顽强,既有深厚的理论功底,又有丰富的实践经验,因此,在教育界享有盛誉,可谓是小学教育界的泰斗。

从上述两人的成功经历中,我们不难发现优秀教师的共同特点:强烈的自主专业发展意识,自强不息的进取精神,坚持不懈的深刻的教育反思,把科研作为职业生活的重要方式,勇于开展教学改革和理论创新等。韩军在中学语文教学实践中,善于反思,"跳出语文看语文",积极开展理论上的探索和创新。1993 年,他在《语文学习》上发表《限制科学主义,张扬人文主义———关于中国现代语文教学的思考》一文,成为语文教育界倡导"人文精神"的第一人。他的力作《"新语文教育"论纲》发表,是对 20世纪 90 年代语文教育大讨论的整合和拓展,在语文教育界产生巨大反响。邱学华从 1979 年开始进行探索和试验研究。通过对国内的自学辅导教学法和国外的发现教学法进行试验研究,发现了它们的优点和不足,决心吸取各种教学法中的有利因素,创造一种新的教学方法。以往的注入式教学方法的主要特征是"先讲后练",教师把什么都讲清楚了,学生照着练。能不能想法让学生尝试练习,教师再讲,这样就逐步形成了邱学华"先练后讲"的思想,在常州市劳动中路小学开始试验。试验结果表明,这种新的教学方法非常有效,试验研究的结果写成的论文发表后在全国引起很大的反响。为了潜心搞研究,邱学华还辞去校长专做教研员,十分难得。①

"自觉"和"自主"是专业技术人员自主专业发展的关键词,它具体表现专业技术人员的自主发展意识和自主发展能力。因此,专业技术人员自主专业发展的内涵主要有四要素。

①　张爱华,赵书红. 新课程背景下教师自主发展的理论建构与实践策略[J]. 石家庄学院学报 2009(5).

1. 自主发展的意识

自主发展的意识是指专业技术人员能否意识到专业发展是专业技术人员主动发展的。按照时间维度专业技术人员专业发展的自主意识可分为三个方面的内容,即对自己过去专业发展过程的意识,对自己现在专业发展状态和水平的意识,对自己未来专业发展的规划意识。[①] 专业技术人员专业发展的动力主要不是来自外部的物质刺激,经济和社会地位的提高,而是来自专业工作本身自我实现的价值,关键取决于专业技术人员专业发展的自我意识的觉醒。"当人的发展水平达到具有较清晰的自我意识和达到自我控制的水平时,人能有目的地、自觉地影响自己的发展。"[②]

2. 自主发展的能力

专业技术人员自主发展的能力是指专业技术人员能动地驾驭外部世界,推动自身不断发展的能力。专业自主发展的能力应包括自主学习能力、自主科研能力、自主反思能力。

3. 自主发展的规划

自主发展的规划是指专业技术人员为自己今后专业发展设计细致的规划方案。专业技术人员的专业发展是一个持续的、长期的积累过程。每一个专业技术人员的专业成长,都要经历一个从量变到质变的过程,存在着发展的阶段性。因此,专业技术人员拟定自主发展的规划是专业发展的关键。有效的专业发展规划应当包括:[③]①全面充分地认识自己。对自己的能力、兴趣、需要等个性因素进行全面的分析,诊断自己存在的问题,充分认识自己的优势与缺陷。②分析专业发展的环境因素。要收集专业发展的信息,把握专业发展的大方向,抓住专业发展的机会。③确定现实的专业发展路径和目标。综合考虑自己的个人特点和环境因素,确定现实的发展目标。或者是教学路径,或者是学术路径,或者是行政路径,或者多种路径。路径确定后,再确定要达到哪个层次。除了总体目标,还需要设定发展的阶段目标。④制订专业发展的行动方案。根据自

①　叶澜,等. 教师角色与教师发展新探[M]. 北京:教育科学出版社,2001:240.
②　叶澜教育概论[M]. 北京:人民教育出版社,1991:217 - 218 .
③　王少非. 论校本培训中的教师自主发展策略[J]. 辽宁教育研究,2005(5).

己的发展目标和各方面条件的许可,分析达成目标所需的条件,确定具体的行动策略或措施,包括行动路径的选择、时间管理、各种资源的充分利用等。对可能存在的多种行动方案要进行全面的评估,选择最佳的行动方案。⑤及时反思与调整。

4.自主发展的行为

自主发展的行为,是自主意识、自主规划的体现。只有将自主发展的意识、自主规划转化为行动,才能促进专业技术人员的专业发展。自主发展的行为是指具备一定认知策略的专业技术人员主动制定自主发展的规划,选择行动方法和策略,监控行动过程,及自我评估检查的行为。专业技术人员专业发展必须从其自身的实践活动中去获得,除此之外别无良法。自主专业发展能力的加强和自主意识心理的稳定会促进自主行为的稳定。专业技术人员一方面要培养自主意识,另一方面更要注重培养自主发展行为能力和认知能力。

(二)专业技术人员自主专业发展的特征

美国学者克朗顿认为,独立、自主、自由、赋权和自我指导是成年人学习和发展的目标,"自我指导的专业发展"具有个体自主、自我管理、自我监控和自学自修的特征。① 专业技术人员自主专业发展与一般的专业发展相比,有以下基本特征。

1.依赖性

"自主的概念只能从既是开放的又是封闭的系统的理论出发来认识,一个工作的系统需要更新量来维持生存,因此它必须从它的环境来吸取能量。自主是建立在对于环境的依赖的基础上的,而自主的概念变成一个与依赖的概念互补的概念,虽然它与后者又是对立的。在复杂性的宇宙里,一个自主的系统必须既是打开的又是关闭的。为了自主必须有所依赖。"②1998年盖弗锐(Geoffrey)指出,自主并不是排斥他人,也不否定

① 赵宏杰.基于专业自主的教师专业发展研究[D].杭州:浙江师范大学,2009.

② [法]埃德加·莫兰.陈一壮译.复杂思想:自觉的科学[M].北京:北京大学出版社,2001:136.

人与人的相互依存性,自主意味着一个人的意志和意愿的行为是发自内在自我。①专业技术人员专业自主发展内容具有个体性,即发展的个体的内在潜能。不是为了达到外在的标准,而是为了发展个体内在的潜能,即具有个性特点的兴趣、爱好和才能。这里的个性并非排斥社会性。我们已经看到自主发展型专业技术人员是在最大可能发挥个人潜能,以力求在承担和履行个人作为知识人的社会使命方面达到最优化的人。因此,他们的自主发展是一种个性与社会性的和谐发展。②

2. 自主性

作为专业发展的主人,必须自己对自己负责,必须能够自主自控。这一特征主要体现在三个方面。一是拥有个人专业发展自主权。"能够独立于外在压力,订立适合自己的专业发展目标、计划,选择自己需要的学习内容,而且有意愿和能力将所订目标和计划付诸实施"③,在自主自控过程中体现自我专业发展意识。二是实行自我专业发展管理。自己要有明确的专业发展需求,自己做出专业发展决策,搞清楚学什么、如何学和何时学。要自己选择适合自己的专业学习形式,或独立阅读,或专门研讨,或专家辅导,或外出进修,要视自己的实际情况而定。要自己构建独立的极具个人意义的奖励系统,自求进步,自得其乐。三是自觉地在平时的专业活动中自学。④ 自主性是专业技术人员自主专业发展的主要特征。

3. 主动性

在自主专业发展的过程中,专业技术人员主动将自己的专业发展历程和现实发展状况作为反思的对象,在不断对比、反思中寻找确定新的专业发展目标,自觉沿着有效的专业发展的轨迹去自我规划职业生涯以谋求最大程度的专业发展。

① Rodgers D. B. , Leslie A L. Tension , Struggle , Growth ,Change: Autonomy in Education [J]. Childhood Education , 2002 , 78 (5): 301 –302.

② 金美福. 教师自主发展论:教学研同期互动的教职生涯研究[M].北京:教育科学出版社,2005:51 –52.

③ 叶澜等.教师角色与教师发展新探[M]. 北京:教育科学出版社,2001:273 .

④ 袁祖荣. 教师自主发展初探[J]. 重庆教育学院学报,2006 (4) .

4.可持续性

在自主专业发展的过程中,专业技术人员自觉地、主动地、不断地自我更新,提升专业素养,达成阶段专业目标,是一个动态的持续不断的发展过程。

三、专业技术人员自主专业发展的理论基础

阐明专业技术人员自主专业发展的理论基础,坚定自主专业发展的路径。

(一)专业自主权

作为一门"专业"具有三个基本的特征:①具有不可或缺的社会功能;②具有完善的专业理论和成熟的专业技能;③具有高度的专业自主权和权威性的专业组织。专业自主是提高专业地位的关键。专业人员独立地根据专业判断,自主确定行为的范式和策略,是判断专业标准的核心要素。自主是专业的核心特征之一。专业技术人员所从事的是一项专业工作,专业发展应具有专业自主权。

(二)哲学基础

马克思主义哲学详尽地阐释了人的自由自主的本质。自主发展从本质上说,是人们自我认识、自我改造,不断发展的过程。在自主发展过程中,人们首先要认识自己。这个认识过程,与人类一般认识过程是一致的,即人们在工作和生活实践中,从观察分析客观环境、认识他人的过程中,逐渐发现自己,认识自己与环境、自己与别人的关系,用新的标准要求自己、教育自己,使自己的认识提高一步。可见,辩证唯物主义认识论是自主发展的认识论基础。[①] 专业技术人员专业发展的根本动力在于专业技术人员的自主发展。辩证唯物主义哲学告诉我们,人的发展有内因与外因之分,内因是发展的根据,外因是发展的条件。同理,专业技术人员自主发展的动力也有内外之分。内部动力来自专业技术人员自身的能动性的内驱力,而外部动力来自学校、家庭、社会、教育制度等。调动专业技

---

① 傅建明. 教师专业发展——途径与方法[M]. 上海:华东师范大学出版社,2007:116.

术人员专业发展的自主性,一要靠管理和激励,二要靠专业技术人员自身的主动性、能动性和创造性。制度和激励是外因,自主性是内因,外因只有通过内因才能发挥作用。所以,专业技术人员专业发展首先应遵循人的发展规律,使其自主性得到最大限度的发挥。

(三)心理学基础

1978 年美国心理学家弗拉威尔(J. H. Flavel)提出元认知理论。元认知理论强调主体认知过程的自我意识、自我控制和调节,即一个人对自己的认知过程的认识和掌控。它由元认知知识、元认知体验和元认知监控三种成分构成。这三者相互联系、相互作用。元认知知识主要是由关于什么因素或变量以什么方式起作用和相互作用来影响认知活动的过程和结果的知识、信念组成的。元认知体验是伴随认知活动而产生的认知体验和情感体验。元认知监控是主体在进行认知活动的全过程中,将自己正在进行的认知活动作为意识对象,不断地对其进行积极自觉的监视、控制和调节。元认知对专业技术人员的自主发展能力的培养起着指导和调控作用。专业技术人员的元认知不仅可以达到内控和自动化,而且能自觉灵活地运用元认知策略,对自己的情绪、兴趣做出有目的的调控,使注意力维持在一定的活动上,有效地控制自己的活动进程,这一心理学基础使得专业技术人员专业自主发展成为可能。

(四)建构主义理论

在建构主义者看来,知识是学习者的经验建构的结果,它存在于心理而不是外部世界中;学习是根据自己的信念和价值观对客体或事件进行解释的过程,是一种主动地建构意义的过程,学习发生于与学习者相关的情境中,反思是学习的关键成分,学习又是通过协作吸收多种观点的过程;认知冲突或疑问是学习的激励因素,并决定着学习内容的性质和组织;知识是学习者在一定的社会文化背景下,借助他人的帮助,利用必要的学习资料,通过意义建构的方式获得的。[①] 专业技术人员的专业发展是一个连续的过程,它需要专业技术人员积极主动地参与,专业技术人员不

---

① 钟启泉等.普通高中新课程方案导读[M].上海:华东师范大学出版社,2003:122.

应是专业发展的"被动的接受器"。因此,专业技术人员是自主专业发展的积极建构者。

第三节　专业技术人员自主专业发展的基本步骤

步骤是指事情进行的程序、次第。专业技术人员自主专业发展是专业技术人员个体自主诊断、自主规划、自主选择、自主实践、自主反思、自主完善、自主总结,主动寻找专业发展的过程。这个过程是一个循环往复、螺旋上升的过程。一般而言,专业技术人员自主专业发展的基本步骤如下。

第一步:诊断自我专业发展现状

当一个人发展到一定阶段后,就会出现发展缓慢或停滞不前,甚至倒退的现象,通过一定的诊断方法进行客观评价,使个人进行反省和自我检查,准确地了解自己目前的专业发展水平,明确自己存在的问题和现实的需要,采取针对性的措施加以改善,从而实现可持续发展。

客观、准确的诊断对专业技术人员专业发展定性起关键作用。专业技术人员可采用以下方法。①自我批判。在实践中,批判地考察自我的主体行为表现及其依据,通过回顾、诊断、自我监控等方式,或给予肯定与强化,或给予否定与修正,不断检测和提高自己的专业发展起点。②运用量表进行检测。对专业结构的检测。我国已有学者编制了成套的测量工具。对自我专业发展意识的检测,古利尔米诺所编制的"自我引导学习准备量表",奥迪的"继续学习调查表"均有参考价值。[1]例如,对骨干教师而言,在自我诊断的过程中,骨干教师可以借助教学录像、教学日志、专家测试量表和教师自制量表等工具,建立自我剖析档案,或制定自我专业发展剖析图,了解自己是怎样选择教学内容,如何组织教学,具有怎样的教学风格,了解自己专业发展的情况及问题所在,了解自己的情感和价值观。在进行自我诊断后,骨干教师可以对收集到的信息资料进行分析处理,反思和总结自己在教学中的优势和薄弱之处,特别是要分析产生问题

---

[1]　叶澜等.教师角色与教师发展新探[M].北京:教育科学出版社,2001:319.

和不足的根源,寻找到自己专业发展的阻障,探讨克服缺陷的措施与途径。①

第二步:制定自主专业发展目标

专业技术人员自主发展的动力来自个人预先设定的专业发展目标。一个人只有树立了目标,才能明确奋斗的方向。专业技术人员自主专业发展目标是指专业技术人员个体对专业发展的结果的预期。其内容主要包括自主专业发展的目标、自主专业发展的阶段及各阶段发展的主要内容,如学历进修、撰写论文、出国深造、职称晋升等。为了实现目标,专业技术人员在准确地对自我进行整体诊断的基础上,可以按照近期目标、短期目标、中期目标、长期目标进行规划。近期目标一般为 1～5 年,中期目标 5～10 年,长期目标一般为 10 年。发展总是意味着一定的方向和目标,规划是一种激励人为此奋斗和努力的愿景,没有明确的愿景和目标,发展大多是缓慢的、无效的、被动的,确立愿景,看准目标,是专业技术人员自主专业发展不可或缺的有效策略。

第三步:设计自主专业发展规划。

美国组织行为学家道格拉斯·霍尔认为,专业发展是指一个人一生中所有与工作相联系的行为与活动,以及相关的态度、价值观等连续性变化经历的过程。专业发展规划是指一个人与组织相结合,在对其专业发展的主客观条件进行测定、分析和总结的基础上,对自己的兴趣、爱好、能力和特点进行综合分析与权衡,并且,能综合时代特点和自己的专业倾向,确定其最佳的专业发展目标,并为实现这一目标做出行之有效的安排的活动。② 一般来讲,专业技术人员自主专业发展规划涉及对个体的自我分析、环境分析、专业发展方向的确立、行动方案的设计等几个方面的内容。专业技术人员自主专业发展规划对专业技术人员专业发展具有引导、激励和参照等作用。

第四步:设计自主专业发展策略

---

① 胡琼. 骨干教师"再成长"的自我促进策略研究[J]. 新课程研究(下旬刊),2011(10)

② 肖安庆,李通风. 试论教师专业发展的规划与策略[J]. 中小学校长,2011(6).

"策略"是为了实现某一个目标,预先根据可能出现的问题制订的若干对应的方案,并且,在实现目标的过程中,根据形势的发展和变化而制订出新的方案,最终实现目标。专业技术人员自主专业发展的策略主要有:正确认识自我,合理定位发展阶段,确定自我专业发展方向;适时修正规划内容,制订合乎个性、现状和需要的个人发展规划;树立自主专业发展的意识,确立专业自我;认真反思,使自己成为一个"反思型实践者";开展行动研究,改变工作方式和自身的角色形象,提升生命质量;坚持终身学习,提高可持续发展能力。

第五步:坚持自我评价和自我调整

所谓自我评价,《中国大百科全书·社会学》的定义是:"个人对自己生理、心理特征及其周围环境的关系持肯定或否定的判断,是自我意识的重要组成部分。"专业技术人员自我评价是一个连续不断的自我反思、自我教育、激发内在学习需求的过程。经过专业技术人员个体内省反思,交流合作等途径不断自我评价,不断了解自己的优势和不足,制订解决方案,实现自我超越。自我评价方法,不只是专业技术人员简单地给自己评个"优"、"良"、"中"、"差"等级了事,重点是参照每一项具体指标对自身的行为进行反思。现代心理学研究表明,内部动机比外部刺激更具有持续的激励作用。自我评价作为一种自我发展的动力机制,是专业技术人员专业提高的根本动力。

【案例与评析】

[案例背景]

中小学名师成长过程的特征分析
——基于江苏名师成长案例的研究[①]

江苏具有悠久的教育文化传统,新中国成立以后在这方热土上成长

---

① 方健华. 中小学名师成长过程的特征分析——基于江苏名师成长案例的研究[J]. 教育研究与实验,2011(4).

出了斯霞、李吉林、李庾南、邱学华、于永正等一大批全国著名的特级教师。他们在思想观念上，开放兼容；在性格气质上，有着浓厚的书卷文人气；在行为方式上，务实精干，勇于探索；在价值取向上，有着强烈的社会责任感。他们用自己的辛勤耕耘，形成了极具江苏地域特色的教学风格和流派，取得了令人瞩目的教学业绩和教科研成果，引领着江苏乃至全国的基础教育教学改革，创造出了江苏教育的品牌形象。本文在大量个案研究的基础上，以江苏名师个案为例，就名师专业成长过程的特征问题，进行初步探讨，力求展示"江苏名师"的迷人魅力，为名师专业成长提供有益的借鉴和启迪。

一、名师专业成长基于历史文化与教研文化传统

　　文化是教师成长的母乳。不同地域的文化沉淀不同，生活在其中的教师文化修养也存在不同。由于江苏教育的源远流长，形成了一套完整的、不同于其他地方的、具有独创性的教育传统和文化积淀。尤其是那些历经沧桑的"老牌学校"，在长期的办学过程中形成了深厚的传统文化底蕴，并以"文化遗传基因"的作用方式渗透在江苏名师的文化心理结构中。特别是江苏学校的学术文化传统，引导和陶冶了一代代教师的专业成长，培育了他们的科学态度和学术精神。而作为教育文化的主体，江苏名师们在继承江苏优秀教育文化传统的同时，又总是试图以最新教育理念不断地反思教育文化现象，以实现对传统的不断超越和重构。

　　早在北宋初年，江苏就有六大书院之一的茅山书院，聚徒讲学，惠及四方。著名教育家胡瑗的"明体达用"的教育思想和著名的"苏湖教法"也在此扎根生长，从而推动了江浙教育事业的发达，形成了尊师重教的社会风尚。在明代，有关怀天下民生，声名远播的东林书院。进入近代以来，江苏学人又在西学东渐的文化荡涤中产生了新文化的觉醒，以敢为天下先的气魄吸收了西方优秀的教育思想，并与经世致用的文化传统结合，提出了"父教育，母实业"的教育救国、实业救国思想，并由此诞生了南通师范学堂、南京三江师范学堂等一系列中国第一批新式学堂，江苏也因此成为中国近现代师范教育的发祥地之一。进入现代以来，江苏又先后走出

了陶行知、陈鹤琴、吴贻芳、叶圣陶等著名教育家。悠久而发达的教育,为江苏输送了一批又一批具有深厚科学文化素养的经济建设和教育人才,为江苏经济和文化的繁荣奠定了人才基础。而经济文化的繁荣又反过来营造出了更为浓郁的尊师重教的社会风气,进一步推动了教育事业的发达。这一特定区域文化传统为江苏名师的成长提供了丰厚的文化土壤。

江苏丰沃的文化土壤,培养了一代代江苏名师"国家兴亡,匹夫有责"的责任感;"先天下之忧而忧,后天下之乐而乐"的奉献精神;"尊重、友爱、宽容、恭敬"的仁爱精神;"己欲立而立人,己欲达而达人"的立达精神;"天行健,君子以自强不息"的刚健观念;"博学笃志、专心持恒、深造自得、见贤思齐、持志养气、隆师亲友、敬业乐群"等学习与修身的思想。江苏名师的成长历程中,都表现出"自为、自强,积极进取"的人生态度,更表现出"修身齐家治国平天下"的传统知识分子的人生价值追求。在传统教育文化的影响下,他们发挥了个体的自觉理性与自主意志,在反躬自省,克己自律的修养过程中,大多养成了良好的"独立、自由、自觉"的知识主体人格。

不仅如此,江苏这种尊师重教的文化传统也催生出了独具魅力的教研文化传统。江苏的名师普遍有这样的"教育自觉":在继承江苏教育文化传统,实现传统学校教育文化的创造性转化的过程中,更要把教育纳入人类生存和可持续发展的框架内进行文化学反思与研究,以期重新确立学校教育改革与发展的新理念。陶行知先生创办的晓庄师范学校的"生活教育"实验研究;艾伟在南京市创办的实验学校开展的汉字实验研究;廖世承在东南大学附属中学开展的"道尔顿制"的实验研究等,掀起了中国近代以来第一次教育实验研究的高潮,形成了江苏教师"自为""敢为"的教学研究与创新的文化和精神传统,出现了大量基于学校内在发展需要,具有很强专业性与实效性的教学研究活动。这一教学研究、创新的文化和精神传统,在新中国成立以后,特别是改革开放以后,得到了很好的传承和发扬。斯霞老师的"随课文分散识字"的语文教学研究,李吉林老师的小学语文教学整体改革研究,邱学华老师的数学"尝试教学法"研究等,都是这一文化与精神传承的最好证明。

文化传统的统摄、涵化的力量是巨大的。在江苏传统的教育文化精神的影响下,江苏的名师们不断更新观念,在研究中不断提升课程的理解能力、实施能力,在推动教学发展的同时,也在不断实现着自身的专业成长。而且,这种自觉的教研文化,给学校教师创造了接触、参与、交流的机会,形成浓郁的开拓进取的文化氛围。例如,20 世纪 80 年代,于永正、张庆、高林生、郝敬华(这几个人都成长为江苏著名的语文特级教师)等几个老师共同组织了教学沙龙。于永正老师曾经这样说:"我们志同道合,在相互交往中长见识。一个人的智慧是有限的,大家提出问题,动脑筋想出解决问题的办法,这样,思维容易撞击出耀眼的火花,启发灵感。"这些老师都在语文教学领域里取得了辉煌的成就,共同推动了江苏乃至全国的小学语文教学改革。不仅如此,这种教研文化还促进了教研管理的有序发展,形成了相应的教研制度文化。例如,许多学校设有专门从事教研管理和开发的教科室,对教师的教育科研有一系列奖励措施,教育行政部门有很多工程和措施,比如组织教科研协会,开展科研沙龙等。这些措施的实施,为江苏基础教育事业和教师队伍的专业成长提供了坚实的制度保障。因此,在一定意义上可以说,江苏特定历史文化传统和教研文化是江苏名师专业成长的土壤。

[案例评析]

自主发展是名师成长的根本动因。①

名师的专业成长是一个开放的系统,受到多种因素的影响和制约,以上所讲历史文化与校本教研文化是教师专业发展的外在因素。名师的专业成长还集中受到其政治思想、教育思想、教学水平、科研能力和创新精神诸多方面的内在因素的影响。因此,名师的专业成长还体现在特定文化氛围中的自我素质不断发展、提高和完善的过程。可以说,一位教师有多大的自主发展能力,在哪些范围内进行自主发展,那他就拥有多大的成长空间。

---

① 方健华. 中小学名师成长过程的特征分析——基于江苏名师成长案例的研究[J]. 教育研究与实验,2011(4).

　　名教师的自主发展首先体现在其人生定位上。通过研究发现,这些名教师虽然有着不同的家庭、文化背景和人生阅历,但他们都把自己的人生理想定位在了当一名出色的教师。即使这些名教师一开始不一定都把自己的人生理想定位在当一名教师,但是都能在走上教师岗位很快完成自己的人生定位,觉得应该当一名出色的教师,而且一旦当一名出色教师的理想形成了,就成为了推动他们前进的强大动力,促使他们在教师人生的道路上越走越宽,并最终成长为一名出色的教师。

　　其次,任何一个名师都是从普通教师一步步成长起来的,其个体专业的成长和成熟都体现在悄悄扩展的年轮上,这不仅仅表现在其知识、能力、人格特质上,更表现在其不断追求自身专业发展水平新突破的创新超越意识和自主创造性品质上。

　　名师都具有强烈的自我专业发展的意识,他们始终对自己的专业发展保持一种自觉状态,及时调整自己专业发展的方向及方式,最终达到理想的专业发展水平。例如,李吉林老师走上教师岗位后,总是想方设法吸引学生上好语文课,把课上得生动有趣,赢得学生的喜欢。在这个过程中她很快就"懂得了一个老师的责任",当初"当好老师,当孩子喜欢的老师"的人生理想,也转化成了明确的教育追求。她后来总结自己的教育生涯时说:"一个语文老师不仅要孩子学好语文,还要给他们一个丰富的精神世界。让他们从小懂得热爱自己的祖国,懂得给别人带来快乐,有一颗善良的心,崇尚美好,憎恶丑陋。这其中的许多品质,是在纯真的孩提时期就应该开始培养的,完全可以在孩子学习祖国语言文化的过程中去渗透、去影响、去强化。小学语文教学应该是做人教育的重要一部分,那是人的语文学习。这正是几十年来我一直追求的一种完美境界。"有了这样的教育追求,李老师在遭遇文革"被整"的十年后,都没有停滞不前,她不断开拓,终于创立了"小学语文情境教学法",并且,由重视语言训练,到突破难点,到审美,到促进儿童整体发展,一步步建构出了情境教育理论与实践体系。

　　第三,名师在专业发展过程中一般都能自主突破专业发展的高原期。事实上,不少的教师在取得一定成绩以后,往往会自我满足,固步自封。

而有一部分老师则是继续进取,勇于突破自我。很显然只有这样的教师才有可能成功跨越发展的"高原平台期",实现人生的突破,成长为名师。在这个阶段,对于教师来说最关键的是能否找到理论与实践的结合点。这个结合点的探索有两种类型。一类是学术理论型教师,他们能够不断灵活运用所学教育教学的理论知识,不断丰富自己的教育实践智慧,形成自己的教学特色。例如,李吉林老师在谈到自己的经历时就曾说:"我随时做些读书笔记,边读边想,如何让书上的理论活起来,为我所用,一以贯之的认真态度,伴随着这种真挚情感的实践,使我有了许多的感受、认识、主张和思想……"一类是经验型教师,力图把自己在实践过程中形成的教育实践智慧(缄默的知识)转化成明确的知识。例如,于永正老师参加工作以后,就坚持每天写教后记、日记,从不间断,形成了"操笔为文的习惯"。也就是在不断的写作思考中,使自己的教学行为更加科学化、理性化、艺术化,从而找到教育创新和超越自我的新视角。

因此,从这个意义上讲,名师突破专业发展高原期的关键是在教学的理性发展上下工夫,通过理论来指导自己的教学实践行为,或是以自己的悟性为条件,以自己的教学实践为基础,通过系统的反思来创造出属于自己的理论,但无论是哪一种方式,都必须实现理论与实践的有机融合,才能促进自己成长为学者型教师。

名师专业发展的空间是靠他自己来建构的。在跟江苏名师们的访谈中我们发现,当教师在专业发展过程中将注意力过分集中到外界尚待完善的制度、尚不完美的条件上时,发现更多的是对现实的不满,感受更多的是无奈,于是怨天尤人,认为自己生不逢时,缺少机遇。而当我们转换视角,将名师专业成长的目光集中到个体自身时,往往可能发现在自己的专业领域,其实有很多事情等待着我们去付诸实践,进行探索。因此,名师专业发展空间的大小问题,需要一种立足自我发展现状的思维方向。坚持自主发展,我们能看到更多的可能,能看到更诱人的人生前景。

思考与练习

1. 什么是职业生涯？

2. 论述加里·德斯勒职业生涯发展阶段论。

3. 结合你的职业，谈谈专业发展的阶段划分和各阶段的主要特征。

4. 专业技术人员自主专业发展的内涵由哪些要素构成？

5. 简述专业技术人员自主专业发展的含义和特征。

7. 结合实际，谈谈为什么说自主专业发展是专业技术人员的必然选择？理论依据是什么？

8. 谈谈你的专业发展现状和目标。

9. 简述专业技术人员自主专业发展的基本步骤。

第七章　制定专业发展规划　激励自主专业发展

　　一个良好的专业发展规划对专业技术人员的自主专业发展起着至关重要的作用。因此,阐明专业发展规划的基本概念、特点、作用、内容、原则、标准和操作流程,可以提高专业技术人员的专业发展意识,一步一步地实现自己的人生价值,为社会的进步和国家的繁荣富强做出更大的贡献。

本章学习要点

　　理解专业技术人员专业发展规划的内涵及其实质;了解制定专业发展规划对专业技术人员自主专业发展的作用;掌握专业技术人员专业发展规划的基本要素、内容和标准;理解并掌握制定专业发展规划的操作流程。

第一节　专业技术人员专业发展规划的内涵和特点

　　专业技术人员的专业发展规划是专业技术人员本人为自己的专业发展设计的一个蓝图。因此,有必要对专业技术人员专业发展规划的内涵、本质及特点进行论述,增强对专业发展规划的理解。

一、专业技术人员专业发展规划的内涵

　　专业技术人员专业发展规划是专业技术人员个体在分析自身和所在单位发展需要的基础上,制定发展目标,有效调控环境,设计行动策略,进行自我反思,实施知识管理并与环境发生相互作用,最终达到既定目标的过程。专业技术人员专业发展规划为专业技术人员的专业发展提供引导和监控,也能为专业技术人员对自身专业发展的反思提供一个参照。

　　实质上,专业技术人员专业发展规划是帮助专业技术人员进入职业组织后如何面对发展挑战的方案预期设计,以达到专业技术人员个体的、

内在的提高,进而实现个人价值。也就是说,设计专业发展规划的本质就是基于组织价值基础上的个人价值实现。

正确理解专业技术人员专业发展规划的内涵,应把握以下几点。

第一,专业技术人员专业发展规划具有明显的个人化特征。它是对专业技术人员个体专业发展的各个方面和各个阶段进行的设想和规划,是专业技术人员个体为自己的专业发展设计的一个蓝图。

第二,专业技术人员专业发展规划是一个包含了专业发展目标的确定、专业措施的实施和目标的实现,不断提升竞争力的积极主动建构过程。

第三,专业技术人员专业发展规划中的专业发展目标与日常工作目标有很大差异。

第四,因为未来社会的复杂多变性,专业技术人员专业发展规划也不是一成不变的,其发展内容和措施是动态的。

第五,专业技术人员专业发展规划并不是一个单纯的概念,它和个体所处的家庭、单位及社会存在密切的关系。

二、专业技术人员专业发展规划的特征

专业技术人员专业发展规划具有以下四个方面的特征。[①]

(1)可行性。规划必须依据个人及组织环境的现实而制定,从而是能够实现和落实的计划方案,而不是没有依据或不着边际的幻想;否则,就会贻误专业发展的良好时机。

(2)适时性。规划是对确定未来的专业发展目标及对未来职业行动的预测。因此,各项活动的实施与完成时间,都应有时间和时序上的安排,以便作为检查行动的依据。

(3)灵活性。规划未来的专业发展目标与行动,涉及许多不确定因素,因此,规划应有弹性,随着外界环境及自身条件的变化,应及时调整自己的专业发展规划方案,以增加其适应性。

(4)持续性。专业发展目标是人生追求的重要目标,专业发展规划应

---

①　张再生.职业生涯管理[M].北京:经济管理出版社,2001:146–147.

贯穿人生发展的每一个阶段,通过不断的调整与持续的专业活动安排,最终实现专业发展的目标。

第二节　专业发展规划与专业技术人员自主专业发展

专业技术人员的专业发展规划具有引导、激励和参照等功能,促进专业技术人员自主专业发展。主要表现在以下方面。

一、制定专业发展规划有利于专业技术人员确立人生的奋斗目标

目标对一个人的发展具有关键的导航作用。古人云:凡事预则立,不预则废。一份有效的专业发展规划有助于专业技术人员树立明确的专业发展目标。但是,研究表明,世界上只有3%的人有自己的人生目标和生涯规划,并明确把它写下来;有10%的人有自己的人生目标和计划,把它留在自己的脑子里;剩余的87%的人随波逐流,不知道自己该向何处去,自己的生活被他人掌控。1953年,有人对耶鲁大学应届毕业生进行了一份问卷调查。统计结果是:3%的学生有明确的目标并写成了文字,97%的学生基本上没有明确的目标。20年后的1973年,追踪所有参加过问卷调查的学生现状,结论使追踪者十分吃惊:当年那3%的人拥有财富的总和比97%的人的财富的总和还多得多。可见,20年前目标的有无决定了20年后被调查者的命运。① 正如美国成功学家拿破仑·希尔在《一年致富》中有这样一句名言:“一切成就的起点是渴望。一个人追求的目标越高,他的才能发展就越快。一心向着自己目标前进的人,整个世界都给他让路。”由此可见,制定专业发展规划对专业技术人员确立人生的奋斗目标起着至关重要的作用。

二、制定专业发展规划有利于专业技术人员增加成功机率

知识经济时代到处充满激烈的竞争,物竞天择,适者生存。激烈的竞

---

① 石柠,陈文龙,王玮. 生涯规划与自我实现[M]. 广州:广东世界图书出版公司,2010:65

争要求专业技术人员必须不断提高素质,才能应对竞争的挑战。没有专业发展规划的人,即便有巨大的力量与潜能,也很容易把精力放在小事情上。一份有效的专业发展规划,可以让专业技术人员抓住重点,充分地发挥自我潜能,全神贯注于自己的优势,克服专业发展中的盲目性,增强其发展的目的性与计划性,提高竞争能力,增加成功的可能性。

例如,著名节目主持人杨澜曾这样形容自己的人生规划:"一次幸运并不可能带给一个人一辈子好运,人生还需要你自己来规划。"可以说"个人能力"和"规划意识"就像杨澜的两只翅膀,最终给她带来四次超越和成功。

规划第一阶:从金牌主持到留学生(1990~1994年);

规划第二阶:从娱乐主持转向复合型人才(1994~1997年);

规划第三阶:凤凰电视新平台大展拳脚＋学习做个管理者(1997~1999年);

规划第四阶:创办阳光卫视,利用网络资源,做成功的传媒人(1999年底至今)。阳光文化的诞生,杨澜最后宣布辞去董事局主席的职务,或许也是因为她发现自己还是应该做擅长的事。收放之间,看得出她清晰的人生规划。[①]

杨澜的四次人生规划使杨澜成就卓著,事业辉煌,享誉全国。

第三节　专业技术人员专业发展规划的基本要素和内容

认识影响专业发展的主要因素,阐明专业发展规划的基本要素和内容,提高专业技术人员专业发展规划的有效性。

一、专业发展规划的基本要素

(一)影响专业发展的因素

决定一个人专业发展的因素是很多的,总括起来包括以下几个

---

① 余平. 研训教师专业发展规划的实践与探索[J]. 中国校外教育,2010(8).

方面。①

1. 个人的特质和经验

(1)心理特质:如能力倾向、人格特质、自我概念、成就动机等。

(2)生理特质:如健康程度、形体容貌、性别、精力等。

(3)经验:如教育程度、工作经历、休闲活动、社会活动、社交技巧、受过的训练、掌握的技能等。

2. 个人的背景状况

(1)父母的家庭背景:如父母的社会经济地位、家庭经济状况、父母的期望等。

(2)自己的家庭背景:如婚姻关系、夫妻间依赖的程度、配偶的期望值等。

(3)一般状况:如种族、宗教、生态环境等。

3. 个人的环境状况

个人的环境状况包括所处的社会经济状况、职业变化趋势、技术发展、所处的国际环境、面临的国家政策等。

4. 不可预期的因素

不可预期的因素包括地震、意外、疾病、死亡等事件。

5. 经济环境

6. 政策环境

(二)专业发展规划的要素

"知己知彼,百战不殆"。"知己"、"知彼"与"抉择"是专业发展规划的三要素。它们三者之间的关系如图 7-1 所示。②

二、专业发展规划的基本内容

明确专业技术人员专业发展规划的内容,是科学制定专业发展规划的前提。专业技术人员专业发展规划有以下基本内容。

① 沈登学,孔勤. 职业生涯设计学[M]. 成都:四川大学出版社,2003:55.
② 罗双平.青年职业生涯规划的要素[J].中国青年研究,2003(8).

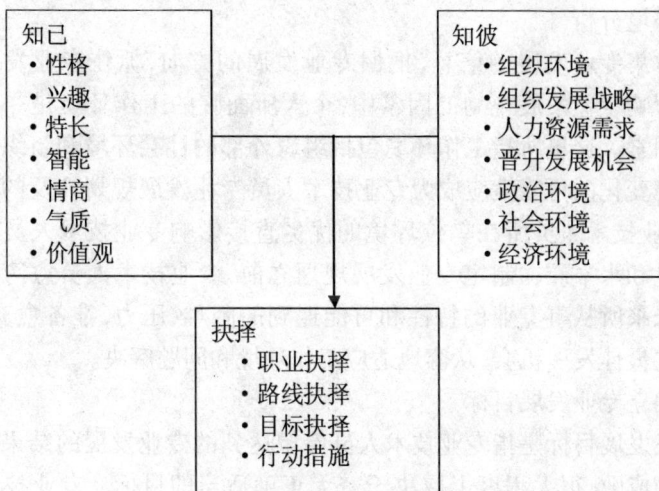

图 7 - 1　专业发展规划要素

1. 自我评估

理性客观的自我评估结果,决定着个体专业发展的质量。自我评估是指全面、深入、客观地分析自己。主要分析①:①弄清自己为人处世所遵循的价值观念,明确自己为人处事的基本原则和追求的价值目标。②熟悉自己掌握的知识与技能。③剖析自己的人格特征、兴趣、性格等多方面的个人情况,以便了解自己的优势和不足。通过这几个层次的自我剖析之后,对自己形成一个客观、全面的认识和定位。自我评估应坚持全面性原则、适度性原则、客观性原则和发展性原则。关键是分析准自己的专业发展需求,找准自己的优势与劣势。

制订专业发展规划必须了解自己现有的发展水平,最重要的两个方面是内在专业结构和自我专业发展意识。前者着重确定自身内在专业结构所存在的不足,从而有针对性地确定发展目标;后者着重了解自己所具备的专业发展准备程度和自我发展能力。值得注意的是,专业发展是持续的,因而对专业发展水平起点的了解也不是一次性的。②

① 张再生. 职业生涯管理[M]. 北京:经济管理出版社,2002:153 - 154.
② 王少非. 教师专业发展规划:意义　内容　策略[J]. 中国教育学刊,2006(2).

2. 环境分析

要收集专业发展的信息,把握专业发展的方向,抓住专业发展的机会。在影响专业发展规划的因素中,个人所面临的工作环境是一个非常重要的因素。这里所指工作环境包括组织外部的社会环境和组织内部环境。环境变化的可能性应成为专业技术人员专业发展规划涉及的重要因素,而专业技术人员所在单位环境的优劣直接影响专业技术人员专业发展的质量和水平。在制定专业发展规划之前,专业技术人员愈清晰地明确自己未来所从事专业的特性和可能遇到的困难、压力,准备愈充分,愈能把握住最佳发展机会,从容地适应工作环境和问题解决。

3. 确立专业发展目标

专业发展目标是指专业技术人员希望达到的专业发展的结果。一个人事业的成败,很大程度上取决于有无正确适当的目标。专业技术人员只有确立了专业发展目标,才能明确奋斗方向。正如保尔·迈尔所说:如果没有目标,没有任何人能有所作为……目标的设定是人类自我驱动的最大力量。在自我评估、环境分析的基础上,专业技术人员确立自己当前专业发展所处的阶段和专业发展的目标。选择实现专业发展的目标的专业发展路径和专业方向。例如,按"实习研究员→助理研究员→副研究员→研究员"路径发展。然后,把理想目标分解成若干可操作的小目标,制定出短期、中期、长期专业发展目标。专业发展目标的设定是专业技术人员专业发展规划的核心。

有一个真实的例子,说明一个人若看不到自己的目标,会有怎样的结果。①

1952 年 7 月 4 日清晨,加利福尼亚海岸笼罩在浓雾中。在海岩以西21 英里的卡塔林纳岛上,一个 34 岁的女人涉水进入太平洋中,开始向加州海岸游去。要是成功了,她就是第一个游过这个海峡的妇女。这名妇女叫费罗伦丝·查德威克。在此之前,她是从英法两边海岸游过英吉利海峡的第一个妇女。

---

① 孙烨,曾天一,王葵. 对大学生职业生涯设计的思考——合适的目标与职业生涯[J]. 经济研究导刊,2009(2).

那天早晨,海水冻得她身体发麻,雾很大,她连护送她的船都几乎看不到。时间一个小时一个小时过去,千千万万的人在电视前注视着她。有几次,鲨鱼靠近了她,被人开枪吓跑,她仍然在游。在以往这类渡海游泳中她的最大问题不是疲劳,而是刺骨的水温。

15个小时之后,她被冰冷的海水冻得浑身发麻。她知道自己不能再游了,就叫人拉她上船。她的母亲和教练在另一条船上。他们告诉她海岸很近了,叫她不要放弃。但她朝加州海岸望去,除了浓雾什么也看不到。几十分钟之后(从她出发算起15个小时零55分钟之后)人们把她拉上了船。又过了几个钟头,她渐渐觉得暖和多了,这时却开始感到失败的打击。她不加思索地对记者说:"说实在的,我不是为自己找借口。如果当时我看见陆地,也许我能坚持下来。"人们拉她上船的地点,离加州海岸只有半英里!

后来她说,真正令她半途而废的不是疲劳,也不是寒冷,而是因为她在浓雾中看不到目标。查德威克小姐一生中就只有这一次没有坚持到底。2个月之后,她成功地游过了同一个海峡。她不但是第一位游过卡塔林纳海峡的女性,而且比男子的纪录还快了大约两个小时。

查德威克虽然是个游泳好手,但也需要看见目标,才能鼓足干劲完成她有能力完成的任务。因此,当我们规划自己的成功时,千万别低估了制订可测目标的重要性。

当然,除了我们自身的条件外,影响成功还有许多内部外界的因素,所以,我们确定一个合理的目标也是非常重要的。当长期从事一件事情,却看不到一点进步、一点成功的希望,那也许就该是我们反思的时刻。结合我们的兴趣、爱好、天赋、特长、能力、条件,看看我们是否走错了路。如果走错了路,不要紧,那就慎重地寻找另外一条。

4.设计目标实现策略

目标实现策略是指落实目标的具体措施,包括实现目标所采取的步骤或阶段,相应的时间界限,所需要的条件和资源,以及获得这些条件、资源的方式和途径等。专业发展目标实现策略,要具体、明确,注重可操作性。例如,何时参加培训,采取何种措施开发自身潜能,怎样进一步提高科研、教学水平等。实现专业发展目标的策略拟定之后,行动成了关键环节,否则,再好的专业发展规划只能是空中楼阁。

5. 调整与修订

调整与修订是指在实施过程中不断进行评估与反馈,自觉地总结经验教训,对专业发展规划做出相应的调整与修订。在实践中检验专业发展规划的效果,及时发现规划中各个环节出现的问题,制定出相应的对策,及时对规划进行调整和完善。

调整与修订的类型主要有①:基于对自身特性进一步分析基础上的专业发展目标上的调整、基于信息反馈基础上的调整、基于对未来预测基础上的调整、基于变化着的客观形势基础上的调整和专业发展目标实现策略的调整,以及专业发展实现路径的调整等。成功的专业发展规划需要时时审视内外环境的变化,不断调整自己前进的步伐。目标的存在只是为自己的前进指示一个方向,而自己是目标的创造者,所以,可以在不同时间不同环境下更改它,让它更符合自己的理想。②

第四节　专业技术人员制定专业发展规划的原则和标准

通过对专业技术人员制定专业发展规划的基本原则和标准的阐述,可提高专业技术人员对制定专业发展规划的认识,增强专业技术人员规划专业发展的自觉性。

一、制定专业发展规划的原则

专业发展规划的原则就是制定专业发展规划应遵循的准则。在制定专业发展规划时,专业技术人员应遵循以下主要原则。

(一)协调一致原则

把社会需要作为出发点和归宿,以社会对个人的要求为准绳,寻找个人发展和社会发展的最佳结合点,不能游离于组织发展之外,处理好个人

---

① 叶绍灿,王峰. 高校辅导员职业生涯规划的内容、原则与模型[J]. 高校辅导员学刊,2010(4).

② 孟万金. 职业规划:自我实现的教育生涯[M]. 上海:华东师范大学出版社,2004:35.

发展和组织发展的关系。协调一致原则要求个人专业目标与组织发展目标协调一致。

（二）目标清晰原则

如果专业技术人员个体专业发展规划的目标模糊不清，在实施的过程中就会出现很大的不确定性。目标清晰原则要求专业技术人员专业发展规划的目标清晰、明确，实现目标的措施得当，采用的步骤直接、有效。

（三）切实可行原则

专业技术人员个体专业发展规划的目标与自己的能力、兴趣、性格和工作适应性相符合。还要考虑到自己身体的健康程度、财富状况、婚姻等各方面对专业发展的影响。自己专业发展规划各阶段的划分、专业发展路径和专业方向的选择，必须具体可行。

（四）挑战性原则

专业发展规划具有一定高度和难度，经过自己努力能够实现，起到激发自我潜能的作用；避免设定的高度和难度过低，影响发展。

（五）灵活性原则

专业发展规划的目标或措施具有弹性和变化范围，能根据环境的变化进行调整和修订，确保专业发展规划的实现。

（六）发展创新原则

专业发展规划设计不是一套固定模式，也不存在一种现成的模式。在制定过程中，要不断开拓新思路，使用新方法，发现新问题，制定新目标，保持各个阶段的具体规划的可持续发展，制定出符合自身实际的专业发展规划。

（七）可评量原则

专业发展规划的设计应有明确的时间限制或标准，以便评量、检查，使自己随时掌握执行状况，并为规划的修正提供参考依据。①

---

① 罗双平. 职业生涯规划理论［J］. 中国公务员,2003(5).

二、专业发展规划的标准

专业发展如何规划并没有统一的标准。一般来说规划有三个方面。①第一,你目前在什么位置。就是现状分析,明确现在所处位置。第二,你要去哪里,你的目标在哪里,你的目的地在什么地方。就是发展目标的问题。第三,你怎样到达那里,即怎样到达你的目的地,就是你的行动和策略。

一份良好的专业发展规划,应具有以下明显的特征。②

(1)目标明确。设定的执行计划的步骤可行,措施明确得当并具有可操作性,切忌空洞、不切实际和不着边际。

(2)有可调性。设定的目标要具有一定的弹性,可根据环境的变化进行调整。

(3)目标系统。个人目标和组织目标、长远目标和近期目标、总目标和分目标、主目标和次目标等要统一、一致。

(4)切合实际。要综合组织的现状和未来发展趋势的需要,符合个体性格、兴趣、特长并产生内在的激励作用。

(5)具有可评估性。要有明确时间限制及操作性,以便进行检查评估,为修订职业生涯计划提供可靠依据。

怎样评价一个专业发展规划做得好与差呢? 下面以教师为例,可以从下面八个方面去评价。③ 如果对这些问题的回答是清楚的,则说明这个专业发展规划是有深度的,是可行的。

① 自我认识的结果:对自己的长处和短处,特别是不足是否有准确的认识;对自己的人格、智能等特点是否有清楚的认识;对自己成为优秀教师的可能性做了什么样的估计;对自己的教学情况,反思出了什么问题没有。

② 自我认识的方法:在对自己进行认识与分析的过程中,借助了什么

---

① 刘堤仿,邵中庆. 谈教师专业发展规划的制定与运作[J]. 新课程研究(教师教育),2007(3).

② 姚成.职业生涯设计:为"三赢"而努力[J].职业,2004(8).

③ 钟祖荣.教师专业发展的重要一环:制定教师专业发展规划[J].中小学管理,2004(4).

手段(比如心理测量、作品分析等);借助了哪些人的帮助(特别是是否参考了学生的意见),还是仅仅是自我评价。

③ 对发展环境的分析:对当前教育发展的需要是否清楚,自己在教育发展中可以做点什么,对学校的特点和需要是否清楚,对学生的发展需要是否清楚,如何正确对待自己的工作和生活环境。

④ 目标定位:对现代教师应该扮演的角色是否清楚,对教师发展的目标、类型、水准等是否有比较清楚的认识,自己要成为一个什么样的教师,这样的教师具有哪些特点?

⑤ 发展阶段:计划是否包含有关发展阶段的认识,是否明确自己所处的阶段,是否明确今后一个阶段自己要解决的主要问题和矛盾是什么。

⑥ 发展模式:是否有发展模式的思想,自己按照什么样的轨道、模式来实现自己的发展,是纵深发展,还是横向发展,是"串行",还是"并行",等等。

⑦ 发展活动:采取的措施中,包含有哪些专业发展的活动(参加培训、读书、网络、观摩、考察等),这些活动(内容、形式等)对于解决自己的发展问题是否有效,采取了什么有效的发展策略。

⑧ 发展条件:发展计划中,是否有关于时间和资金的"预算",这些预算是否可行,实现专业发展目标,需要哪些条件和外部的支持,哪些条件已经具备,哪些还不具备,能否通过努力创造出符合需要的条件。

第五节　制定专业发展规划的操作流程

要做好专业发展规划就必须按照专业发展规划设计的流程,认真做好每个环节。一般而言,一份完整有效的专业发展规划包括以下几个重要步骤:自我分析与评估、专业发展机会评估、专业发展路线选择、专业发展目标确立、拟订专业发展规划、设计行动计划与措施、定期实施评估、专业发展规划的调整。其基本步骤如图7-1所示。

步骤一:自我分析与评估

专业技术人员制订专业发展规划的第一个关键环节是进行正确的自我分析与评估。自我分析与评估是专业技术人员对自身行为的自我检查

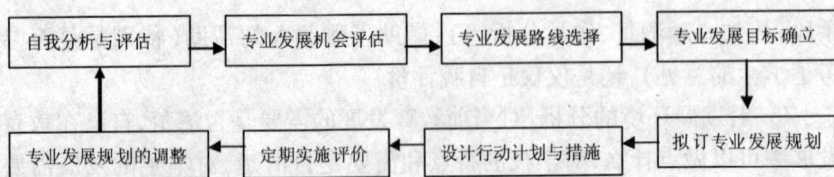

图 7 - 1　专业发展规划步骤流程

与评定,它应该贯穿于专业技术人员专业发展规划设计的始终。客观、全面的自我分析与评估,是科学制订专业发展规划的前提。自我分析与评估的目的是认识自己、了解自己,从而对自己所适合的岗位和专业发展目标做出合理的决策,帮助专业技术人员及时调整专业发展规划。

自我分析与评估的主要内容是:对自身的价值观念、志向、兴趣、需要、性格、特长、专业发展阶段以及专业发展水平等的分析与思考,其实质是确定自身发展的优势与不足,确定优先发展的领域,以谋求个人最大的发展。① 所谓优势是指个人学识及技能上优于他人的实力。它既包括生理上的特长,如个子高、姿色好;也包括心理上的优势,如性格佳,适应性强,接受能力快;又包括技能上、学识上的优势,如学识深、怀绝技等。

自我分析与评估的方法很多,主要有:

①自省法,即自我反省、自我分析;②他评法,即领导、同事、朋友对自己的分析评价;③测试分析法,比如在人格方面有明尼苏达多项人格测验(MMPI)、卡特尔人格测试、艾森克人格问卷等,测量职业兴趣方面有明尼苏达职业兴趣问卷、霍兰德职业倾向测验量表等。

但是,在自我分析与评估时,往往把几种方法共同使用。

步骤二:专业发展机会评估

专业发展机会评估是指个人主动分析组织内、外部环境因素会对自己的专业发展产生哪些影响,现实中的专业发展机会在哪里,威胁是什么。只有充分了解环境因素,才能做到在复杂的环境中趋利避害。

在进行专业发展规划设计之前,通过对发展战略、人力资源需求、晋升机会等组织环境状况,以及社会、经济、科技等组织外部环境的分析和

① 董静. 专业发展视阈下教师职业规划的流程与标准[J]. 教育科学论坛,2011(7).

认识,弄清环境特点、趋势及其与个人关系,重点分析环境对自己的影响和给自己提供的机会,明确把握住专业发展的机会。环境因素评估主要包括组织环境、政治环境、社会环境、经济环境。短期的专业发展规划可注重组织环境的分析,长期的专业发展规划要更多地注重社会环境的分析。

专业发展机会评估的方法可采用 SWOT 分析法。SWOT 分析,亦称优势劣势分析法,S 代表 strength(优势),W 代表 weakness(弱势),O 代表 opportunity(机会),T 代表 threat(威胁)。专业发展规划中运用 SWOT 分析,应按以下步骤进行:①评估自己的长处和短处;②找出自己的专业发展机会和威胁;③提纲式地列出今后五年内自己的专业发展目标;④提纲式地列出一份今后五年的专业发展行动计划。[①]

下面是一个教务主任利用 SWOT 分析法分析后,为自己制订的目标。

基本资料

姓名:赵亮;性别:男;血型:B 型;出生地:山东泰安;出生年月:1974 年 8 月 3 日;学历:本科。目前年龄:30 岁(2004 年);死亡预测:70 岁(2044 年);尚余年限 40 年。

自我分析

优势:①有较扎实的教学和管理理论基础(但仍需不断吸收新观念、新知识);②有 3 年学校教务管理经验和 6 年的教学经验(但仍需充实这方面的经历和经验);③善于沟通,善于与人相处,适应能力强;④分析问题时头脑冷静,善于发现和解决问题。

弱势:有时缺乏冲劲,做具体工作动作较慢。

机会与威胁:目前所处学校属于稳定期,调薪较慢,升迁机会极小。应抓紧时间多学习打下基础,为下一步突破养精蓄锐。

规划目标

总体目标:成为学校校长。

家庭目标:目前已婚。31 岁开始以 10 年期贷款购买楼房,32 岁时要孩子。

---

① 罗德明. SWOT 分析法在大学生职业生涯规划中的应用[J]. 教育探索,2008(12).

健康目标:人身保险至少30万,注意身体健康,不要成为家庭与事业的负担。

收入目标:2004~2007年,年薪3万~5万;2007~2010年,年薪4万~6万元;2010年,年薪6万,之后每年以5%~10%增加。如果可能,自行创办私立学校(非绝对必须目标)。

学习目标:2004~2007年,自学完教育学硕士主干课程;2007-2010年,自学完领导学和管理学课程;2007年以后每月至少看1本以上相关管理书籍,并将学到的知识用于管理工作之中。[①]

步骤三:专业发展路线选择

专业发展路线不同,对专业技术人员素质要求也不同。专业发展路线是指一个人走什么路线来实现自己的专业发展目标。专业技术人员主要有两个发展路线。一是专业技术路线,向业务方面发展。例如,专业发展路线:实习教师→合格教师→骨干教师→优秀教师→学科带头人→专家型教师→特级教师→省市名师。二是走技术加管理路线,即技术管理路线(双肩挑),可先走技术路线、再走管理路线;或先走管理路线,再走技术路线。专业发展路线究竟如何走? 这就需要专业技术人员认真做出抉择。

专业技术人员在选择专业发展路线时,可从以下四个方面考虑:①我想往哪一路线发展。②我适合往哪一路线发展。③我可以往哪一路线发展。④哪条路线可以取得发展。专业发展路线的选择,也是专业发展能否成功的重要步骤之一。

步骤四:确立专业发展目标

专业发展目标的设定,是专业发展规划的核心。目标有动力功能和导向功能。一个人事业的成败,很大程度上取决于有无正确适当的目标。美国戴维坎贝尔说:"目标之所以有用,仅仅是因为它能帮助我们从现在走向未来。"一个没有专业发展目标的人取得成功是不可能的。例如,有一年,一群意气风发的天之骄子从美国哈佛大学毕业了,他们即将开始穿

---

① 石柠,陈文龙,王玮. 生涯规划与自我实现[M]. 广州:广东世界图书出版公司,2004:65

越各自的玉米地。他们的智力、学历、环境条件都相差无几。在临出校门前,哈佛对他们进行了一次关于人生目标的调查,结果是这样的:27%的人没有目标;60%的人目标模糊;10%的人有清晰但比较短期的目标,3%的人有清晰而长远的目标。25年后,哈佛再次对这群学生进行了跟踪调查,结果是这样的:3%的人,25年间他们朝着一个方向不懈努力,几乎都成为社会各界的成功人士,其中不乏行业领袖、社会精英;10%的人,他们的短期目标不断地实现,成为各个领域中的专业人士,大都生活在社会的中上层;60%的人,他们安稳地生活与工作,但都没有什么特别成绩,几乎都生活在社会的中下层;剩下27%的人,由于他们的生活没有目标,过得很不如意,并且,常常在抱怨他人,抱怨社会,抱怨这个"不肯给他们机会"的世界。其实,他们之间的差别仅在于:25年前,他们中的一些人知道为什么要穿越玉米地及怎样穿越玉米地,而另一些人则不清楚或不很清楚。①

如何制订专业发展目标呢?

第一,弄清制订专业发展目标的依据。制订专业发展目标以自己的最佳才能、最优性格、最大兴趣、最有利的环境等信息为依据②。

第二,把握制订专业发展目标的原则。制订目标有一个"黄金准则"——SMART原则。SMART是英文5个词的第一个字母的汇总。好的目标应该能够符合SMART原则。S就是specific,意思是设定目标一定要具体,也就是目标不可以是抽象模糊的;M就是measurable,是目标要可衡量,要量化;A就是attainable,即设定的目标要高,有挑战性,但是一定要是可达成的;R就是relevant,设定的目标要和该岗位的工作性质相关联;T就是time-based,对设定的目标,要规定什么时间内完成。

经常自问以下三个问题,能够帮助专业技术人员在陷入危机之前发现你的目标③。①你有何才能? 把它们全部列出来,选择3种最重要的才

---

① 朔方雨. 职业生涯自己规划[J]. http://www. hr - salon. com /bbs/viewthread. php tid = 23077.

② 罗双平. 职业生涯规划基本步骤[J]. 中国人才,2000(1).

③ Richard J. Leider. David A. Shapiro. "十全十美的工作?"[J]. 职业经理人文摘,1999 (4).

能,然后把每种才能用一两个词来表达,例如,"我最重要的 3 个才能是我的听力、创造力和表达能力。"②你的追求是什么? 什么是你梦寐以求的,使你希望为之付出更多的精力? 究竟哪些事情你愿意一展才华? 在哪些主要领域你愿意投资自己的才力? 例如,"我的追求是从事成人发展和帮助人们发现他们的生活目标。"③什么环境让你感到如鱼得水? 什么样的工作和生活环境最适合你发挥自己的才能? 例如,"我最适合在随意的学习环境或与别人一起浏览自然风景时,展现出我的才华。"现在,将上述问题的答案列出来,将每个答案中你认为最重要的因素结合起来组成一个完整的句子。比如,"我的生活目标是利用我的听力、创造力和表达能力,帮助人们在自然环境中发现他们的生活目标。"也许你会发现自己的职业生涯目标有多个。如果你在不断探寻,你最终会发现它们当中贯穿着一条内在的主线。因此,你要经常重复上述问题。

第三,选好专业发展目标的类型。专业发展可以从时间和性质两个维度来进行分类。一是从时间上来分,可以把专业发展目标分为短期目标、中期目标和长期目标。短期目标一般为 1 ~ 2 年,短期目标又分日目标、周目标、月目标、年目标。中期目标一般为 3 ~ 5 年。长期目标一般为5 ~ 10 年。二是从性质上来分,可以将其分为内专业发展目标和外专业发展目标。内专业发展目标包括观念目标、工作能力目标、工作成果目标和提高综合素质目标。外专业发展目标包括职务目标、工作内容目标、工作环境目标、经济目标等。① 例如,某中学语文教师专业发展目标是:在 5 ~10 年内完全适应中学教学及科研工作,成为语文学科带头人,取得高级教师职称。

第四,坚持目标。目标就是力量,奋斗才会成功。古今中外凡在智能上有所发展、事业上有所成就的人,无不有着明确而坚定的目标。例如,英国前首相本杰明·迪斯累里原本是一名并不成功的作家,出版数部作品却无一能给人留下深刻印象。后来,迪斯累里涉足政坛,决心成为英国首相。他克服重重阻力,先后当选议员、下议院主席、高等法院首席法官,直至 1868 年实现既定目标成为英国首相。对于自己的成功,在一次简短

---

① 董静.专业发展视阈下教师职业规划的流程与标准[J].教育科学论坛,2011(7).

的演说中迪斯累里一言以蔽之:"成功的秘诀在于坚持目标。"明确而坚定的目标是赢得成功、有所作为的基本前提,因为,坚定目标的意义不仅在于面对种种挫折与困难时能百折不挠,抓住成功的契机,让梦想一步步变为现实,更重要的还在于身处逆境能产生巨大的奋进激情,使自己的潜能得到最大发掘与释放。①

步骤五:拟订专业发展规划

一般来说,专业发展规划应该包括以下五项内容。

(1)基本情况

①姓名、性别、年龄、健康状况、婚否、参加工作时间、专业技术职务、工作单位;

②学习经历、培训经历;

③规划的起止时间。

(2)自我认识和成长环境评估

①目前自己所处专业发展阶段的检测,以及检测后得出的优势、劣势结论和对自己将来的基本展望;

②对职业道德、专业理论等个人条件、潜力测评,以及测评后得出的优势、劣势结论;

③对社会环境、组织(企业)环境、家庭环境的评估,以及评估后得出的机会、挑战(威胁)结论。

(3)专业发展目标定位

①确立的专业方向;②专业发展的总目标;③专业发展的阶段性目标。

(4)拟采取的行动

①首先找出自身观念、知识、能力、心理素质等方面的差距;

②制订具体的方法、策略,以实现各阶段的目标。

(5)评价标准和方法

①预期目标的评价标准;

---

① 孙烨,曾天一,王葵. 对大学生职业生涯设计的思考——合适的目标与职业生涯[J].经济研究导刊,2009(2).

②评价方法。

步骤六：设计行动计划与措施

设计行动计划与措施是制订专业发展规划的关键环节。设计行动计划与措施是指制订落实目标的具体措施和行动方案，主要包括工作、教育、培训、实践、构建人际关系网、谋求晋升等方面的措施。例如，为达成目标，在工作方面，你计划采取什么措施，提高你的工作效率？在业务素质方面，你计划学习哪些知识，掌握哪些技能，提高你的业务能力？在潜能开发方面，采取什么措施开发你的潜能等，都要有具体的计划与明确的措施。并且，这些计划要特别具体，以便于定时检查。① 俗话说：心动不如行动。因为只有行动，才有成功的可能性，只有从现在做起，才能完成专业发展规划。

步骤七：定期实施评价

实践是检验真理的唯一标准。专业发展规划要在实施中去检验，看效果如何。这里的评价是指在达到专业发展规划目标的过程中，专业技术人员自觉地按标准衡量、评定其目标实现情况，总结经验和教训，修正对自我的认知和最终的专业发展目标。专业技术人员要自觉、及时地诊断年度目标的执行情况，确定哪些目标已按计划完成，哪些目标未完成。对未完成目标进行分析，找出未完成原因及发展障碍，制订解决障碍的对策及方法。

步骤八：专业发展规划的调整

俗话说："计划赶不上变化。"影响专业发展规划的因素主要有组织目标的调整、市场需求的变化、行业的快速发展、国家政策的调整等，很难提前预测到。要使专业发展规划行之有效，就必须不断地对专业发展规划进行修正，以适应条件的改变，同时也为下一轮专业发展规划提供依据。修正的内容主要包括职业的重新选择、专业发展路线的选择、专业发展目标的修正、行动计划的变更等。

---

① 罗双平. 职业生涯规划基本步骤[J]. 中国人才,2000(1).

【案例与评析】

［案例背景］

陈新，男，35岁，毕业于我国一所著名高校的机械自动化专业，1997年以优秀硕士毕业生的资格被分配到北京一家大型国有企业担任产品设计工作。然而，由于公司一业务发展受到外企冲击，加上单位领导无方，公司很快到了靠卖地给员工发工资的地步，与陈新一同分配来的年轻同事们纷纷辞职，陈新也在两年后跳槽到了一家欧资公司任机械工程师。在这家规模不大的外企，陈新工作上游刃有余，与同事的关系也十分融洽。

不过，欧资企业的管理相对松散，工作压力也不大，对于希望能够在技术上有所创新的陈新而言，越来越缺乏吸引力。因此，陈新在一年半后再次跳槽，进入一家全球顶尖的美资公司，职位仍然是工程师。

此后三年中，陈新参与了公司的三项重要技术项目，其中在两个项目中担任主设计师，而且，这两个项目都获得了该公司全球范围内评选、颁发的为数不多的技术奖。其间，陈新结婚了，家庭生活很幸福。但是，随着工作的日趋程式化，陈新已经没有当初进入公司时对工作的那种热情了。相反，每年公司组织的针对年轻员工管理技能方面的一些培训，激发了陈新对管理职位的兴趣。只是，公司内的各级管理人员，要么是美国总部派来的高管，要么是中国公司成立初期招聘的那批搞技术出身的老员工，陈新发现自己转为管理岗位的机会很少。陈新也想过转到其他公司找机会，可发了几封应聘信，回信都询问他是否对技术岗位感兴趣。不久，陈新家买房了，装修、搬家等杂务使夫妻二人近一年的生活都乱了套，转工的事情也被拖延下来。

转眼到了2005年3月。陈新搬进了新家，生活逐渐恢复正常。公司在过去一年中没有新的技术项目，越来越感到工作没劲，其职业发展又成为家里的重要议题。很巧的是，陈新偶然从网上看到一条信息，是欧洲一个著名的基金会组织的"国际经理人培养计划"，招募有技术背景的年轻人到欧洲攻读MBA，基金会提供奖学金，学员读书期间在欧洲企业实习，毕业后被派回中国分公司。看到这则信息，陈新觉得豁然开朗，马上提出申请,并于 4 月初顺利通过面试。据基金会中国办事处的负责人介绍:"根据往年情况,只要通过面试的人员同意前往,就没问题了"。由于正式的录取信要等 6 月底到欧洲与企业见面后才能发放,陈新又正在考驾照,他便辞了职,一边上驾校、一边复习英语。

2005 年 7 月初,陈新一行 12 人赴欧洲参加企业面试,旅行费用由基金会担负。不料,结果大失所望:到见面会的企业寥寥无几,12 人中最终只有 3 人与企业签订了协议,陈新空手而回。基金会的负责人向大家深表歉意,但已于事无补。陈新极度失望,回来后马上通过网络投放简历。然而,直到 2005 年 12 月,还是没有找到合适的管理职位,甚至连陈新一向擅长的技术岗位也没找到。①

[案例评析]

虽然陈新在硕士毕业后近十年职业生涯中取得了非常瞩目的成就,但是仍存在以下问题。

(1)个人职业生涯发展目标不明确。确定自己的职业目标是一个人职业发展的重要起点,是事业成功的前提条件。从本案例我们可以看到,虽然陈新是个有抱负而且素质很高的年轻人,但他并没有很明确的职业发展目标,每次职业上的转换都有些"无意识",而且,工作、生活中的其他事件(如获得嘉奖、买房等)会影响他对所向往的管理职位的追求。由此可以判断:陈新并未真正将从事管理工作,成为出色的管理者作为自己的职业目标,至少这个目标不明确。这使得陈新在职业发展过程中很难有的放矢地投入精力,以至于不断被外界的事务干扰自己的行动。

(2)个人职业生涯发展的路径选择不确定。一个人达成自己的职业成功,选择正确的职业发展路径也非常重要。其实,根据陈新的知识、学历及经历,既可以沿着高级专业技术人员的成长路径发展,也可以按照技术管理人员的成长路径发展。然而,陈新在两条路径的选择中显得犹豫不决。在为自己技术方面的成就及由此得到的嘉奖陶醉的同时,又因为不甘心于当"一辈子受人领导"的技术人员而对管理岗位心向往之。由于

---

① 苏文平,方维敏. 专业技术类人才职业生涯发展方略探讨[J]. 中国人力资源开发,2006(6).

未能尽早确定自身生涯发展的路径,陈新在职业成长中显得举棋不定。

(3)未对自身职业素质及所处职业环境进行系统评估。职业目标的确定,必须考虑个人的兴趣、价值观、性格、能力等多种职业因素。同时,还应该对自己所处的职业环境有清楚的认识和正确的评判。本案例中的陈新虽然技术能力很强、对管理职位有强烈的兴趣,但并未曾根据管理岗位的职位要求对自身职业素质进行系统评估。而且,他所从事的行业,是偏重于成本发展战略的传统行业,企业的管理人员往往是以内部提升为主的,加之陈新扎实的专业知识和在原公司的技术背景都很难为其"管理技能项"加分,因此,他从欧洲回来后寻求管理职位就显得有些盲目,所以,很难得到积极的回馈。

(4)选择职业转换的时机和方法不科学。一个人的职业成功除了其职业素质外,还取决于其对职业机会的把握能力。只有把握适时的职业机会,才能成功地实现职业成长(职务晋升)或进行职业转换(部门或行业的转换)。陈新在转换职业时,显得不够慎重。由于一些客观原因,近年来,"每年12月份至来年2月份为转工高峰期"成为越来越显著的现象。而陈新选择4月初离职,正是各个公司人员岗位刚刚就绪的时期;虽然有一些初级管理人员会因为出国攻读MBA而在7~8月份辞职,但7~11月间也是人力资源市场相对的"淡季",高级技术职位很少,符合陈新要求的管理职位更少。陈新在辞职前,没有考虑欧洲项目的风险,也没有虑及现实人力资源市场的情况,在欧洲项目出现问题后,陷入十分被动的境地。①

思考与练习

1.简述设计专业发展规划的本质是什么。
2.专业技术人员专业发展规划的特征有哪些?
3.请结合自身实践,谈谈制订专业发展规划对专业发展的作用。
4.谈谈影响你专业发展的主要因素。
5.简述制订专业发展规划的原则。

---

① 苏文平,方维敏.专业技术类人才职业生涯发展方略探讨[J].中国人力资源开发,2006(6).

6. 采用 SWOT 分析法分析自己的长处、短处、专业发展机会和威胁，并提纲式地列出今后五年内自己的专业发展目标。

7. 联系自身实际，谈谈良好的专业发展规划应具有的特征。

8. 制订出你的专业发展目标。

9. 结合自身和职业特点，制订出你的专业发展规划。

第八章 坚持反思 提高自主专业发展的核心竞争力

专业技术人员专业发展是一个持续不断的过程。反思是专业技术人员专业成长的根本途径。阐明反思的内涵与特征,探明反思对专业技术人员自主专业发展的意义,了解反思的形式,掌握反思的步骤和方法,提高反思能力,促进专业发展。

本章学习目标

理解反思的含义、特征和作用;正确认识反思的本质;理解反思的步骤;理解并掌握反思的方法。

第一节 反思的内涵与特征

明确什么是反思,是进行有意义反思的基本前提。探讨反思的内涵、特征和本质。

一、反思的内涵

在我国,人们早在古代就有"反思"的意识。反思又称反省。曾子提出:"吾日三省吾身,为人谋而不忠乎? 与朋友交而不信乎? 传不习乎?"即强调通过反思来促进自我的发展。老子强调"知人则智,自知则明"。古代学者所理解的"反思"更多的是"反省"。

在英文中,反思(refleetion)一词源于拉丁语动词"reflectare",本义为回转、返回。在西方,对反思的认识源于洛克、斯宾诺莎等人的论述。英国哲学家洛克认为,反思或反省是人心对自身活动的注意和知觉,是知识的来源之一。斯宾诺莎认为:理智向着知识的推进即反思。从哲学的层面为反思下定义,最有代表性的是德国哲学家黑格尔与中国现代哲学家冯友兰的观点。黑格尔则直接把反思看做是"以思想的本身为内容,力求思想自觉其为思想"①。冯友兰说:"哲学是人类精神的反思。所谓反思,就是人类精神反过来以自己为对象而思之。"②杜威被认为是对反思问题做较系统论述的第一人。19 世纪 30 年代,杜威在《我们怎样思考》一书中将反思界定为:"对于任何信念或假设性的知识,按其所依据的基础和进一步结论而进行的主动的、持续的和周密的思考。"伯莱克(J. Berlak)认为:"反思是立足于自我之外的批判地考察自己的行动及情境的能力。使用这种能力的目的是为了促进努力思考以职业知识而不是以习惯、传统或冲动的简单作用为基础的令人信服的行动。"根据黑格尔的论述并参考马克思的相关评论,揭示反思的几种主要和基本的含义。③ 首先,反思是一种事后思维。黑格尔谈论反思,许多场合使用的是"后思"(Nachdenken)一词。其次,反思是一种本质性的思维。反思是要逾越间接性,诉诸事物的本质和根据。再次,反思思维是一种批判性思维。反思一词含有反省、内省之意,是一种批判性思考,是贯穿和体现批判精神的。最后,反思思维是一种纯粹的思维,即纯思。就是说,它是一种以思想本身为对象和内容的思考,是对既有的思想成果的思考,是关于思想的思想(das Zurueckbeugen das Denken,das Denken des Gedachten)……真正彻底的反思思维方式不仅是后思的、本质的、批判的及纯思的,而且,同时还必须是"思辨的",即辩证的。

究竟什么是"反思"呢?《现代汉语词典》对反思的解释是:思考过去的事情,从中总结经验教训。一般来说,反思是指行为主体立足于以批判的眼光积极分析、监控、评价、修正自身或他人经验、行为和思维的过程,是一种高级的认知活动,是一种问题求解的特殊形式,是认识真理的高级的方式。反思是人类对自身的反观,是人以自身的思想和实践为对象的思考。"反思"具有以下几层含义。④ ①反思是一种思维,是一种特殊的抽

① [德]黑格尔.贺麟译.小逻辑[M].北京:商务印书馆,1980:39.
② 冯友兰.中国哲学史新编·(第一册)[M].北京:人民出版社,1982:9.
③ 侯才.论反思思维[J].长白学刊,2002(1).
④ 王福益.反思——教师专业成长的强大力量[J].当代教育论坛(宏观教育研究),2008(3).

象思维。②反思是一种工具。通过反思,可以获得一些间接知识,可以使感性认识上升到理性认识,从而把握事物的本质。③反思是一种心理活动,不仅思考外在事物,还思考思维本身。所以,更准确地说,反思是一种元认知活动。④反思是一种实践,由困惑、疑问引发的不确定性心理导致的探索性实践。⑤反思是一种追求实践合理性和理论合理性的综合实践运动过程。

从本质上说,反思是一种理论与实践之间的对话,是研究的自我和实践的自我进行的对话,又是理想的自我与现实的自我的心灵上的沟通。反思是沟通理论与实践的桥梁,是一个动态的持续过程。反思的目的就在于考察事物的本质,进而为人们变革现存世界提供某种理想目标及实现这种理想目标的某些观念性的方法途径。

二、反思的特征

反思是一种自我观照、自我扬弃、自我确认和自我追求。反思具有以下基本特征。

1. 自觉性

反思不是一时的冲动,也不是偶尔为之,而是由强烈的求知欲所促进,由驾驭理论解决实际问题的愿望所驱动,由渴望成功追求超越的志向所激励。这种强烈的进取心、责任感和执着追求,必然极大地增强专业技术人员反思的自觉性。

2. 独立性

反思表现一个专业技术人员能够丝毫不受外来因素的影响,独立发现问题、独立分析问题、独立解决问题的程度。不盲从,不迷信,发表自己的独到见解。

3. 实践性

反思发生并贯穿于整个专业活动过程的始终,反思结果最终会使专业技术人员工作效能提高。实践是反思的起点、基础和归宿。

4. 探究性

反思不仅是回顾已有的心理和实践活动,而且,要寻找其中的问题及解决问题的有效途径。

5. 批判性

反思的主要特征是思维的批判性,即习惯于批判性地、反复深入地思考问题,敢于对自己或他人的思维结果或思维路径进行评判,善于辨别真伪,提出反驳,敢于否定原有的经验,及时发现错误,纠正偏差,弥补知识缺陷。[①]

6. 调控性

反思不仅强调对思维结果的检验,更重视对思维活动过程的回顾,因而对思维进程具有方向和策略的调控作用,使主体能及时对思维过程及结果进行自我监控调节,做到迷途知返。[②]

第二节　反思与专业技术人员自主专业发展

反思是专业技术人员内在自我发展、自我完善的关键和发展趋势。明确反思的意义,是进行有意义反思的动力源泉。

一、反思是专业技术人员自主专业发展的核心要素

反思被广泛地看做是专业技术人员专业发展的决定性因素。美国心理学家波斯纳在 1989 年提出个体成长的公式:经验 + 反思 = 成长。并说:"没有反思的经验是狭隘的经验,至多只能成为肤浅的知识。"只有当专业技术人员意识到自己经验的局限性,经过反思进行批判、调整和重构,把狭隘的经验不断地置于被审视、被修正、被强化、被否定等思维加工中,去粗存精,去伪存真,使狭隘的经验得到提炼,得到升华,从而成为一种开放性的系统和理性的力量,对后续行为产生深刻的影响,成为促进专业技术人员专业成长的有力杠杆。苏格拉底曾说过,没有反省的生活是无价值的。没有经过反思的经验是狭隘的经验,系统性不强,理解不深透,它只能形成肤浅的认识,并容易导致专业技术人员产生封闭的心态,不仅无助于而且还可能阻碍专业技术人员的专业发展。正如布鲁克菲尔

---

① 汤维曦. 培养反思能力,优化思维品质[J]. 福建教育学院学报,2006(1).
② 汤维曦. 培养反思能力,优化思维品质[J]. 福建教育学院学报,2006(1).

德(S. D. Brookfield) 所说:"当我们认真进行批判反思的时候,我们才会对职业发展开始产生不同的想法。反思过程的本质体现在我们总是处在发展的过程之中。"当一个人透过批判性的自我反思来修正旧有的或发展全新的假设、信念或观看世界的方式时,质变学习就发生了。质变之后,学习者不再是原来的自我,而是思想意识、角色、气质等多方面显著变化了的学习者,类似于蛹化蝴蝶或丑小鸭变白天鹅的过程。在这样一种质变的过程中,反思具有十分显著的作用,因为这种方式更加具有包容性、明辨性、渗透性和整合性特征。①多一份反思,就多一份提高,就与优秀人才更接近一程。法国牧师纳德·兰塞姆去世后,安葬在圣保罗大教堂,墓碑上工整地刻着他的手迹:假如时光可以倒流,世界上将有一半的人可以成为伟人。一位智者在解读兰塞姆手迹时说:如果每个人都能把反省提前几十年,便有 50% 的人可能让自己成为一个了不起的人。他们的话道出了反省人生的意义。人生很重要的一点就是能根据不同时期、不同阶段、不同身份的变化,经常掂量自己,正确评估自己,准确定位,真正做到"人贵有自知之明"。歌德曾说:"有一种东西,比才能更罕见,更优美,更珍奇,那就是自知之明。一个目光敏锐、见识深刻的人,倘又能承认自己有局限性,那他离完人就不远了。"②例如,对教师而言,华东师范大学著名教授叶澜认为,一个教师写一辈子教案不一定成为名师,但如果写三年的反思则有可能成为名师。这是对教学反思重要性的最好诠释。可见,反思对促进专业技术人员专业发展,具有极其重要的作用。

二、反思有助于提升专业技术人员的科研能力

反思是专业技术人员以自己的专业活动为思考对象,对自己在专业中所做出的行为及由此产生的结果进行审视和分析的过程,具有研究性质,不是一般意义上的"回顾"。这种研究既是个体性研究,也是群体性研究。在反思活动中,专业技术人员要不断地发现问题,研究问题,解决问题,会不断地追问"为什么",这样追问进一步激发专业技术人员学习的自

① 姚远峰. 试论反思与成人学习研究[J]. 河北师范大学学报(教育科学版),2009(5).
② 张晓林. 浅谈教育过程中的自我反思[J]. 中学教学参考(下旬),2011(18).

觉冲动,将会增进专业技术人员的问题意识和解决问题的能力,从而促进了专业技术人员科研能力的提高。正如学者卡西尔所指出的:"反思应是不断探究他自身的存在物———一个在他存在的每时每刻都必须查问和审视他的生存状况的存在物。人类生活的真正价值,恰恰就存在于这种审视中,存在于对这种人类生活的批判态度中。"①

三、反思有助于培养专业技术人员的创新能力

反思本身就是创新,反思是对本质的追问。有反思才有探究,有探究才有认识,有认识才有破译,有破译才有创新。反思使专业技术人员发现不足,渴望新知。反思的问题来源于实践中的真实问题,没有现成的答案,没有千篇一律的准则,也无章可循,解决办法往往需要创造性。善于反思的专业技术人员往往不满足现成的答案和经典的方法,这就有利于专业技术人员创新意识的形成。善于反思的专业技术人员在行动上往往表现为独行敢钻,敢对传统观念进行反判和对常规行为挑战,敢于寻根问底,找出自己的新答案,这就必然导致独创,促进专业技术人员创新能力的提高。一般来说,反思越自觉,越积极,就越容易出现创新,就越能增强创新能力。

第三节　反思的形式和基本步骤

明确反思的步骤是进行有效反思的核心和关键。专业技术人员只有遵循反思的一般步骤,对所得经验进行深入的思考,才能得到快速的成长。

一、反思的形式

对于反思,不同的分析视角可以得出不同的分类。美国当代教育家、哲学家唐纳德·舍恩(Donald schon)提出了"反思性实践"理念。舍恩提

---

① [德]卡西尔. 甘阳译. 人论[M]. 上海:上海译文出版社,1985:8.

出了三种反思性实践的形式。①

（一）行动中的反思

舍恩认为，专业实践可以划分为两个层次，一个层次被称为高硬之地（a high hard ground），在这里，情境和目标都是清晰的，实践者能够有效地运用科学理论和技术去解决问题；另一个层次被称做沼泽之地（a swampy lowland），这里充满了"复杂性、模糊性、不稳定性、独立性和价值冲突"②。处于这一层次中的问题，是无法靠"学校的知识"加以解决的，所要借助的只有"行动中的知识"。这种知识是由反思实践活动来澄清、证明和发展的，常常隐含在实践者面临不确定、不稳定、独特而又充满价值冲突的情境中所表现出来的那种艺术和直觉过程中，是借助艺术性，即在行动中生成的直觉而有效解决问题的能力来实现，并由现场的实验来推动和检验的。③ 行动中的知识通常是实践者在面对独特情境时即兴发挥的知识，这种知识是内隐的、自发的，并非理智的活动，它可能是一种创作，也可有能是一种直觉，但反思性实践要把握的恰恰是这种知识。

（二）对行动的反思

舍恩认为，对行动的反思是实践者行动过后的一种思考，与行动中的反思不同，这种思考是理智的，通常要借助于词语和符号进行。对行动的反思是以问题为本的，它要求实践者要尝试设定问题和解决问题。但是，"在真实的实践中，问题并不会以给定的方式呈现在实践者面前，而是需要在混乱、繁杂和不确定的材料和情境中去构造的"④。反思就是实践者与问题情境的循环对话，实践者以往的经验被应用于情境，在某种思想架构下，情境中的某一方面得到了强调，问题被设定，情境被再组，解决问题

① 贾维周. 舍恩的反思性实践理念与社会工作教育[J]. 安徽农业大学学报(社会科学版),2007(5).

② D. A. Schon. the reflective practitioner:how professionalsthink in action[M]. New York:Basic Books. 1983:39.

③ D. A. Schon. the reflective practitioner:how professionalsthink in action[M]. New York:Basic Books. 1983:141.

④ D. A. Schon. the reflective practitioner:how professionalsthink in action[M]. New York:Basic Books. 1983:40.

的行为开始产生。① 但是,对行动的反思并不是以科学知识驱动实践、对事物进行预测和控制的过程,因为实践者在这种不确定的情境中能够看到什么,取决于他们如何解释实践的背景,取决于他们在重组情境时与情境进行试验性"对话"的方式,这种与情境的反思性交流(Reflective Exchange)会导致情境因素的进一步组织和再组织。②

(三)行动中反思的反思

舍恩认为,对行动中反思的反思是建立在实践者已有的反思的基础上的,这是为提高实践者的反思能力服务的。可以说,在实践者从事的是反思性实践活动的意义上,对行动的反思与对行动中反思的反思并没有本质区别,舍恩引入这一概念旨在说明在专业教学如何培养反思实践者,突出反思实践者培养过程的反思性质。③

对教学而言,根据反思的具体时间分类,反思性教学可分为教学前反思、教学中反思、教学后反思三种类型。例如,中学教师周如俊说近三年来,我总是在忙碌的工作之余在网络上进行教学反思:教后想想,想后写写,认真思考教学的得与失,如教学目标是否达成,教学情景是否和谐,学生积极性是否被调动,教学过程是否得到优化,教学方法是否灵活,教学手段的优越性是否被体现,教学策略是否得当,教学效果是否良好。并坚持每天挤出时间来写作一篇短文,在网上与网友交流。说也奇怪,这种想想后动动笔、写中有学、学中有思的网络随笔或记录,虽不成"正文",但几乎"每投必中"! 在短短不到 12 个月时间内,在省级以上刊物发表或自动被录稿有近 150 多篇教学论文或随笔,教育教学水平也日趋提高,学生反映我的教学内容鲜活了,不再枯燥乏味了,教学方法变得灵活多样了。这种网上虚拟教研互动交流教学过程中、教学研究中的心得体会,真正让我尝到教科研的甜头,教研与写作水平也日趋成熟。④

---

① 洪明. 教师教育的理论与实践[M]. 福州:福建教育出版社,2007:217.
② 洪明. 教师教育的理论与实践[M]. 福州:福建教育出版社,2007:248.
③ 洪明. 教师教育的理论与实践[M]. 福州:福建教育出版社,2007:248.
④ 周如俊. E网反思随笔促我成长[J]. 信息技术教育,2006(6).

二、反思的基本步骤

杜威、伊比和约翰逊等都指出了反思过程的循环性①,图8-1说明了反思的过程。在每个实例里面,反思的第一步都与问题有关。杜威称这样的问题为"被感觉到的困境(a felt difficulty)。"舍恩使用"问题情境(problematic situation)"一词来表示反思的第一个步骤。

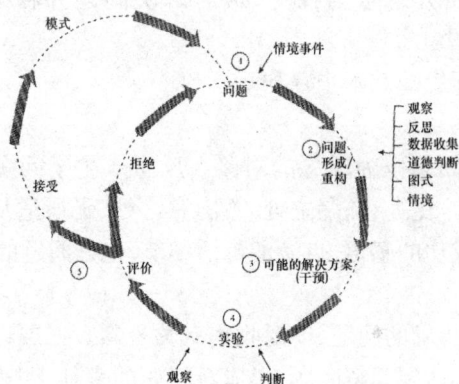

图8-1　反思过程模型

反思过程的第二步是从第三者的角度去看具体情境以形成问题或者重新建构问题。杜威认为这一步骤是了解问题,对问题进行定位和定义的过程。伊比和库加瓦通过观察、反思、数据收集、考虑道德原则等分析这一过程。这些举措使反思者在脑中勾勒出了一幅"思维过程图",帮助其确认问题。情境和图式的特征也在这一步骤中显现出来。此时,反思者将当前事件与过去的事件相比较,弄清问题并寻找可能的解决方案。一旦反思者试图从常规中找答案(虽然当前的情境可能是非常规的),或者说根据过去相似的经验寻求解决问题的办法,他们就会做预测并形成一些可能的解决方案。在随后的观察和实验中,这些方案会得到系统化的检验。并且,反思者会判断这些方案的有效程度。杜威将这一过程看

①　[美]Germaine L. Taggart,A. P. W. 赴丽译. 提高教师反思力50策略[M]. 北京:中国轻工业出版社,2008:5.

作一种科学研究过程。

评价是最后一个步骤,包括评价方案的实施过程及实施后果,进而决定接受还是拒绝该方案。如果方案被证明是成功的,那么,它会被用于以后类似的情境或者成为一种常规。如果方案失败了,那么,问题会重新被建构并重复以上过程。

从以上典型的反思步骤来看,反思这一循环过程是以具体问题为起点,针对该问题展开思考与探究,最后解决问题并将改进的计划付诸行动。

一般而言,反思的基本步骤如下。

1. 明确问题

选择特定的问题作为反思的对象。反思产生于问题,问题来自于日常专业行为之中。比如,疏漏之处、不满意之处、无所适从之处、失败之处是问题的来源,成功的感悟,点滴的鲜活细节,也是问题的来源。

2. 分析问题

一要围绕已明确的问题,广泛收集有关资料。二要以问题为中心,分析所收集的资料,达到理解问题,形成对问题的表征,明确问题根源所在。在这个阶段,专业技术人员既是各种信息的收集者,又是冷静的自我批判者,同时也是经验的描述者。

3. 确立假设

专业技术人员重新审视自己专业活动中的所作所为,积极主动地吸取新的信息,在已有的知识结构中搜寻与当前问题相关的信息,重新提出新的假设,制订新的实施方案,力图解决当前所面临的问题,建立解决问题的假设性方案,指导行动。

4. 验证假设

在对假设的各种效果进行认真评价后,将假设性方案付之于实践,并根据实践的结果验证假设性方案的合理性,将验证中发现的新问题作为下一轮反思的内容,如此反复,直至问题的解决,形成一种螺旋式的上升形态。

这四个反思过程并不是孤立的,每一个过程都不可能与其他过程截然分开,每一个过程都与其他过程密切联系、相互贯通。

第四节 反思的方法

进行反思是专业技术人员专业成长的根本途径。那么,如何进行反思呢?

一、反思日记法

1. 反思日记法的含义

反思日记是记录作者的经历、价值观和信念的内在过程的书面陈述和载体,能够促进写作者的认知和情绪不断显现。①

2. 反思日记的类型

常见的反思日记类型有点评式、提高式、专项式、跟踪式、网络式。

例如:

科学种田与因材施教②

2005 年 2 月 12 日

那天看新闻,说是现在农民种田,先取土壤样品,交给某专业机构化验土壤成分,然后再决定氮、磷、钾等各种肥料该施加哪种、加多少!

我想到了我们的教学!我们的教学有时还像旧时农民那样,不管什么样的土地,要施肥吗?那就氮、磷、钾一齐加;要播种吗?要么全种玉米,要么全种棉花。从不考虑这块地适合种什么,也从不考虑这块地到底是缺哪种肥料!反正只要收成不好就说土地贫瘠。

其实不是地不好,是农民没有科学种田!其实不是孩子不好,是我们没有因材施教!

3. 反思日记的格式

日记的格式或段落可以包括事件发生过程中的经历、与他人的对话、

① Corey, G. , Corey, M. &Callanan, P. Issues and Ethics in the Helping Professions (7th ed).〔M〕. Belmont, CA:Brooks/Cole,Thompson Learning,2007.

② 赵桂霞,宿仲瑞. 在反思中成长—谭海霞老师教育反思日记的启示[J]. 基础教育课程,2005(10).

深度的感触、隐语和期望等。Jarris（1992）指出，蹩脚的日志通常有两种：记流水账或一般性经验总结，而出色的日志应具有解决问题、受到启发、对实践经验的理性化等特征。

4. 反思日记的内容

根据波斯勒的研究，对话日记一般包括以下几个内容。

（1）事件发生的日期和具体时间。

（2）简要说明当天所发生的事件。

（3）根据事件对你影响程度的不同重点记叙一两个情节。

（4）对事件情节的分析。

——可能的解释。

——事件的重要性。

——从中可以学习到什么。

——该事件让你想到了哪些问题。

——关联事件。

——从业者的责任。

分析的维度①：

①对事件的所有可能性的解释；

②事件的意义；

③已经学会的内容；

④提出的问题；

⑤自己对事件的看法；

⑥在此事件中，我的责任是什么？

⑦……

对教师教学而言，巴莱特（1990）认为教学日记应记录"课堂常规性的和有意识的行为，与学生交谈，教学中的重要情节，教师个人生活情况，我们对教学的认识，对教学有影响的课堂以外的事情，我们对语言教学的观点"①。

5.反思日记的价值

写反思日记能够对专业技术人员持续发展起到重大的作用,是提高专业技术人员专业水平的重要手段。

(1)促进思考向纵深发展。"反思是人们思考已有经验的过程,通过反思,指导其实践的理论知识就会复现,而这种复现启发是理解理论知识的关键。"②日记作为工具为我们提供了反思的机会。在书写我所思(I think)、我所学(I learn)时,要对所学内容进行思考和表达,这样做有利于知识的转化和巩固。书写我所感(I feel)、我建议(I suggest)时,要对所学内容进行感受和反思,有利于所学知识的理解和内化。③ 有利于专业技术人员分析、认识、改变和超越自我。

(2)促进理论学习的深入开展。马雷(Donald Murray)说:"越写得多,你会越了解你要学的学科,了解世界,了解你的自我。我们描写自己已知的东西,更多的是探索。我们用语言把经验、感情和思想组合成能与读者分享的有意义的东西,这就是为什么要写,写就是学。"写反思日记是一种学习,这种学习不是已知的再现,而是向纵深发展。

(3)促进科研意识和科研能力的不断提升。只有文字的不断落实和积累,才能使专业技术人员既具有丰富的经验又善于理性地思考。写反思日记不仅积累材料,而且为科研奠定了基础。

例如,教师崔宝玉,2007 年 7 月本科毕业,同年 9 月参加工作,2007年—2010 年,一直担任初一至初三的政治课教员兼班主任,2008 年和2009 年连续两年获得濮阳市优质课一等奖,有 4 篇论文分别获得省市级奖励。自参与本课题实验以来,坚持写工作日记,迄今已有 10 多万字的博文记录。他在工作上是同龄人中的佼佼者。

问:你在平时的教学中是如何做的? 你觉得哪些做法对你的成长有

---

①　Jack C. Richard&Charles Lockhart,Reflective Teaching in Second Language Classrooms,[M],ambridge Press,2000:F8 .

②　Cohen JA,Welch LM. Using informational technology to teach reflective practice[J]. Nurs Forum,2002,6(4):108.

③　刘巍,刘玉锦. 护理专业学生评判性思维能力的培养[J]. 中华护理教育,2009(3).

较大的推动作用?

　　答:我平时在教学中考虑了很多问题,并及时把它写在教学日记中。每一学期期末我都在想:还有哪些事情我下学期要继续努力,争取做得更好,并确保我的计划都能实现。为此,我花了大量的时间阅读专业书籍。同时,为了弥补不足,我还会列出一些清单,清单上包括哪些事情做得比较好,哪些事情还需进一步努力。另外,我为自己设置真实的工作目标。例如,今年的目标之一就是要把更多家长的精力吸引到孩子的教育问题上来,并和他们建立融洽的关系,这样他们就能理解我工作的辛苦并更好地配合我工作的展开。目前这项工作进行得很顺利。在期末的家长会上,他们真心地感谢我,感谢我对孩子的帮助,有些还掉下了眼泪。我认为对我成长有较大推动作用的做法之一是经常参加各种培训。俗话说得好:"三人行,必有我师。"只有经常反思,学习别人的风格和长处,自己才会不断完善、进步。

　　教学日志上面,记录了教师每天都进行了哪些教学工作。通过写教学日志,教师们给自己提出了许多问题,比如,"我对学生的个别关注够吗?""我怎样将学校制定的学习标准和我自己喜欢的教学活动结合起来,并借以把我的快乐传递给学生?""我怎样才能确保学生们将课堂上学习到的知识运用到实践生活中去?"教师们通过写日志的方式促进自己的思考,记录和理清自己的思路。通过这种方法,老师们解决了很多教学中遇到的问题。

　　除了经常反思自己的教学表现外,成长快的教师在追求自己的目标上,还表现出了坚持不懈的精神。他们会经常评估自己在最近一段时间的进步状况。时刻牢记自己的目标,不断地调整自己的教学方法以适应变化的环境和成长的学生朝着自己的最终目标努力。①

　　二、行动研究法

　　反思的重要途径就是专业技术人员进行高层次、全方位的行动研究。行动研究是最高层次的反思,也是促进专业技术人员专业发展的最好

---

　　① 丁桃红. 反思日记——教师快速成长的起点[J]. 教育艺术,2011(8).

反思。

1. 行动研究法的含义

行动研究是指有计划、有步骤地对专业实践中产生的问题,运用观察、谈话、测验、问卷调查等多种手段,分析产生的原因,设计研究方案,以求问题解决的一种科学研究方法。它是一种由实际工作者在现实情境中自主进行的反思性探索。

2. 行动研究法的步骤

行动研究包含计划、行动、观察、反思四个基本环节,其中,计划与反思最为重要。这四个环节是环环相扣的,缺一个都是不完整的,且是一个无休止的螺旋向前推进的探索过程。它以解决工作情境中的实际问题为主要目的,强调研究与实践的一体化,使实际工作者从工作过程中学习、思考、尝试和解决问题。行动研究在第九章有专述,在此不再赘述。

3. 行动研究反思的价值

行动研究反思,是专业技术人员专业发展的一种有效途径。

三、理论反思法

理论反思法是指对照专业理论反思自己的专业行为。专业理论不仅可以帮助专业技术人员更好地理解自己的行为和想法,而且,还提出实践的多种可能性;不仅为专业技术人员提出问题提供启悟,也为专业技术人员解决问题达致顿悟提供土壤和环境。只有将实践中反映出来的问题上升到理论层次加以反思,才能探寻到根源,使专业技术人员的合理性水平得到提升和拓宽。

其方法是:专业技术人员用专业理论寻找自己存在的不良专业行为,并探求解决的方法和途径;专业技术人员用专业理论来评价和发展自己的专业行为,促使专业行为的转变和创新。

四、案例研究反思法

案例研究反思法是专业技术人员以某一事件或现象为研究样本,通过观察、反思等反复地分析和研究,以案例的形式来揭示其内在规律的科学研究方法。进行案例研究反思可以促使每个专业技术人员研究自己理论与自己日复一日的实践之间的联系,借助研究解决专业实践中的问题,分享别人成长的经验。

一般地说来,案例的基本要素有案例背景、案例事件和对案例事件的反思。撰写案例要遵循亲历性、典型性、复杂性和形象性原则。

案例研究反思法的基本环节是:案例描述—案例分析—案例归纳—新案例的创设—专题研究。①案例准备。撰写或选择针对性强的案例。②讨论与分析案例。对案例进行讨论的目的是找出问题所在,提出解决问题的方法和途径。讨论和分析时,一要认真剖析案例,大胆阐述自己的观点;二要重视吸取别人的观点和思想,进一步完善自己的观点,取长补短,相互补充,以期获得正确的思路和方法。③总结案例讨论。对本次讨论所运用的理论知识、难点、重点及需要深入思考的问题,提出本次讨论的成功和不足之处,得出结论。④撰写案例分析报告。⑤通过对特殊案例的分析取得新的发现,或通过对同类案例研究,概括出一般性结论。

五、交流对话反思法

交流对话反思法是指专业技术人员之间采用交流研讨的方法,反思自己的专业行为,使自己清楚地意识到隐藏在专业行为背后的专业理论,从而提高专业能力的方法。它类似于平常召开的小型专题研讨会。

交流对话反思法的基本环节是:描述—共同解密—共同追根究源—整理重建。下面以教师交流对话反思为例,阐明具体的操作程序。①

综合有关研究(Emery,1996;Pulrorak,1996),我们认为,以5~10人(或教研组)为单位,开展对话反思活动较好。在每次活动中,有一个组织者主持这次活动,由革新教师主讲,其他教师提问。这就要求革新教师事前准备一份书面材料(相当于小型论文,内容要体现下面程序中涉及的方面),分给每位教师一份。其他教师要在活动前认真阅读材料,并提出下面程序中的问题。进行对话反思法的程序如下。

---

① 俞国良,辛自强,林崇德. 反思训练是提高教师素质的有效途径[J]. 高等师范教育研究,1999(4).

1. 描述阶段

其他教师提问:你做了什么革新? 如何做的?

革新教师回答:详细描述革新的过程、方法。

2. 共同"解密"阶段

其他教师:你为什么这样做? 这样做意味着什么? 这样做体现或运用了哪些教学规律?

革新教师:阐述自己运用的教学规律及其与所进行的教学活动的联系。

其他教师:说明自己对上述问题的认识,并与革新教师讨论彼此认识上的差异。

3. 共同追根究源阶段

其他教师:这样做的前提假设是什么? 反映了革新者什么样的价值观和信念? 这些教学规律和理论的来源何在? 该理论思想出现和存在的社会、文化、政治背景怎样? 革新教师和其他教师讨论解决上述问题。

4. 整理重建阶段

革新教师和其他教师每个人写一篇总结,对革新内容及上述问题的答案加以整理归纳,以获得某种深入的认识。

专业技术人员的个体反思有一定的局限性,如果多个人在一起相互讨论,共同切磋,聆听"多种声音",彼此提出建议和不同观点,则颇有"振聋发聩"之功,进行更为深刻、更为全面的反思。"同事们可以作为一面批判的镜子,反射出我们行动的影像……当我们聆听他们讲述相同的经历时,就可以检查、重构和扩展我们自己的实践理论。"[1]"对话的过程本质上就是对话主体双方的视界融合的过程……在开放的对话中,对话者与自我、文本、他人的互动过程是一个不断反思的过程。在这里不仅文本、他人的思想,更重要的是自我也成为反思的对象。"[2]交流对话反思可提高专业技术人员的能力。

---

[1] Stephen D Brookfield. 张伟译. 批判反思型教师 ABC[M]. 北京:中国轻工业出版社,2002:44.

[2] 李冲锋,许芳. 对话:后现代课程的主题词[J]. 全球教育展望,2003 (2).

六、录像反思法

录像反思法是指通过录像再现专业技术人员的专业实践过程,让专业技术人员以"第三者"的身份看自己的专业实践过程录像,以收到"旁观者清"的效果。

录像反思法的基本环节是:理论学习—实践和录像—观看录像—反思评价—修改完善方案。下面以教学录像反思为例,阐明具体的操作程序①。

(1)理论学习。学习了解本干预方法的内涵、意义、目的和方法。可以通过自学和听讲座相结合的方式进行。

(2)观看示范课录像。进行观察学习,并练习分析教学中运用了哪些教学技能、策略和方法,以及为什么要这样做。具体要从语言、板书、导入、讲解、提问、演示、变化、强化、练习指导、结束、课堂组织等环节或方面着手,分别分析其特点、类型、效果。

(3)备课。在熟悉教材和学生的基础上编写教案,教案要详细说明每个环节所应用的技能、策略、方法(教师行为)和预想的反应(学生行为和教学效果),这点是通常的备课不强调的。

(4)教学实践和录像。听课人员有学生、教研员、其他教师等。在正式上课前,教师要简明扼要地说明教学计划。对教学过程进行全过程录像。

(5)反思评价。包括如下几步:

①主讲教师在不看录像前,根据前面的若干环节和方面做自我分析和评价;

②主讲教师和听课人员一起观看录像;

③看过录像后,主讲教师重新进行自我分析,分析要详细;

④听课人员评课,并填写课堂教学评价量表;

⑤教师自己统计量表,考察自己的优点和问题。

---

① 俞国良,辛自强,林崇德. 反思训练是提高教师素质的有效途径[J]. 高等师范教育研究,1999(4).

（6）修改教案。针对教学中存在的问题修改教案，以备重复实践。

（7）写教后感。以简要的文字写教后感，评价自己的优劣得失，并写出改进计划。如能上升到理论认识的高度更好。

录像反思法帮助专业技术人员从第三者的角度反观自己，可将他人的评价和自我反思结合起来，对自己在录像中的行为和语言进行详细分析，有针对性地进行反思，发掘自己的优势和弱点，从而有效地提高能力。

例如，为了提高探究式教学能力，我选择了高三复习课"化学定量实验的设计"，进行课堂教学研讨，为了体现探究式教学，我设计了很多问题。课后，我和同事一起利用课堂教学录像对自己的这节课进行了观察记录。统计发现，这节课中，我和学生的对话次数多达80次，这些对话基本上都是我提问学生回答，而且候答时间不足4秒，甚至没有停顿，没有给学生充分的时间去自由地思考，因而学生回答问题的质量并不高。通过回顾、观察自己的课堂教学，我才发现，我精心设计的探究式教学演变成了"满堂问"式的教学。学生只是跟着我设计的问题转，而由学生主动提出问题进行的探讨几乎没有，很难开发学生的创新思维。在今后的课堂教学中，自己应该少讲少问一点，应该鼓励学生积极思考，主动参与，主动提问或表达自己的观点，尽量避免一问一答的"伪探究式"教学方式。

俗话说"旁观者清，当局者迷"，课堂教学录像有着其他媒介不能比拟的直观性和真实性，教师可以借助教学录像来进行教学反思。教师可以对照自己的课前预设，重现自己的课堂教学过程录像，以旁观者的身份来审视它，可以清晰地分析自己在课堂教学过程中的教学亮点和败笔之处。我想不少教师刚看到自己的录像，会用"惨不忍睹"来形容自己："我的手放得多难看""我的话真啰嗦""这个问题怎么可以这样提""整节课怎么都是我自己在讲"，看着录像，我们会不断地发现问题。

我们还可以在录像播放中找出一些自己觉得很特别的画面，将其静止或反复播放。如果是自己的得意之处，就可以及时总结和积累自己的教学经验；如果是不足之处，更应该反复观看此段录像，反省为何当时会如此而为，是否妥当，下次应如何改进。教师除了自行浏览自己的教学录像带，还可以找一位（或几位）同事一起观看教学录像带，共同进行教学交流和探讨，对教学现象或问题进行比较深入的分析和思考。如果我们能经常通过课堂教学录像进行教学反思,坚持不懈,长此以往,我们就会逐步更新和完善自己的教学理念。①

【案例与评析】

［案例背景］
中小学名师成长过程的特征分析
——基于江苏名师成长案例的研究(节选)②

对实践经验的反思是名师专业成长的重要途径。善于反思是教师专业化的核心要素。美国心理学家波斯纳曾归纳出教师成长的公式:"成长=经验+反思"。这说明了教师不能只满足于已有的经验,更重要的是要对自己的经验进行不断反思,否则,教了几十年的书,只不过是在机械重复老一套的教学方法。

名教师在完成教学任务的时候,并不满足于已经取得的成果,而是勇于自我反思,主动地回顾重现自己的教学行为表现,进行批判性的分析,进行调整。他们时时刻刻都在学习,不断完善自己。孙双金老师在自己的成长过程中,用一种自我反省的形式,把所思所想用文字记录下来,以此来改进自己的教学实践。工作以来,他已经写下了几十万字的文稿,他在实践中不断总结自己的教学经验和提炼自己的教育思想,提出了"情智教育"理念。可以说这一理念的形成是他长期进行反思性教学实践的结果。于永正老师有两大习惯,"思考的习惯"和"操笔为文的习惯",这都是他勇于反思的一种行为表现。他通过"思考"、"琢磨"教学,通过"操笔为文"写教后记,对教学活动的意义价值和运作方式不断自我解读、批判与反思,在不断反思中,"知错就改","常教常新"。

［案例评析］
在教育教学实践过程中教师的反思与重建,是教师个体发展的保障。

---

①　张再萍.在教学反思中成长[J].化学教学,2011(9).
②　方健华.中小学名师成长过程的特征分析——基于江苏名师成长案例的研究[J].教育研究与实验,2011(4).

只有当教师能自觉主动地反思时,教育教学实践才具有提升人的价值。通过反思性教育教学实践,教师获得的将是面对真实的自己,寻求真实的发展空间,获得真实的自我更新。他获得的不仅仅是积极的生命情态的修养,而且是自身思维方式与观念系统的不断更新,是自身生命意识的不断觉醒,是不断展现、生成更大的生命力量的过程。

正因为勇于反思,名教师在自我完善方面表现出较高的自觉性,他们时时刻刻都在学习,不断完善自己,加强各方面的修养,因而也能够很快战胜困难,适应新的环境,执著坚定地追求人生的成功。名教师的成长是一个实践、反思、再实践、再反思,不断提高和完善自己的教学艺术的过程。

思考与练习

1.什么是反思?

2.反思的实质是什么?

3.联系自己的专业实际,论述反思对专业发展的作用。

4.反思有哪些类型? 每一种反思的主要内容是什么?

5.请结合自己的专业实际,列举几种反思的方法,并举例说明。

6.请结合自己的专业实际,写一则反思日记。

7.请结合自己的专业实际,采用行动研究法进行一次反思。

第九章 实践行动研究 升华自主专业发展

行动研究是促进专业技术人员可持续发展的最有效途径。专业技术人员应努力成为一名行动研究者,扎实有效地开展行动研究,以保证自身的可持续发展。本章阐述行动研究的起因、含义和特征,行动研究对专业技术人员自主专业发展的作用,行动研究的基本步骤与操作要领。

本章学习目标

理解行动研究的内涵、模式和特征;掌握行动研究对专业技术人员专业可持续发展的作用;掌握行动研究的步骤;掌握行动研究的方法。

第一节 行动研究法的内涵、模式及特征

分析行动研究法的起因、内涵、模式及特征,加深对行动研究必要性和重要性的认识。

一、行动研究的起因

行动研究始于社会活动领域。可以说行动研究是面对理论与实践相分离的弊端而建立起来的。"行动"与"研究"在西方社会科学中,原本是用以说明由不同的人从事不同性质工作的概念。"行动"主要指实际工作者的实践活动与实际工作,"研究"主要指专家、学者、研究人员等理论工作者的学术性探索活动。由于人们对行动和研究的这种认识,使行动与研究长期处于分离状态,二者之间缺乏有机的联系。研究者埋头于书斋或实验室研究,缺乏对实践应有的关注;实践者得不到研究者的帮助,不能直接从观点各异的科研成果中获益,理论与实践脱节的问题非常严重。

最早将"行动"与"研究"这两个概念联系在一起的是美国联邦政府印第安人事务局局长约翰·柯立尔(J. Collier)。1933 - 1945 年,约翰·柯立尔在担任美国联邦政府印第安人事务局局长期间,在探讨如何改善印

第安人与非印第安人之间问题的研究中,提出了由印第安人事务局的实际工作者与其他研究人员共同合作解决问题的方法,并将这种实践者在实际工作中为解决自身面临的问题而进行的研究称为"行动研究"(Action Research)。约翰·柯立尔(J. Collier)1945 年发表的《美国印第安人行政管理作为民族关系的实验室》一文中提到依靠科学家、行政人员、群众三方面的力量来解决民族问题,即体现了行动研究法的最基本的思想。

20 世纪 30 年代后期,许多社会学家和教育学家开始对行动研究发生兴趣,一些学者对行动研究的思想做了研究和阐发。早期的行动研究得到比较系统的阐述,得益于美国社会心理学家库尔特·勒温。库尔特·勒温等人在研究中发现,社会学者如果只凭个人兴趣研究,他们的研究往往会忽视社会要求,而实践工作者又往往陷于自己日常事务之中,被自己的事务淹没,很难对自己的实践行为进行理性反思、追问和整理,因而也就无法做出"有条理有成效的行动"[1]。1946 年库尔特·勒温在《行动研究与少数民族问题》一文中,正式提出行动研究的概念、功能和操作模式。《行动研究与少数民族问题》一文中提出:"没有无行动的研究,也没有无研究的行动"的论断,并把行动研究定义为"将科学研究者与实际工作者之智慧与能力结合起来以解决某一实际问题的一种方法"。在他看来,行动研究课题来自实际工作者的需要,研究在实际工作中进行,由实际工作者和研究者共同参与完成,研究成果为实际工作者理解、掌握和实施,并且以解决实际问题、改善社会行为为研究目的。行动研究从此正式诞生。行动研究使"行动"与"研究"二者结合起来,其实质是"解放那些传统意义上被研究的他人,让他们自己接受训练,自己对自己进行研究"[2]。

20 世纪 80 年以来,行动研究开始在世界范围内推广。目前,英国、美国、澳大利亚、德国、新西兰、日本、新加坡、瑞典、挪威等国家也都广泛开展了行动研究。行动研究已经发展成为一项声势浩大的国际性运动。

---

① LEWIN K . Resolving Social Conflicts [M]. New York:Happer& Brother, 1949:10.

② 陈向明. 质的研究方法与社会科学研究[M]. 北京:教育科学出版社,2000:32 .

二、行动研究法的内涵

在瑞典教育学家胡森(HusenT)等主编的《国际教育百科全书》中,世界著名行动研究学者,澳大利亚迪金大学(DeakinUniversity)凯米斯(S. Kemmis)教授在为这部辞书撰写的"行动研究法"的词条中写到:行动研究法是"由社会情景(包括教育情景)的参与者、为提高所从事的社会或教育实践的理性认识,为加深对实践活动及其依赖的背景的理解,进行的反思研究"①。行动研究法最为直接简明的定义,是由埃里奥特(John LElliott)提出的。埃里奥特认为:"行动研究是社会情境的研究,是以改善社会情境中行动品质的角度来进行研究的研究取向。"行动研究作为一种研究方法,是以提高行动质量、解决实际问题为首要目标。行动研究法作为一种科学研究方法,包含了以下四层意思。② ①一般和特殊相结合。行动研究法是通常情况下对特定问题所做的分析和决策。②专业科研人员与实践者相结合。两者都参与从计划制订到结果评定的全过程。③实践和理论相结合。④连续评价和即时评价相结合。在动态环境下,根据目标的要求,持续不断地对每一次行动的修改做出即时评价,以达到改进实际工作的首要目标。

行动研究的基本理念可以概括为"为行动而研究"、"对行动的研究"和"在行动中研究。③ 行动研究解决了专业研究人员的研究脱离实际、实际工作者的工作缺乏理论指导的问题,形成用理论指导实践,在实践中丰富和发展理论的良性循环。行动研究给我们的重要启示在于以下几个方面。④ ①它冲破了过去为科学而科学研究的实验室真实验禁区,在科学主义真实验的理念下,要想保持实验的精确可信,就必须严格控制被试,这样实验结果在现实生活中的有效性就大打折扣甚至根本行不通。行动研究实际上为后来的准实验研究、自然实验研究,提供了重要的事实依据。

① S. Kemmis, Action Reserch . 国际教育百科全书(第1卷),贵阳:贵州教育出版社,1990.
② 戴长和等. 行动研究概述[J]. 教育科学研究,1995(1).
③ 沈映珊. 关于行动研究的研究[J]. 中国电化教育,2000(9).
④ 秦金亮,李忠康. 论行动研究方法在实施素质教育中的作用[J]. 青海师范大学学报(哲学社会科学版),2001(1).

这是因为行动研究将现实的有效性放在第一位。②行动研究改变了行为社会科学群体从事科学研究的基本范式，以前社会科学家们从事科学研究的程式是先对某一群体或某一现象做某些方面的观察、分析研究，然后把研究结果及其建议、见解写成文章、著作，研究工作到此结束，这是典型的书斋式、象牙塔式研究。研究者们并不在意其研究结果的作用与反馈，研究者们更没有将这种反馈作为影响现实社会、组织、团体、个人的一种方式。从实践的角度看，这样的研究往往不会引起现实生活中人们的广泛关注，更谈不上被接纳并转化为实际行动，这样的研究只能束之高阁，让尘埃和岁月来表明现实生活对此的漠视。行动研究正是切中了这一弊端，以改变现实世界为己任，勒温、怀特从事领导方式和行动研究，目的是以社会心理实验促进民主化进程。勒温、米德从事食物习惯行动研究，为的是改变美国人的饮食习惯，为战争分忧解难，他们的研究成效自然会引起社会的广泛关注和重视，这里公众的广泛参与，是行动研究真正的秘诀。③行动研究以改变现实生活的成效作为检验研究结果的最重要效度，实际上奉行的是"实践是检验真理的唯一标准"，改变了过去社会人文科学检验研究成果的评判价值趋向，这在今天仍然值得我们重视。时下学界只求论文数量与刊物等级，有多少人重视研究成果被现实接纳并产生社会效益呢？这是值得我们认真总结和反思的。

下面我们来看两个比较典型的行动研究法的实例。①

实例一：北京市某中学姜老师开展的"改进数学作业，提高高一学生数学学习质量的实验研究"。

1994 年秋，姜老师任教高一两个班的数学课，其中一个班的中考数学平均分在全年级 5 个班中排名第五。姜老师决心要改变这个班数学差的现状。他一方面改进课堂教学，另一方面加大作业量，除了课本上的习题一律全做外，还要做区里发的大练习本。一学期结束后，期末考试成绩平均分仍排年级第五。

他深感这个成绩与学生做作业所付出的心力相比，相差甚远。于是他决定用行动研究法来提高班上学生的数学学习质量。为此，他打算在

①　陶文中. 行动研究法的理念[J]. 教育科学研究 1997(6).

现有的教学条件下对作业加以改进。其具体做法如下。

界定问题:他阅读有关学习理论及有关数学作业改革实验的文献资料,请市教科所研究人员指导,经认真研究,确定以改进数学作业的量和质,提高练习效果作为研究主题。

文献探讨:确定研究主题后,他广泛深入地收集有关改进数学作业练习的各种资料,从中获知数学作业的目的、形式、作业量与练习效果的关系等相关理论。

拟订计划:根据文献及对问题的分析,确定高一(1)班(中考数学平均分最低班)为实验班。借用观察法、实验法等教育科研方法进行数学作业练习的研究。教学内容为高一第二学期的代数和立体几何的全部知识。

收集资料:姜老师根据研究设计,收集和整理学生对数学作业的意见,发现学生对数学作业兴趣低落,练习效果不佳,原因是重复练习多,缺乏一定难度的习题且题型单调。

设立假设:根据分析研究,姜老师推出行动假设——对数学作业进行结构调整,即每次作业中模仿性练习题和创造性练习题的比例为7:3或者8:2,可以提高数学作业的练习效果。

实施行动:根据行动方案,姜老师开始进行改进数学作业的实验。他观察并记录了学生的作业时间和作业正确率,发现中等以下学生完成创造性练习题有一定困难,于是不断调整创造性练习题的难度,使多数学生能通过创造性思考解答出创造性练习题。

评价效果:在实验过程中,该班学生数学成绩逐渐上升,在高一第二学期期末年级统一考试中位于年级第二,差异非常显著。这表明实验确有成效。最后撰写了研究报告,总结了成功的经验。

实例二:台湾苗栗县建功国小钟校长进行的“国民小学厅颁图书管理方法之研究”。

钟校长发现“台湾省教育厅”所发的《中华儿童丛书》,学校未能充分加以利用,学生阅读的人数很少,因此,他决定从事管理方法的研究。其研究过程及结果如下。

成立研究小组:由校长及教务处有关人员组成研究小组。

提出研究假设:先调查该读物的管理现状,找出困难及缺点。针对困难,提出假设——集中管理,机动轮调,必可提高该读物的借阅率。

拟订初步计划:由研究小组的教务处成员拟订验证上述假设的研究计划草案,提交研究小组研讨修正。

讨论修正研究计划:将研究小组修正后的计划草案提交校务会议讨论修正。

实施计划:先整编读物,再拟订管理办法,并指定各班读物管理的学生,低年级则由教师负责领取或更换。

进行试验并收集资料:共有八种资料来源,如各班借阅记录、儿童意见调查、本校与外校教师对试行方法的评估,以及本校与外校高年级儿童阅读人数调查等。

研讨改进:在试行中发现由图书馆向各班分配图书种类的办法不能配合教学进度,于是改为图书种类的分配视教学需要而定,自由选借。

资料整理与分析:统计师生评估意见及各班借阅次数,计算借阅率,并与外校借阅率进行比较,发现存在显著性差异。

结论与建议:证实"集中管理,机动轮借",可增加儿童借阅率,并可减少管理困难,有助于教师进行集体"阅读指导",值得推广。

从上述两个实例可以看出,行动研究法有以下两层含义。

(1)行动研究法,研以致用,是一种应用性研究方法。它面向实际,服务于实际,始于问题的发现,而终于问题的解决。在此过程中,研究者一边研究,一边行动,在行动中研究。它以问题是否解决,工作质量有无改进,改进多少,即以实效性作为其成功与否的价值判断的依据。

(2)行动研究法,兼容性强,是一种综合性研究方法。根据研究问题的性质和研究过程的需要可借用各种教育科研方法,如观察法、调查法、测验法和教育实验法等。一般以观察法和教育实验法最为常用。如前面举的两个实例,在界定问题时,都借用观察法和调查法。实例一还用到了文献研究法。两项研究在拟订计划、设立假设、实施行动、收集资料及评估结果等一系列行动研究步骤上,基本上运用了教育实验法。

三、行动研究法的类型和适用范围

根据参与研究成员成分和研究重点,可将行动研究法分成不同的类型。根据参与研究成员成分不同,行动研究可以分为以下三种类型。

1. 独立型行动研究

独立型行动研究是指行动者针对实践中存在的问题,在没有专业研究人员和同行的帮助和指导下,独立进行的旨在解决实践问题的研究。在这种研究中,行动者和研究者统一于一人。其特点是研究的规模小,研究问题范围窄,见效快。

2. 支持型行动研究

支持型行动研究是指行动者组织若干研究小组,自己提出并选择需要研究的问题,自主决定行动研究的方案,外来的专家则作为咨询者帮助行动者形成理论假设、安排具体的研究方法,并共同评价研究的过程和结果。其特点是可发挥多个行动者的智慧和力量,针对性强,但理论指导较欠缺。

3. 合作型行动研究

合作型行动研究是指由行动者、专业研究人员、政府资助者等组成的研究队伍,从事某些实际问题的研究。研究的问题是由行动者、专业研究人员一起协商提出,并共同确定研究结果的评价标准和方法。这是典型的行动研究,也是行动研究的较高层次和理想状态。其特点是有较强的理论指导,研究力量强,能充分发挥领导、行动者、专业研究人员的作用,研究的结果可能有助于较为普遍的问题的解决。

随着行动研究的深入开展,这种研究方式现已广泛运用于社会科学的各个领域,特别是组织研究、社区研究、医务护理、教育、科研等领域。

四、行动研究法的特征

将行动研究与正式的研究进行比较,阐明行动研究与正式的研究的区别,加深对行动研究法的特征的认识。

(一)行动研究与正式的研究的区别

行动研究是从实际工作需要中寻找课题,在实际工作过程中进行研究,由实际工作者与研究者共同参与,使研究成果为实际工作者理解、掌握和应用,从而达到解决实际问题,改变社会行为目的的研究方法。行动研究与正式的研究有什么区别呢？博格认为有以下九方面区别。①

　　（1）研究者所需的技巧不同。大多数研究者需要广泛的训练以便熟练地使用正式的研究的方法。定量研究者需熟练使用测量技术和数理统计；定性研究者在收集和解释大量的资料时需要专门的技巧。而行动研究者一般不需要具备有关研究设计和解释的高级技巧，一般教育实践者都可以进行行动研究。

　　（2）研究目的不同。正式的研究的目的在于发展和检验理论，使知识具有更广泛的适应性。而行动研究的目的只在于获得能够直接应用于当下情境的知识，它既改进实践也提高研究者的能力。

　　（3）确定研究问题的方法不同。正式的研究中总是通过阅读前人的研究来提出研究的问题。这些问题可能出于研究者个人的兴趣，但与研究者的工作实践并不一定直接相关。行动研究主要研究那些影响实践者自己或同事的工作效率的问题。

　　（4）对文献研究的态度不同。在正式的研究中，广泛的文献研究尤其是获得原始资料是必要的。而在行动研究中，研究者只需要对相关的研究有一个大致的了解，有关的文献评论所提供的第二手资料也可以作为理解的材料。

　　（5）选择参与者的方式不同。在正式的研究中，研究者倾向于选择具有代表性的样本，以便增加研究结论的普遍意义，消除影响结果的某些偏见。而行动研究往往研究自己的学生或相关人员。

　　（6）研究设计不同。正式的研究强调周密的计划以便控制某些影响结果的解释的无关变量。而行动研究在设计的程序上不那么严格，往往比较自由地在行动中做出某些改革，在研究过程中能比较迅速地调整。对情境的控制与偏见的消除并不特别看重。

　　（7）资料收集的程序不同。在正式的研究中使用有效的和可靠的资料收集方法去获得资料，在正式的的研究之前还可能做一些必要的预测

　　①　Uses Gall. J. Gall, M. Borg, W. (1993) Applying Educational Research: A Practical Guide, Longman, 3rded, pp. 390 - 410; Gall, J. Gall, M. Borg, W. (1999) Applying Educational Research: A Practical Guide, Longman. 4th ed, pp. 478 - 480.

以便确定其有效性。而行动研究往往使用比较方便的方法,如观察、与学生谈话或课堂测验。

(8)资料分析的方式不同。正式的研究往往使用复杂的分析程序,而行动研究一般关注它的实际效果而不讲究统计意义。

(9)结论的应用不同。正式的研究往往强调结论的理论意义及对后续研究的可能启示。在行动研究中,研究者最关注的是研究结论所具有的实践意义,并暗示这些结论对他们同事的专业实践可能会有一些应用价值。

(二)行动研究法的特征

行动研究法与其他科学研究方法相比较,还具有如下特征。

1.参与性

在行动研究中,被研究者既是实践的主体,又是研究的主体,被研究者自始至终都要参与行动研究。

2.真实性

行动研究的环境就是真实的工作环境,它是走出图书馆或实验室的一种研究方法,研究工作就在问题发生的真实环境中进行。行动研究就是要针对这个环境中所产生的问题,直接谋求改善,解决问题。[1]

3.合作性

行动研究常常被称为"合作研究"。行动研究强调行动研究者与专业研究人员间彼此的协同与合作研究,提高研究的客观性与可靠性。

4.具体性

行动研究法是一种以解决专业活动中某一实际问题为导向的现场研究。行动研究的内容大都是研究者在专业或自身发展中遇到的实际问题。这些问题范围小,结构简单,相关因素少,比较具体。

5.行动性

行动研究的特殊性就在于它是"行动"研究,行动研究的目的、过程和方式等都与"行动"紧密相连。表现为:为了行动而研究,在行动中研究,对行动进行研究等。

---

[1] 和学新. 行动研究法简介[J]. 教育改革,1994(2).

6. 改进性

"改进"是行动研究的主要功能。行动研究以改进实际工作为主要目标,重视理论对分析实践问题和解决实践问题的价值,使实际的问题获得解决,但不追求得出系统的理论。

7. 系统性

系统性指行动研究把系统的研究过程公开化。这一过程包括:发现和确定研究课题,设计解决问题的方案,实施计划,观察、反思、评估结果,继续发现新的问题。斯登豪斯特别提出了行动研究作为一种"研究"的前提性资格问题。他说:研究是一种系统的、持续的、有计划的自我批判的探究,这种探究应该进入公众的批判领域。研究就是公开而系统的探究。"因此,采用比较科学的严密的研究方法为解决实际问题服务,是行动研究的理想追求。

8. 反思性

行动研究采用的是一种自我反思的方式,研究者在研究中要不断地进行规划、行动、观察、反思与再规划等历程,整个研究过程就是一个不断反思的过程。自我反思是行动研究的核心。传统性的研究方式——经验式研究是研究者对别人的研究,而行动研究突出研究者在研究自己。

第二节　行动研究与专业技术人员自主专业发展

研究是专业技术人员专业发展的必由之路。英国学者伊里奥特(J. Elliott)认为:行动研究是通过对社会实践情境的研究去提高该情境中行动的质量……行动研究的总过程——回顾、诊断、计划、实施和效果监控——为实践者自我评估和专业发展建立一个必然的联系。行动研究把日常工作课题化,课题研究日常化。从现象—诠释学的观点来看,行动研究甚至应该成为专业技术人员日常生活的一部分,成为改变专业技术人员生存状态的重要途径。行动研究对专业技术人员专业的发展和从业能力的提升都有着积极的意义。

一、行动研究能提升专业技术人员专业理论水平

较为系统的专业理论知识，是专业技术人员专业成长过程中所不可缺少的要素。从"经验型"专业技术人员向"研究型"专业技术人员的转变，很大程度上依赖于专业技术人员理论素养的提高。在行动研究中，专业技术人员常常因为自己理论功底的薄弱而感到解决问题时力不从心，这就要求专业技术人员结合自己的专业实践寻找和了解与所研究问题相关的理论，并从这些理论中有针对性地选取适合自己需要的内容，为问题解决提供理论指导和操作规范，从而保证行动研究的正确性。专业技术人员参与行动研究，在专业实践中不断地学习和提高，独自建构自己的知识和能力体系。行动研究为专业技术人员理论素养的提高提供了现实途径。

二、行动研究能提升专业技术人员发现问题的能力

问题是研究的出发点，是思想方法发展的逻辑力量，是生长新思想、新方法的种子。发现问题是行动研究的第一步，是分析问题，制订计划的前提。行动研究得以启动的第一步就是发现问题。专业技术人员参与行动研究，必然会增强对问题的敏感性，提高发现和提出问题的能力。

三、行动研究能提升专业技术人员反思的能力

反思的本质是一种理论与实践之间的对话，是这两者之间的相互沟通的桥梁，又是理想自我与现实自我的心灵上的沟通。行动研究是以实践"问题"为中心的反思性研究，是一个不断反思、不断反馈和调整的过程。在行动研究中，专业技术人员发现问题需要反思，提出问题需要反思，解决问题需要反思。由此可见，专业技术人员参与行动研究，在持续不断的行动研究中，反思意识和反思能力也必然会得到不断提高。

四、行动研究能提升专业技术人员创新的能力

"创新是一个民族进步的灵魂"。创新能力的提高是一个不断发现问题、解决问题的循环过程。行动研究是一个循环往复、永不停滞的过程，

专业技术人员在坚持不懈的行动研究中,在不断发现问题、分析问题并创造性地解决问题的过程中,自己的创新意识、创新能力也必然会得到不间断的提高。

第三节　行动研究法的步骤和方法

论述行动研究法的步骤和方法,不仅有利于行动研究的开展,而且有利于提高行动研究的质量。

一、行动研究法的步骤

开展行动研究是一个周而复始的长期过程,其中涉及的问题和细节也非常多,国内、外许多行动研究专家依据自己的理解提出了理想的程序。

(一)勒温行动研究法的步骤

《行动研究法》(S.凯米斯,张先怡译)中,对行动研究法的步骤的叙述是①:在方法上,对于行动研究法最重要的是一个由计划、行动、观察和反思所构成的,自我反思的螺旋式循环。于1944年前后首创了"行动研究"这一名词的库尔特·勒温曾用制订计划、实地调查和贯彻执行的说法来描述这一过程。

计划的制订通常发端于一个类似平常的想法。出于某种理由,似乎很想达到某个确定目的。如何准确地为此目的下定义,以及如何达到此目的常常不是很明确。于是,第一步就是依据现有能得到的手段,对该想法做仔细审查。常需对具体情况作更多实际调查。制订计划的第一步如获成功,则有两件事要办,即制订如何达到目的的"全面规划"和决定第一步的行动。此规划的制订对最初的想法已多少有所修正。

下一阶段用于执行全面规划的第一步。在高度发展的社会管理领域,如现代化工厂管理,或进行战争,这第二步之后接着要进行某些实地调查,以对某国的轰炸为例,在仔细考虑过各种各样的居住条件及对付目

---

① S·凯米斯.张先怡译.行动研究法(上)[J].教育科学研究,1994(4).

标的最好方式方法之后,可能选定某工厂为第一轰炸目标。空袭进行完毕,随即出动一架飞机进行侦察,目的在尽可能准确而客观地确定这一新的情境。

这种侦察亦即实地调查,有四种作用:显示取得的成就是超过抑或低于预期效果,从而给此次行动以评价;作为正确设计下一步行动的基础;作为修订"全面规划"的基础;给计划制订者提供一次学习机会,即增长新的普遍性见识。例知,有关某些武器或行动技术的力量与弱点的问题。

下一步再次由一个计划、执行和侦察即实地调查的周期所构成,目的在评价第二步的结果,为制订第三步计划准备合理的基础,以及为了再次修正全面规划。(库尔特·勒温,1952,第 564 页)

(二)凯米斯行动研究法的步骤

如果说库尔特·勒温主要是从一般社会科学的角度来勾勒行动究的总体图景,那么,凯米斯关于行动研究的步骤的观点是最为经典和通用的,它是对库尔特·勒温观点的丰富和完善。凯米斯在他的《行动研究的计划者》一书中,以图示的方式呈现了这一过程,如图 9 - 1 所示。

凯米斯进一步拓展了库尔特·勒温的行动研究程序,认为行动研究的核心就在于:由计划(planning)、行动(action)、观察(observing)与反思(reflecting)等环节构成的、螺旋式循环过程。①

(1)"计划"是行动研究的第一个环节。

"计划"环节包括三个方面的内容和要求。

①计划始于解决问题的需要和设想,设想又是行动研究者(行动者和研究者)对问题的认识,以及他们掌握的有助于解决问题的知识、理论、方法、技术和各种条件的综合。计划还应以所发现的大量事实和调查研究为前提。

②计划包括"总体计划"和每一个具体行动步骤方案,尤其是第一、二步行动计划。

③计划还必须要有充分的灵活性和开放性,要允许不断修正计划,把始料不及的、又在行动中显现出来的各种情况和因素容纳进计划。

① 郑金洲. 行动研究指导[M]. 北京:教育科学出版社,2004;33 - 34.

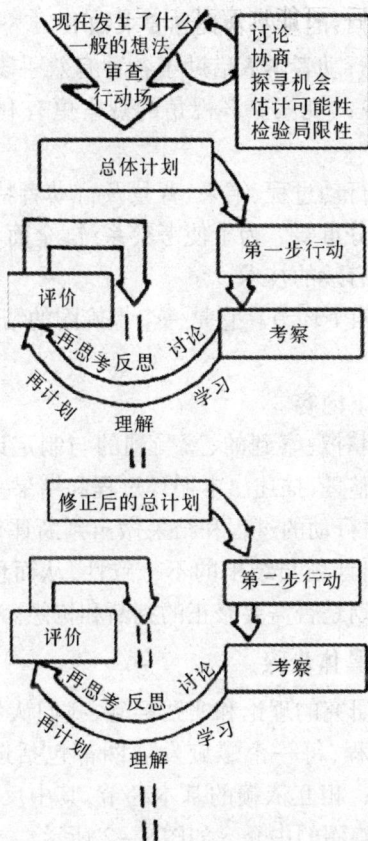

图9-1　凯米斯的行动研究螺旋式模型

（资料来源:kemmis, S. et al The Action Research Planner, Deakin U niversity Press, 1981. P4）

（2）"行动"是第二个环节,即实施计划或者说按照目的和计划行动。

在行动研究中,实施行动应该是:

①行动者在获得了关于背景和行动本身的信息,经过思考并有一定程度的理解后,有目的、负责任、按计划采取的步骤。

②行动又是灵活的、能动的,包含行动者的认识和决策在内的。实施计划的行动又是重视实际情况变化,重视实施者对行动及背景的逐步认识,重视其他研究者、参与者的监督观察和评价建议,行动是不断调整的。

（3）"考察"是第三个环节。

在行动研究中,考察的基本含义和要求如下。

①考察既可以是行动者本人借助于各种有效手段对本人行动的记录观察,也可以是其他人的观察。多视角的观察更有利于全面而深刻地认识行动的过程。

②考察主要指对行动过程、结果、背景及行动者特点的考察。考察在行动研究中的地位十分重要。为了使考察系统、全面和客观,行动研究的倡导者鼓励使用各种有效的技术。

(4)"反思"是第四个环节。它是一个螺旋圈的结束,又是过渡到另一个螺旋圈的中介。

这一环节包括以下内容。

①整理和描述,即对观察到的、感受到的与制定计划、实施计划有关的各种现象加以归纳整理,描述出本循环过程和结果。

②评价解释,即对行动的过程和结果做出判断评价,对有关现象和原因做出分析解释,找出计划与结果的不一致性,从而形成基本设想、总体计划和下一步行动计划是否需要修正的判断和构想。

(三)行动研究的具体步骤

综合国内外行动研究的理论和实践经验,我们认为,行动研究是一个螺旋式加深的发展过程,每一个螺旋发展圈都包括选题、计划、行动、观察、反思五个相互联系、相互依赖的基本环节,其中反思环节是第一个螺旋圈过渡到下一个螺旋圈的中介。如图9-2所示。

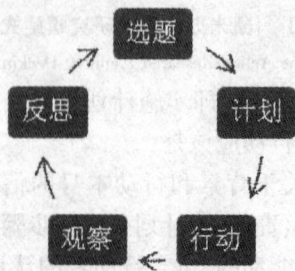

图9-2　行动研究具体步骤

1.选题

所谓选题,就是选择并确定要研究的问题。行动研究的问题通常就是专业技术人员所遭遇到的实际问题。专业技术人员必须以敏锐的批评目光来对待每天并发现实际工作中所遭遇的问题,分析确定问题的背景、可能成因、后果等。以下六个关键性问题,有助于专业技术人员探究自身面临的实际问题,发现行动研究的问题。①

①您所关注的问题是什么? 此问题具有何种性质? 此一问题的产生背景是什么?

② 您为何会对此问题产生兴趣,此一问题具有何种重要性?

③ 您对于此问题能做些什么贡献,其可行性与预期目标是什么?

④ 您能搜集到什么样的证据来帮助您了解或判断此问题?

⑤ 要如何搜集这些证据资料?

⑥ 如何能确认您对此问题的判断是正确的?

2.计划

计划即行动研究的实施方案。制订行动研究计划就是要确定行动研究的目的、方法、重难点,以及开展研究的时间和进度安排,人力、物力、财力、信息资源的支持等。行动研究计划的内容与要求如下。②

(1)行动研究的总体设想和目标或目的是什么? 预期的成果及其表现形式有哪些? 明确研究或行动的目标十分重要,它既是研究的方向和目的,又是评估和衡量研究成效的重要依据和标准。

(2)实现研究目标或目的的方式方法、策略、手段有哪些? 需要创造哪些新的条件开展行动研究? 有哪些理论可以为本项研究提供依据? 国内外同行在同类问题的解决过程中有哪些好的方法可以借鉴? 后两项工作需要查阅一定的文献资料和进行相应的理论学习或培训。

(3)采取何种形式开展研究? 是个体研究,还是和同事组成研究小组,或者约请专家与自己开展合作研究? 行动的进度及时间的安排如何?

① Mc Niff:J.(1995). Action research:Principles and practice. London:Rout ledge:57.

② 荆雁凌. 中小学教师怎样进行课题研究(八)——教育科研方法之教育行动研究法[J]. 教育理论与实践,2008(23).

最起码应安排好第一步、第二步行动研究内容。如果是采取与同事或专家合作的方式进行研究,在计划中要拟订合作的规则、行动如何协调等事项。

(4)采用哪些途径和方法收集反映研究过程和效果的资料和数据?如何对行动研究的过程和效果进行检测和评估?怎样对研究活动进行监控和检查?

3.行动

行动即把研究计划中设计的解决问题的途径和方法付诸实施。这一环节的主要内容有行动、适时调整研究计划。把计划付诸行动是整个行动研究工作成败的关键。

4.观察

观察是指对行动过程、结果、背景及行动者特点的考察。这一环节的主要内容:一要观察行动背景因素及影响行动的因素;二要观察行动的全过程,主要观察行动的结果,包括预期的与非预期的、积极的和消极的;三要搜集、分析研究资料,采用科学方法和各种技术手段,多渠道获取研究资料并分析研究资料。观察有四种作用[1]:一是评价行动,二是它为研究者提供一个学习的机会,三是它将为下一步计划提供经验,四是它为修改总体计划提供事实依据。

5.反思

反思是一个螺旋圈的结束,又是过渡到另一个螺旋圈的中介。这一环节的主要内容有整理与描述、评价与解释、撰写研究报告。

(1)整理与描述。专业技术人员将获得的信息和资料进行归纳和整理,描述出本次循环过程和结果。

(2)评价与解释。评价是一种持续不断的自我反思监控历程。布莱威尔(Blaekwell)曾举出七项标准来评价行动研究的进行。[2]

①问题界定是否明确。

关于问题的种类、范围、性质、形成过程、可能影响等,必须明确予以

---

①　寇冬泉,黄技.行动研究法及其操作程序与要领[J].广西教育学院学报,2003(3).

②　戴长和等.行动研究概述[J].教育科学研究,1995(2).

界定。

②概念的操作定义是否清楚。

与研究有关的重要概念，必须要清楚地赋予操作性定义，使观念的含义清楚地表示行动的成分。

③研究计划是否周详。

计划要考虑各方面的重点，然后详细制订进行步骤，按部就班予以完成。

④研究者是否按计划执行。

⑤资料汇集与记录是否详尽无误。

⑥考验研究的信度和效度如何。

研究所汇集的资料，不仅需要正确无误，而且必须与研究目的有关，否则将影响研究的"效度"；若含有数次测量的结果，应有很高的一致性，否则研究的"信度"将令人怀疑。

⑦资料的分析与解释是否慎重恰当。

将获得的数据及时进行分析，必要时可用统计方法对数据进行整理和解释。找出计划与结果的不一致性，从而形成基本设想、总体计划和下一步行动计划是否需要修正，需作哪些修正的判断和设想。何时我们可宣称某个行动策略是成功的？一般说来，应该是①：按照执行的方案，得到了"改善情境"的结果；执行的结果并未产生会损害正向效果的副作用；造成"改善"的效果可以在较长时期内维持下去。

（3）撰写研究报告。根据行动研究计划实施的结果，撰写完整的报告或论文，对整个行动研究方案进行整体评估。

下面以湖南省汨罗市的素质教育探索为例，分析行动研究的具体步骤。②

①设想——由于应试教育的长期影响，课堂教学造成了这样一些弊端：重"教"不重"学"，重"知"不重"思"，重"灌"不重"趣"。怎样才能调动学生学习的积极性，变应试教育为素质教育呢？看来首先应改进方法，

---

① 饶从满，杨秀玉，邓涛．教师专业发展［M］．长春：东北师范大学出版社，2005：215．

② http://www. dep. hrbie. Com/ keyan /10. htm.

建立新的教学模式。

②计划——课堂教学中,突出"学"字,从让学生"学会"转到培养学生"会学"上来;突出"思"字,从让学生"学答"转到培养学生"学问"上来;突出"乐"字,使学生从"要我学"转变为"我要学"。

③行动——改造教法、学法,为学生提供"学案",让学生可以"自己走路";用"疑"激"思",把教学活动变成全体学生的"思维体操",用学生喜闻乐见的方式进行教学设计,使学生乐中求知、得知。

④观察——观察备课、上课、评课是否都突出了"学法"、"思法"。

⑤反思——对整个教改的实践进行归纳整理,形成教改"三字经"。

二、行动研究的技术和方法

埃利奥特不仅对行动研究的阶段和模式进行了详细的讨论,而且也考察了行动研究常采用的技术和方法,并将行动研究收集资料的主要技术和方法列为以下几类。①

(1)日记(Diaries)。日记包含着"观察、情感、反映、理解、反思、奇想、假设、加速"等个人记录,记录并不是对情境的"纯事实"的报告,而是传递意欲参与的情感。会话和口头交流的记录,在与事件、环境的相互作用中,情感、态度、动机理解的回顾都有其价值。学生也可以记日记,日记是私人的,使用要经过作者的同意,教师不应强迫收日记,可采用开评估会的方式,让学生根据其日记发言。

(2)"传记"(Profiles)。传记是有关情境或个人的历时性记录,某种程度上也可以归结为日记,它既可以是有关课堂教学情境的,也可以是有关某个或某些学生表现的。

(3)文献分析(Document Analysis)。文献包含着与问题有关的信息,与课堂行动研究背景有关的文献包括工作大纲和计划,学校课堂报告,已用过的试卷、会议记录、工作卡和分配单、教科书、学生作业的样本等。

(4)图片资料(Photographic Evidence)。照片能捕捉到情境的视觉方

---

① 洪明. 当代英国行动研究的重要主张——埃利奥特论行动研究的过程与技术[J]. 外国教育研究,2003(5).

面。课堂行动研究的照片包括学生课堂学习、教师"背后"发生什么、教室的物质设备、教室社会组织的模式。照片可以是观察者拍,也可以是自己拍,它在研究者与其他参与者讨论时常用上。

(5)录音/录像和抄录(Tape/Video Recordings and Transcripts)。录像常由观察者完成,研究者使用常会分散精力,固定录像往往会忽略非课堂教学片段、学生与某个特定学生的语言交流。带麦克风的手提录音机较少分散教师的注意力。将录音转抄成文字有利于教师更加重视发生了什么而不是简单地听和看。

(6)"局外观察者使用"(Using an Outside Observer)技术。这一技术主要是在课堂教学的背景中,通过外部观察者对课堂教学的真实记录和描述,使教师能够从"外部"来观察和反省自己的教学活动。外部观察者在观察前,可先行对被观察者所关心或认为有意义的问题作必要的了解,以使自己观察的问题与教师所关心的问题相吻合。从观察者的角度说,可使用的技术包括拍摄照片并注上附言、录音、录像、作详细的课堂观察记录、让教师与观察者会谈并让教师接触到上述记录等等。

(7)访谈(Interviewing)。访谈是一种从他人角度探讨教学过程的途径。访谈可以是结构化的、半结构化的和非结构化的。结构化访谈的问题是访谈者预先设定好的,非结构化访谈则由被访者提出问题和论题,当被访者提出问题和论题后,采访者再请他们作进一步的解释。半结构化处于这两者之间。埃利奥特认为,行动研究的初始阶段最好采用非结构化访谈方式,以尽可能对到底收集什么样的问题信息保持开放,在对应收集哪些相关信息较为明确后,再转向较为结构化的访谈方式。但即使进行结构性访谈,埃利奥特认为也应给被访者留下提出问题空间。

(8)连续评述(the Running Commentary)。参与者停下手头的工作对所进行的事情进行一段持续时间(至少5分钟以上)的观察。尽可能具体地记录下学生的所说所行,包括语调、姿态等,尽可能使评述与描述并重,但评述要具体,尽量避免模糊的评述(如讲学生学习得很好之类)。这种技术可在观察学生工作时使用,但不应干扰或打断学生的工作,不要使学生感到自己被观察。

(9)跟踪研究(the Shadow Study)。对参与者进行一段时间的跟踪研究,并对其行为及回应的行为进行持续的评论。课堂中,被跟踪者既可以是教师也可以是学生,观察者可以是来自局外的顾问,也可以是现场的同伴。观察可以由行动研究组的成员共同进行,在不同的时间段由小组成员轮流跟踪目标,观察结束后,召开小组碰头会,将各成员的观察汇总起来。观察报告的陈述要简明扼要,要能够为行动研究者所运用。

(10)清单、调查表、目录单(Checklists, Questionnaires, Inventories)。清单是指所罗列的一系列由自己回答的问题,它通过指明所需回答问题的信息类型来指导观察。清单应在开放的、较少结构化的监控技术中应用,如录音、自由观察、连续述评、非结构化访谈等。调查表是一系列希望别人回答的问题,它是检验清单中自己回答的问题与其他参与者回答的问题是否一致的途径。目录单是一系列他人对有关情境的陈述同意与否的目录,由从强到弱的一系列选项构成:坚决同意—同意—不确定—不同意—坚决不同意。它是发现他人同意或不同意某一观察或解释的极好途径。调查表和目录单可使观察、解释和态度量化,它们应作为定性方法的辅助性技术。如埃利奥特在一次请学校部分家长评价学校时,先进行了非结构化访谈,发现一半以上的家长对学校评论道:"既关心孩子个性和社会方面的发展,又重视学业成绩","孩子在这里很幸福","教师关心每一个孩子",这大大超乎埃利奥特原来曾想安排的对结构化问题的回答,如"考试成绩好","纪律好","一致"等。如果先进行调查表或目录单调查就会忽略了上面家长的评价。上面家长的评价应整合到目录单里使其更具有代表性。

(11)三角互证法(Triangulation)。三角互证法的基本原则是从多个角度或立场收集有关情况的观察和解释,并对它们进行比较。这种方法最早运用于军事和航海领域,埃利奥特率先将之引用到教育研究领域,他要求行动研究者不仅用不同的技术去研究同一问题,而且应该从不同的角度,让不同的人去分析评价同一现象、问题或方案,他们观点之间的一致性和差异对行动研究的结果都极为重要。在这种教学评估方法中,教师处在最易获得教学实践者有关教学目的和意向方面的内省资料的位置,学生处在解释教师的教学怎样影响自己的最佳位置,参与观察者则处在可收集教学中师生互动特点资料的最佳位置。最后通过比较从各种不同立场获得的资料,使三角互证法中的每一方都可以获得更加充足的资料来测试和修正自己的观点。在福特教学计划中,埃利奥特就运用了三角互证法,从教师、学生、参与观察者三个方面来收集关于教学情境的记录。

埃利奥特指出,"三角互证法是一种对课堂责任的民主的、专业的自我评估的方法"。通过三角互证法,教师可以比较自己、学生和观察者有关教学行为的观点。在进行所获资料的比较时,资料提供者应对自己提供的资料进行认真的检验,也可就资料的不一致之处主持由持各种不同观点的团体参加的讨论,这种讨论应由"中立者"主持。

(12)分析备忘录(Analytic Memos)。分析备忘录是对所收集的证据进行系统的思考,并适时制作出来,一般是在监控和探察的末期。备忘录可记载的事件:一是在研究中对情境进行理论认识的新方法;二是已形成的并将进一步检验的假设;三是将要收集的证据类型的引证,以便使即时出现的概念和假设的基础更为牢固;四是对在行动所涉及的范围内所出现的问题的陈述。备忘录尽可能不要超过2页,其中的分析应对分析所立足的相关证据相互参照,即可用三角互证法。

【案例与评析】

[案例背景]

一、个案行动研究过程及启示

蔡军喜,工作10年。共有39篇论文发表,其中10篇被人大复印资料《中学数学教与学》全文转载;在教学中屡创佳绩,获得多项殊荣;所带高考班级成绩多次获得所在地区第一的好成绩,享有较高声誉和影响力。在蔡军喜老师的教学生活中,行动研究是重要的部分,他在教学中不断发现问题,解决问题,并将实践问题提升到理论高度,积累了大批科研成果。其行动研究过程具体如下。①

①思考问题的习惯是行动研究的来源。行动研究的产生来自于实践

---

① 刘秋红. 行动研究与教师专业发展关系的个案研究及启示[J]. 新课程研究(下旬刊),2011(10).

问题。蔡军喜在当学生时就有浓厚的观察事物、思考问题的兴趣。蔡老师说：我在学生时代养成了思考问题的习惯，教学后仍很愿意去关注教学工作中发生的问题，并且慢慢尝试解决。问题的来源主要有这样几方面：一是在教学过程中遇到的问题；二是在文献阅读中对他人相关问题和解决方法的思考；三是对各类教学用书和试卷的思考。蔡老师有多本问题集，是他记录问题的册子。当他遇到问题时，会马上记下。

在随时随地积累问题之外，他还会定期整理问题和思路，重新提炼形成若干问题集，把重要的、关键的问题优先着手解决。因此，蔡老师不仅善于发现问题，也善于提炼问题，并能够根据问题的重要性和紧迫性安排解决的顺序，有利于有条理地思考和解决问题。

②文献阅读、教学相长是行动研究的理论背景。行动研究在提出问题后，通常要借助相关理论进行探讨，寻求解决的途径和方法。蔡老师在发现问题后，并不急于马上着手解决，而是经过一段时间思考再去解决。通常来说，蔡老师会从这样几个方面寻求解决的方法：一是平时文献积累和集中阅读。他工作之余常阅读文献，研究教材教法，探索学生学法。从教学目标的确定、教学方法的选择，教学资料的选用到教学过程的设计，他都力求精益求精。二是教学相长获得支持，包括与同行的教学相长和与学生的教学相长。所谓与同行的教学相长即向同行学习。他认为其他优秀教师对自己的指导可以快速学到实际的教学技巧，并能在无形中获得力量和启发。带着问题向其他老师请教和学习，则能集思广益，形成发散性思维，得到多种解决问题的方法。与学生的教学相长是从学生身上获得启发和灵感。有时他会直接向学生询问问题的解决方法，有时则通过对学生的观察，通过研究学生的学情，进行尝试性方法解决问题，边行动边研究，从而最终确立最佳方案。

③持续的思考和研究是行动研究成功的根本。每个老师在从教过程中都会发现很多问题，如何将这些问题逐一解决，并持续研究，是行动研究的根本所在。蔡老师在自己的研究过程中保持了研究的连续性。他学习苏霍姆林斯基和陶行知那种能够用一辈子来做一件大事的精神，潜心研究自己的教育教学，构建自己的教育实践经验体系，他追求把从其他情境中获得的类似经验应用在自己的课堂教学上，高效地设计各种方案并

努力地执行方法。而这个教育理想和目标的获得，在于他始终坚持年复一年地对教学中的问题进行研究。

二、个案专业发展表现：

蔡老师持续进行行动研究，其专业发展取得了骄人的成绩。他不仅获得了无数的荣誉，也赢得了学生的尊重，更重要的是他获得了专业价值和专业信念。他曾说："从踏进教室的第一天起，我就立志要做一个学者型教师。而当十年过去后，我视教学方式为一门艺术，力求将每一堂数学课都讲得生动有趣。"

①教育教学质量的逐步提升。曾有学生这样评价："蔡老师的课教学机智中透着轻松，沉稳中包藏哲理，亲切而不失端重，严肃而不乏温情。"在湖北省团风中学曾获得第十八届、第二十届优质课竞赛一等奖，并获得黄冈市优质课竞赛一等奖，获 2004 - 2005 年黄冈市高考突出贡献奖与 2008 - 2009 年广州市高考突出贡献奖。在团风县所带的两届高三毕业班，都获得了县级第一和第二的成绩。在广州所带的高三学生成绩多次比同类生源高出 10 分左右。这些教学成绩，反映了蔡老师在教育教学方面的优质和高效。

②教学科研能力显著增长。在工作两年后，蔡老师每年都有论文发表。从 2003 年至今，共发表文章 39 篇，其中 10 篇被人大复印资料《中学数学教与学》全文转载。这样丰硕的成果在于平时的点滴积累。蔡老师说自己的文章都是来自于对问题的思考。问题解决后，他就把思考过程写成论文，他说："我所有的研究，都是来自于教学实践，所有的成果，也都是用来指导教学实践的。只要平时坚持思考、行动、学习、反思，每个一线老师都可以做到如此。"

③班级管理及其他综合素质的全面发展。蔡老师曾获得多项与班主任相关的荣誉。他多次获得湖北省团风中学先进工作者、团风中学模范班主任称号，广州市第八十三中学优秀班主任称号。所带班级在同年级中常常表现突出，他本人也深受学生欢迎。

④在教师群体中的示范作用得到显现。蔡老师担任了多项社会职务。先后主编或参编《黄冈学法》、《黄冈新思维》、《全息题解》等多种专著与教辅书籍；曾任黄冈市教育科学院特约教研员等职，中国数学奥林匹

克二级教练员,《中学数学教学参考》杂志社特约编辑,萝岗区高中数学中心组成员,萝岗区数学组骨干教师。来到广州后,他把更多的精力放在对本校青年教师的指导上,乐于与他人分享自己的教学经验和科研经验,对学校数学教师的成长起到了重要影响。

⑤个人专业价值和信念清晰坚定。蔡老师深深热爱着教学事业。他说:"要做一名优秀的教师,要教得有价值,要做数学名师,就要将教学作为艺术不断追求。"他定期写反思,总结自己的成长状况,分析自己存在的不足。每当他成功地解决一些问题后,就找到了解决问题的成就感,感受到学生的成长和对教师的高度评价,这些都成为了他成长的动力。

[案例评析]

教师行动研究与专业发展的关系。①

从蔡老师的个案上,我们可以看到行动研究对教师专业发展的巨大影响。行动研究可以促进教师专业发展,而教师专业发展则为行动研究进一步提供动力。

(1)行动研究促使教师提炼问题,清晰思路。一线教师教学任务繁重,还存在许多杂事琐事。许多教师面对教学中的众多问题,常常一筹莫展。这些问题虽然为老师提供了解决问题、提高能力的契机,但也让很多老师望而却步,丧失对教育的信心。行动研究强调发现问题,对教学进行思考和探究。教师学会提炼问题,正是对教学的思考,很快就会进入研究的状态,从而能从研究中找到相关的教学策略与方法,并逐渐解决教学问题。

(2)行动研究是教师专业发展学习的动力和载体。教师在行动研究的过程中,为了解决问题,需要查阅文献资料,不断阅读和积累相关问题的解决方法,同时,需要向同行和专家请教,并对自己的思考和研究进行归纳总结,这正是一个教师学习的几种基本方式。在行动研究中,教师自主研究,有解决问题的强烈需求,因此,会更加自觉地参与到学习和请教中。这种学习激情常常比任何外在的要求更能促使人投入。

---

① 刘秋红. 行动研究与教师专业发展关系的个案研究及启示[J]. 新课程研究(下旬刊), 2011(10).

3、行动研究能让老师随时反思自己的专业发展状态。行动研究是教师从实践中提炼问题、解决问题为目的的,所以,教师在行动研究的过程中,可以随时发现自己的专业发展状态。这不同于简单地以论文评比或者学生考分判定的评价手段,它直接来自于学生反馈,是最真实的。正如蔡军喜老师所说,"当你看到你困惑的问题得到解决,看到学生眼中的欣喜和欣赏,你的心中就会充满对自己和对专业发展的信心。"

思考与练习

1. 什么是行动研究法?

2. 行动研究法有哪些特征?

3. 联系自己的专业实际,论述行动研究对专业技术人员专业发展的作用。

4. 行动研究法有哪些类型? 每一种行动研究的主要内容是什么?

5. 请结合自己的专业实际,简述三种常用的行动研究的方法。

6. 简述行动研究法的产生背景。

7. 请结合自己的专业实际,论述如何开展行动研究。

8. 请结合自己的专业实际,撰写一份行动研究的案例。

第十章　坚持终身学习　增强自主专业发展的后续能力

专业技术人员的专业发展是一个终身学习的过程。苏霍姆林斯基说过:"要把读书当做第一精神需要,当做饥饿的食物","强烈的学习愿望是一种道德的和政治的情感"。① 本章阐述终身学习的历史渊源、内涵和特征,终身学习对专业技术人员自主专业发展的作用,以及终身学习的内容、途径和方法。

本章学习要点

了解终身学习思想的历史渊源;理解终身学习的内涵及特征;了解终身学习对专业技术人员自主专业发展的作用;掌握专业技术人员终身学习的内容;理解并掌握终身学习的途径和方法。

第一节　终身学习思想的历史渊源

从古至今,终身学习思想的产生和发展经历了萌芽、倡导和繁荣三个历史阶段。②

一、终身学习思想的萌芽

终身学习的思想,由来已久。我国古代思想家、教育家孔子是世界上

① [苏]B.A.苏霍姆林斯基. 杜殿坤编译.给教师的建议[M]. 北京:教育科学出版社,1984:26.
② 罗树华. 终身学习思想发展史略[J]. 山东教育科研,2001(4).

最早身体力行地实践和倡导终身学习思想的人。孔子在《论语》中说:"吾十有五而志于学,三十而立,四十而不惑,五十而知天命,六十而耳顺,七十而从心所欲,不逾矩。"他认为人只有一生不断地学习,才能不断发展自己,不断完善自己。孔子有句名言"学而不厌,诲人不倦",体现了他终身热爱学习,始终保持一种"学如不及,犹恐失之"的积极精神状态。孔子虽然当时没有明确地提出"终身学习"这个命题,但当时终身学习作为生存概念已经萌芽。庄子也提出了"吾生也有涯,而学无涯。"鼓励人们要不断学习。伟大的人民教育家陶行知提出:活到老,做到老,学到老。他在《普及现代生活之路》一文中说:"我们要求的是整个寿命的教育:活到老,干到老,学到老……大众的教育寿命可以延到各人身体寿命一样长,终身是一个继续不断的现代人。"他在《全民教育》一文中又指出:"终生教育,培养求知欲。学习为生活,生活为学习。只要活着就要学习。一旦养成学习习惯,个人就能终生进步不断。"师旷是我国古代著名的音乐家。一天,师旷正为晋平公演奏,忽然听到晋平公叹气说:"有很多东西我还不知道,可我现在已70多岁,再想学也太迟了吧!"师旷笑着答道:"那您就赶紧点蜡烛啊。"晋平公有些不高兴:"你这话什么意思? 求知与点蜡烛有什么关系? 答非所问! 你不是故意在戏弄我吧?"师旷赶紧解释:"我怎敢戏弄大王您啊! 只是我听人说,年少时学习,就像走在朝阳下;壮年时学习,犹如在正午的阳光下行走;老年时学习,那便是在夜间点起蜡烛小心前行。烛光虽然微弱,比不上阳光,但总比摸黑强吧。"晋平公听了,点头称是。① 在西方,终身学习思想的产生亦经历了一个漫长的岁月。古希腊的柏拉图认为,一个人要想学得一些知识,就要做到使心灵真正转向善的理念,获得实在的知识;若不经过漫长而艰巨的训练和"严格科学的方式忍苦地学习",是绝对不能收效的。② 伊斯兰教创始人穆罕默德在经书中也写到:人生"应当自摇篮起学习到墓穴"。日本古代亦有"修业一生"的观念,其早期学者佐藤一斋有句名言——"少而学,则壮年有为。壮而学,则老而不

①　石柠,张春晖. 优秀教师的职业信条[M]. 广州:广东世界图书出版公司,2010:58－59.
②　赵祥麟. 外国教育家评传.1[M]. 上海教育出版社,1992：91.

衰。老而学,则死而不朽。"也是对终身学习思想的有力诠释。现代美国著名教育家杜威在《民主主义与教育》一书中指出:"一个人离开学校之后,教育不应停止……学校教育的目的在于通过组织保证继续生长的各种力量,以保证教育得以继续进行。"捏克思勒则是第一个撰写关于"终身学习"著作的学者。不过,终身学习的观念真正引起世人关注并呈现出其重要性的,则是直至不到半个世纪之前才开始的。①

二、终身学习思想的倡导和推广

是什么原因导致人们对终身学习兴趣的提高,使它变得如此迫切?这是由于社会、经济和文化的缘由,而在早些时候并不是这种情况,它们从当前生活的变化中产生。迈克拉斯基用简洁的方式联系变化和终身学习,即"不断的变化要求不断的学习"。阿格斯顿把终身教育归因于"科技革命",斯托尔尼则提及日常生活中的"两次革命":技术革命与信息革命。② 那么,终身学习概念的形成,又经历了怎样一个产生、发展和深化的过程呢? 笔者以为,终身学习概念的形成首先是在终身教育理念的产生以及这一理念在全世界得以广泛认同并流行的基础上,继以"学习社会"理念的产生为契机,再由国际组织积极推广和倡导,经历了一系列的发展和深化的过程之后而得以产生的。③ 国际组织的倡导和推动为终身学习理念的最后形成做出了重要贡献。

1. 联合国教科文组织的倡导和推广

1972 年,联合国教科文组织出版了《学会生存——教育世界的今天和明天》,首倡终身学习的理念。该报告阐述了终身学习对于现代和未来个人生存和发展的重要意义。认为"人的生存是一个无止境的完善过程和学习过程"。1976 年 11 月,联合国教科文组织又在非洲的内罗毕召开了

① Jarvis,Peter:Global Trends in Lifelong and the Response of the Universities,Comparative Education Jun99 . Vol. 35 ,Issue 1 .

② 徐雯. 终身学习与高等教育[J]. 成人教育,2001(6).

③ 吴遵民. 终身学习概念产生的历史条件及其发展过程[J]. 教育评论,2004(1).

第十九届总会,在会议通过的《关于发展成人教育的劝告书》中,又一次正式而明确地提出了终身学习的概念。1989 年,联合国教科文组织又在《学会关心:21 世纪的教育》的报告中把终身学习看成是 21 世纪的学习观。1994 年,在联合国教科文组织的支持下,首届"世界终身学习会议"在意大利罗马召开,会议对终身学习所蕴涵的本质与内涵做了完整的阐述。1996 年,联合国教科文组织成立的国际 21 世纪教育委员会编写了《学习——财富蕴藏其中》的报告,报告的中心思想是"终身学习"和"教育的四个支柱"。从 20 世纪 90 年代初起,联合国教科文组织几乎每年都举办有关终身学习的研讨会。"联合国教科文组织对终身学习思想的倡导主要呈现出四个特点:第一,定期召开相关国际教育会议,大力宣传终身学习思想以唤起世界各国对终身学习的关注;第二,公开发表相关研究报告,为各国理解并实施终身学习思想提供相应的基础和准则;第三,及时总结并传播有关国家发展终身学习的有益经验,为丰富和完善终身学习思想提供参考;第四,强调终身学习对于促进人的生存和发展的作用,更加注重终身学习的本体价值。"[①]

2. 欧洲联盟的倡导和推广

1995 年欧盟发表了终身学习白皮书《教与学:迈向学习型社会》。欧盟将 1996 年定为"欧洲终身学习年",发布了《关于终身学习策略的结论》。2000 年,欧盟在里斯本召开高峰会议,发表了欧盟《2000 年终身学习使命备忘录》。2001 年,欧盟出版了《使欧洲成为终身学习地区》的宣言。2002 年,欧洲理事会通过了终身学习的决议,要求成员国实施综合性和连贯性的终身学习策略。2009 年 5 月 12 日,欧盟教育部长理事会举行会议,专题审议了由欧盟委员会提交的"关于更新欧洲教育与培训合作战略框架的政策文件",一致通过并公布面向 2020 年的四大战略目标,终身学习作为首要目标,贯穿于整个战略的始终。

---

① 吴雪萍. 终身学习的推进机制比较研究[M]. 杭州:浙江大学出版,2010:21.

3.经济合作与发展组织的倡导和推广

1973 年,经济合作与发展组织出版了《回归教育:终身学习的一种策略》。1996 年,经济合作与发展组织发表了《为所有人的终身学习》的报告。

经合组织对终身学习的倡导体现了三个特点①:第一,强调终身学习对于促进经济社会发展的作用,更加强调终身学习的工具价值;第二,重视终身学习与工作的联系,赋予终身学习以更为广阔的视野和价值;第三,及时公布有关终身学习的各种信息和动态,为成员国制定推进终身学习的政策提供参考。

4.各国政府的重视和推广

世界各国政府高度重视终身学习的立法和推广工作。1976 年,美国颁布了《终身学习法》,确立了终身学习的法律地位,并在联邦政府内设立了专职机构,全面负责终身教育工作。1991 年由美国总统布什签发的教育改革文件《美国 2000 年教育战略》提出"把美国变成人人学习之国"的目标。1988 年,日本将社会教育局更名为"终身学习局",并发表《日本文教政策:终身学习最新发展》的白皮书。1990 年日本颁布了《终身学习振兴法》。英国、法国虽然没有颁布专门的终身学习法规,但也出台了相关的法律和文件对社会和个人在终身学习方面进行了规范和约束。1993 年,中国政府在《中国教育改革和发展纲要》中确立了终身教育的发展目标。1995 年颁布的《中华人民共和国教育法》规定,国家要推进教育改革,促进各级各类教育协调发展,逐步建立和完善终身教育体系。1999 年国务院批转的教育部制订的《面向 21 世纪教育振兴行动计划》提出构建终身学习体系的任务。1999 年,中共中央、国务院《关于深化教育改革全面推进素质教育的决定》指出,要逐步完善终身学习的体系。2002 年 11 月 8 日,党的"十六大"报告指出:形成全民学习、终身学习的学习型社会,促进人的全面发展。2003 年 12 月 26 日,《中共中央、国务院关于进一步

---

①　吴雪萍.终身学习的推进机制比较研究[M].杭州:浙江大学出版,2010:21.

加强人才工作的决定》提出:加快构建终身教育体系,促进学习型社会的形成。在全社会进一步树立全民学习、终身学习理念,鼓励人们通过多种形式和渠道参与终身学习,积极推动学习型组织建设和学习型社区建设。加强终身教育的规划和协调,优化整合各种教育培训资源,综合运用社会的学习资源、文化资源和教育资源,完善广覆盖、多层次的教育培训网络,构建中国特色的终身教育体系。2010 年 7 月 29 日,中共中央、国务院颁发的《国家中长期教育改革和发展规划纲要(2010－2020 年)》指出:搭建终身学习的"立交桥",促进各级各类教育纵向衔接、横向沟通,提供多次选择机会,满足个人多样化的学习和发展需要;健全宽进严出的学习制度,办好开放大学,改革和完善高等教育自学考试制度;建立继续教育学分积累与转换制度,实现不同类型学习成果的互认和衔接;到 2020 年,努力形成人人皆学、处处可学、时时能学的学习型社会。我国香港特别行政区成立后,在 1999 年 9 月公布的第二轮咨询文件中提出了"终身学习、自强不息"的 21 世纪教育蓝图。2002 年 6 月,我国台湾地区正式公布了《终身学习法》。

三、终身学习思想的发展

20 世纪 70 年代以来,终身学习受到了国际组织和世界各国政府的积极推广、倡导。目前,不管是在美国、日本等发达国家,还是在发展中国家,都把建立和完善终身学习体系,为每一个渴望受教育的人创造学习的机会和氛围作为一种理想和目标,鼓励国民终身学习。

第二节　终身学习的内涵和特征

本节分析终身学习的定义、特征,揭示终身学习的本质,提高对终身学习的认识。

一、终身学习的内涵

终身学习概念正式提出的时间是 20 世纪 70 年代初。首倡者是原法国总理、时任联合国教科文组织国际教育委员会主席的埃德加·富尔及其同事。埃德加·富尔在担任联合国教科文组织国际教育委员会主席一职时,便带领其同事开始了全球教育问题的大考察,并于1972年5月向联合国教科文组织递交了"富尔报告书",即《学会生存——教育世界的今天和明天》。其中便首次提出终身学习(Lifelong Learning)的概念。报告指出:"虽然一个人正在不断地接受教育,但他越来越不成为对象,而越来越成为主体",因此,教育过程的重心必须发生转移,应当"把重点放在教育与学习过程的'自学'原则上,而不是放在传统教育学的教学原则上。……新的教育精神使个人成为他自己文化进步的主人和创造者,……每个人必须终身不断地学习"。①

1994年11月,在意大利罗马举行了"首届世界终身学习会议"。会议就终身学习的定义与重要性,它对教育、政府和社会的影响,以及各方面对此应采取的对策等进行了热烈的讨论。会议提出:"终身学习是21世纪的生存概念。"认为人们如果没有终身学习的概念,就将难以在21世纪生存。在总结了以往终身学习的看法后,与会代表们给终身学习下了一个明确的定义。定义的内容如下:"终身学习是通过一个不断的支持过程来发挥人类的潜能,它激励并使人们有权力去获得他们终身所需要的全部知识、价值、技能与理解,并在任何任务、情况和环境中有信心、有创造性和愉快地应用它们。"②这个定义强调了终身学习应发挥人的潜能,但这又必须要"通过一个不断的支持过程",而这个"不断的支持过程"指的就是终身教育;这一定义还强调要"创造性"地"应用"学习成果。因此,有学者甚至认为"终身学习与其说是一种教育概念,倒不如说它是一种社会行为或生活方式"。③ 目前,这个定义被学术界普遍认为是最具有权威性,且

① 联合国教科文组织.国际教育发展委员会.华东师范大学比较教育研究所译.学会生存——教育世界的今天和明天[M].北京:教育科学出版社,1996:201-203.

② D. Stewart, C. Ball, "Lifelong Learning Developing Human Potential", World Initiative on Lifelong Learing, Bruxelles, 1995.

③ 吴遵民,谢海燕.当代终身学习概念的本质特征及其理论发展的国际动向[J].继续教育研究,2004(3).

认同程度最为广泛的。

把终身学习提到一个"生存概念"的高度,是人类对知识经济和知识社会的积极响应,也意味着知识经济时代的学习观念将发生根本性的改变:①把学习从单纯接受学校教育的学习中扩展开来;②把少数人的学习扩展到所有的人;③把阶段性的学习扩展到人的终身;④从被动地学习发展到主动地学习。从而使学习成为所有人终身的行为习惯和自觉行动,成为一种不可缺少的生活内容和生活方式。①

例如,邓小平是学习理论、运用理论、发展理论的光辉典范。在长达70多年的革命生涯中,邓小平始终热爱学习,勤于学习,就连文化大革命中,他被打倒,下放到江西基层工厂劳动时也没放松学习。1968年10月,邓小平离开北京时,带了几大木箱子的书籍,准备利用到外地这个机会认真读书学习。由于超重,有些木箱的书籍没有运去,他还给中央办公厅主任汪东兴写信,催要几大木箱的书籍。后来几大木箱的书籍运来了,他如获至宝。在江西拖拉机厂劳动的几年,邓小平上午到工厂参加劳动,下午看书学习,其中每天要坚持读《毛泽东选集》一小时以上,晚上还要看书学习。劳动、学习、思考,总结经验教训,成为他这几年生活的主题,为以后重新出来工作做了充分准备。邓小平特别喜欢读书,他博闻强记,什么书都读,马列主义著作,中外古典名著,历史人物传记,时事评论专辑,二十四史等。在历史书籍中他特别喜欢读《资治通鉴》。他阅读范围很广,还喜欢读香港作家金庸的武侠小说。他后来见到金庸时说:"我还喜欢读你的小说呢"。他读书非常认真,手边总放着各种字典辞典,遇到疑难就查阅。邓小平的女儿毛毛回忆说:"父亲有一个爱好,喜欢翻字典,他从小就受父亲的差遣,为一句话,为一个词,为一个字,去翻辞海、辞源和康熙字典,结果,不知不觉地,我也就养成一个嗜好——翻字典。"邓小平不仅自己热爱学习、认真学习,而且要求干部也要认真学习。从红军时期、抗战时期、解放战争时期直到新中国成立以后都是如此。1962年,他在《执

① 罗树华.终身学习思想发展史略[J].山东教育研究,2001(4).

政党的干部问题》一文中指出："干部的学习空气要加强。这一次军队首先要提倡干部学习,我看军委的规定是正确的。地方干部也要读点书,造成一种学习空气。要学的东西很多……总是要学习马克思列宁主义、毛泽东思想,内容多极了。""党校带有经常的性质,学习时间长一点。党校还要培养理论干部,要求学员系统地读些书。"邓小平家中藏书很多,什么都有。有马列著作,毛泽东著作,历史方面有《二十四史》、《资治通鉴》、《外国历史》等,文学方面有《红楼梦》、《三国演义》、《水浒传》、《西游记》、《三言二拍》、《儒林外史》、《镜花缘》、《西厢记》、《牡丹亭》、《桃花扇》,有诗经、唐诗、宋词、元曲,以及现代作家鲁迅、巴金、老舍等的作品。外国文学有托尔斯泰、果戈里、契柯夫、陀斯妥也夫斯基、巴尔扎克、雨果、莫里哀、大仲马、肖伯纳、泰戈尔、海明威等的作品。邓小平热爱学习,善于学习,而且持之以恒,加上长期革命实践的锻炼,使他成了坚定的马克思主义者,卓越的无产阶级革命家,才能卓著的政治家和理论家。①

二、终身学习的特征

终身学习与传统意义上的学习有很大的不同。从定义的表述中,我们认为终身学习的特征有以下几方面。

1. 主体性

为适应社会的发展,每一个人都应在任何时间、任何场所,自觉地学习和接受所需要的各种知识和技能。而且学习者是自我潜力开发的主导者,自主决定学习的内容、方式、时间安排等。"这样的学习,是自觉的、自主的、自由的、能动的。他们由于摆脱了对他人意愿的被动服从,因此,是真正意义上的主人。他们深刻地体会到了学习的价值与乐趣,表现出了一种高度而鲜明的主体自觉性。"②终身学习与传统学校教育最本质的区别是终身学习突出了学习者的中心位置,是以学习者为主体的社会实践

---

① 周大仁. 学习理论 运用理论 发展理论的光辉典范——邓小平终身热爱学习重视学习轶事[J]. 学习月刊,2010(15).

② 胡相峰.专业化背景下教师学习的特点论略[J].教育评论,2005(6).

活动。

2. 全程性

终身学习强调学习活动是个人终其一生的历程,学习不再是人生某一阶段的任务,学习活动与生命历程共长久。无论年龄、性别、出身、地域、身份的差异,没有终身学习就没有人的一生的社会存在。正如美国联邦政府所提出的终身学习计划中指出:"终身学习系个体在一生中持续发展其知识、技巧和态度的过程。"

3. 全员性

终身学习正在成为人的一种至关重要的生存责任,也正在成为人在未来社会中的一种生存方式——没有终身学习就无所谓人的一生的社会存在,没有终身学习就无所谓人的一生的生存质量。① 终身学习强调学习对象的整体性,把全体社会成员看做一个学习和接受教育的整体,人人都有权利和义务进行学习和接受教育。

4. 目的性

终身学习是有目的地通过汲取别人积累的经验而缩短个人经验的一种学习,不是学一点、算一点的自发性学习。终身学习注重学用结合,为用而学,把学习与工作结合起来,把学习与自身提高和发展结合起来,促进人的全面发展和社会的全面发展。巴西著名教育家保罗·弗莱雷认为,终身学习的本质,应该是一个"自觉化"的过程,也是一个"完善人性"的过程,是通过教育把"没有自由的劳动者解放出来,克服受到排挤的心理,回复人类原有的纯真本性和作为人的人格尊严,帮助人们获得人性的自由及自身价值的真正实现。"

5. 开放性

终身学习强调学习机会均等,学习不限于家庭、学校、文化中心或企业等,而可以发生在人类生活的所有空间,最终形成人人皆学、处处可学、时时能学的学习型社会。

---

① 高志敏等.终身教育、终身学习与学习化社会[M].上海:华东师范大学出版社 2005:16.

第三节　终身学习与专业技术人员自主专业发展

21 世纪是知识的时代,是信息技术高度发展的时代,为了适应这个时代,每个行业的每个人,都必须不断学习,终身学习。列宁说:"学习、学习、再学习。"终身学习是专业技术人员在知识经济时代生存和发展的需要,也是专业技术人员可持续发展的基石。

一、终身学习可以满足专业技术人员人生各个阶段发展的需要

在从童年到人生最后时期的漫长过程中,每个阶段都会出现问题,甚至是猝不及防的危机。努力学习可使每个过渡时期都能获得充分的发展。①当今世界的飞速发展,正如《学习的革命》的作者所说:"我们正经历一场改变我们生活、交流、思维和发展方式的革命",这场革命使得"我们今天知道的东西,到明天就会过时,如果我们停止学习,就会停滞不前。"②英国科学家詹姆斯·马丁指出:"人类知识在 19 世纪每 50 年增加 1 倍,20世纪上中叶,每 10 年增加 1 倍,70 年代以后每 5 年增加 1 倍。目前是每 3年就增加 1 倍。有专家预测:"2020 年的知识总量将是现在的 3 ~ 4 倍;而到 2050 年,目前的知识总量只占届时知识总量的1%。"③美国福特汽车公司首席专家路易斯罗斯说过:"在知识经济时代,知识就像鲜奶,纸盒上贴着有效日期。工程技术的有效期大约是 3 年。如果时间到了,你还不更新所有的知识,你的职业生涯很快就要腐蚀掉。"西方白领阶层目前流行这样一条"知识折旧律":"一年不学习,你所拥有的全部知识就会折旧80%"。"一个大学本科毕业生在校期间所学的知识仅占一生中所需知识的 10% 左右,而其余90%的知识都要在工作中不断学习和获取。"④联合

---

① 吴增强. 21 世纪人的发展与学习辅导[J]. 教育发展研究,2000(3).
② [新西兰]戈登·德莱顿,[美国]珍妮特·沃斯. 顾瑞荣等译. 学习的革命:通向 21 世纪的个人护照[M]. 上海:三联书店,1997:8.
③ 刘东建. 人的全面发展与学习型社会的构建[J]. 广西社会科学 2004(4).
④ 教育部高等教育司. 学会学习[M]. 北京:教育科学出版社,1999:33.

国教科文组织专家研究表明,农业经济时代,读 6～7 年书就足以应付以后 40 年工作生活的需要;工业经济时代,上学的时间需要延长到 14～15 年;在知识经济时代,人类必须把 9～12 年制的学校教育延长为"80 年制"的学习,即终身学习。研究表明,在工业发达国家,在过去 15 年的时间里,由于自动化技术的发展,8000 多个原有的技术工种消失了,同时,出现了 6000 多个新的技术工种。美国人平均每人一生流动 12 次,经济合作与发展组织国家每人平均 5 年改换一次工作。① 宋代诗人黄山谷曾说:"人如三日不读书,则尘俗生其间,照镜则面目可憎,对人则语言无味。"这很生动地说明了学习的重要性。江泽民指出:"加强学习,对提高人的精神境界很有益处……勤于学习,善于学习,不仅有利于我们更好地改造客观世界,也有利于我们更好地改造主观世界。"②终身学习不仅可以帮助专业技术人员不断地掌握新的知识与技能,而且,能够弥补专业技术人员自身知识技能结构的缺憾。

二、终身学习促进专业技术人员的个性发展

人的全面发展是马克思主义全部学说的最高价值。人的全面发展包括人的需要、人的能力、人的社会关系、人的个性的全面发展。事实上,由于每个专业技术人员的遗传素质、个性特征、认知风格,以及所受的教育、知识结构、家庭环境、生活经历、志向抱负等方面都会有不同之处,使得专业技术人员之间必然存在着一定的差异,都有自己的个性、自身的特点和优势。终身学习能满足和适应专业技术人员的个体需要和特点,使专业技术人员的专业发展具有针对性,更具个性化。

例如,国家科委原副主任朱丽兰事业有成,家庭幸福。青少年时代正规的学校教育培养了她热爱学习的品行和"会学习"的本领,成年后追求"卓越"是她终身学习的源泉,工作、学习、生活相得益彰。她说:"我喜爱读书,也热爱生活。经验告诉我,懂得学习的人,生活才有意义,懂得如何

①　教育部高等教育司. 学会学习[M]. 北京:教育科学出版社,1999:34.
②　江泽民. 论"三个代表"[M]. 北京:中央文献出版社,2001:110-111.

学习的人,才会成为生活的赢家。"长期的科研生涯锻炼了她创新性学习的才华。会学习→知识广博→能抓住问题本质→成功经验的积累→再学习→争取更大的成功,正是这种螺旋式上升的良性学习循环使她终身事业卓有成效。①

第四节　终身学习的内容、途径和方法

江泽民同志明确提出:"终身学习是当今社会发展的必然趋势。一次性的学校教育,已经不能满足人们不断更新知识的需要。我们要逐步建立和完善有利于终身学习的教育制度。"本节阐述终身学习的内容、途径和方法。

一、终身学习的基本内容

当今世界正处在大发展大变革大调整时期——世界多极化、经济全球化深入发展,科技进步日新月异,人才竞争日趋激烈。"终身学习理论研究者就'学什么'的问题,提出集中体现在'两大方面、六个主题',两大方面即'学会做人、学会做事',六个主题即'学会生存、学会学习、学会创造、学会关心、学会负责、学会合作'。其目的是为了'更充分地完善自己的人格,并能以不断增强的自主性、判断力、责任感来行动,实现人的全面发展'。"②缺什么补什么,需要什么学什么,学以致用,是终身学习的突出特点和核心所在。对不同的学科、不同水平的专业技术人员,有不同的终身学习的具体内容。

以图书馆员为例,终身学习的主要内容有以下几方面。③

---

①　陈伟源. 朱丽兰:不输于男人的女性国际人才[J]. 国际人才交流,1995(7).
②　冯辉梅. 终身学习视野下中小学教师培训面临的挑战分析与创新思考[J]. 当代教育论坛(综合研究),2011(2).
③　邵晓路. 图书馆员与终身学习[J]. 科技情报开发与经济,2009(9).

1. 精深的专业知识

图书馆员首先应当掌握图书馆学、文献学、情报学、信息学等本专业知识,培养敏锐的情报、信息搜集意识,练就扎实的检索功底,具备较强的综合分析、研究、应用能力。

2. 广博的基础知识

基础知识主要包括了哲学、社会科学、自然科学等学科知识。"读史使人明智,读诗使人聪慧,数学使人周密,哲理使人深刻,伦理学使人庄重,逻辑与修辞使人善辩"。图书馆员可以通过广泛涉猎相关学科的知识,拓宽视野,变单一知识结构为多层次、复合型的知识体系。

3. 丰富的计算机和外语知识

现代信息技术使图书馆对文献信息的收集、检索、传递、利用等处理手段有了质的飞跃。图书馆员从急剧增长的各类信息资源中筛选出反映各学科前沿的信息,建设高质量的特色数据库,以信息化特色馆藏和服务手段展示现代图书馆的魅力,可以吸引更多的读者利用图书馆。

现代图书馆的馆藏范围已冲破了地理界限,只有具备了良好的外语能力,才能在"信息高速公路"上自由驰骋。利用互联网,图书馆员可以指导读者开展联机检索,从网上自由地获取、交流、传递信息。

二、终身学习的途径

美国预言家阿尔涅·托夫勒指出:"未来的文盲不再是目不识丁的人,而是那些没有'学会学习'的人。"专业技术人员终身学习主要有以下途径。

1. 脱产进修

脱产进修是最常见的终身学习形式。专业技术人员到大学、科研院所脱产进修,全面提高业务知识水平。

2. 参加短期集中培训

专业技术人员参加不同层次的短期集中培训或网络远程培训,以适应专业发展的需要。

3.在职学习

在职学习的主要方式有报考在职硕士、博士研究生、电大、网大、自学考试等。专业技术人员可以根据自身的条件和工作的需要,选择适合自己的在职学习方式,获得本科、硕士、博士学位,提高学历层次。

4.在岗自学

在岗自学是最基本、最有效的终身学习形式,是专业技术人员获取知识和信息,提高技能的重要途径。专业技术人员可针对自身实际,自定目标和措施,通过磁带、光盘,尤其是计算机网络等视听媒体进行自主学习。在干中学,使自己的知识结构不断完善,技能不断提高。

5.参观学习

专业技术人员有目的地到国内外参观学习、考察学习、挂职学习,开阔视野,吸取经验,充实提高。

6.学术交流

参加省内外、国内外有关学术研讨会、专题学术报告会,是专业技术人员提高科研水平和学术水平的重要途径。通过参与多种多样的学术活动,与同行互相促进,互相启发,开扩思路,更新观念,汲取经验,增长知识,取长补短,使知识不断深化,学术水平不断提高。

三、终身学习的方法

当今是知识、技术蓬勃发展的时代,是人类社会空前信息化的时代。科学史告诉我们,任何一个领域中的成功,必然有一套行之有效的学习方法和研究。爱因斯坦在谈到他获得成功的经验时,总结出一个公式:A(成功)$= x$(艰苦劳动)$+ Y$(正确的方法)$+ z$(少空谈)。在爱因斯坦看来,采用了正确的方法是促使他成功的一个重要因素,这深刻地说明了方法与成就大小的因果关系。尽管"书山有路勤为径,学海无涯苦作舟。"然而,登山者仍应掌握攀登技巧,渡海者仍需把握划桨的技能。因此,专业技术人员不仅要与"苦"、"勤"作伴,还必须掌握科学的学习方法。终身学习的方法主要包括以下几方面。

1. 行动学习法

1971年,行动学习法创始人,英国的瑞文斯(Reg·Revans)教授在他出版的《发展高效管理者》一书中,正式提出了行动学习的理论和方法。何谓行动学习法?"行动学习是一个以完成预定的工作为目的,在同事的支持下的持续不断地反思与学习的过程。行动学习中,参加者通过解决工作中遇到的实际问题,反思他们自己的经验,相互学习和提高。"①简而言之,就是透过行动实践学习。行动学习具有以下基本特征:①参与者处理现实中没有正确答案的真实问题;②参与者组成一个稳定的学习小组(Sets);③学习小组定期进行小组活动;④小组成员相互支持,形成集体学习的氛围;⑤小组活动在探索、疑问、推测、辩论中进行;⑥参与者在小组活动间隔期内独自采取行动解决问题。② 小组活动可以有教练,也可以没有;小组参与者可以来自同一个组织,也可以来自不同的组织。

行动学习有三个主要因素,即参与者、问题及分享小组或团队,他们通过相互支持与相互挑战(质疑)取得进步。行动学习包含了一些新的学习理念③:提出学会学习是个人发展中最为重要的因素;强调个体经验对学习的意义,不是简单地主张在做(行动)中获得新知识和新能力,而是更关注对以往经验的总结与反思,期望通过对过去事件的理解,强调在掌握知识技能的过程中不仅要能指导、会行动,而且要能从深刻的反思中获得经验提升,使个人通过反思和体验过程获得专业发展。所以,行动学习是"从做中学"与"反思中学"及"在学习中学会学习"的有机结合。

具体来说,行动学习过程有以下六个步骤构成。④

第一步:成立学习小组,最好不超过10人。

第二步:每个学员提供一个问题,让其他学员去解决。

① [英]伊恩·麦吉尔,[英]利兹·贝蒂.中国高级人事管理官员培训中心译.行动学习法[M].北京:华夏出版社,2002:8.
② 蔡厚清.行动学习的理念、目标及关键环节[J].广西社会科学,2007(2).
③ 张忠友,彭强.行动学习法的理念与实践[J].桂海论丛,2006(6).
④ 张振亭,李冬.行动学习法是值得提倡的学习方法[J].教育与现代化,2005(1).

第三步：小组定期举行会议（如每两星期一次），针对提供的问题展开讨论。讨论的问题包括：①问题的性质；②问题的解决方案；③有何困难；④解决方案的可行性；⑤邀请专家或成功企业家参加主讲。

第四步：选定主持人。可邀请外人或小组内成员担任。责任主要有：①筹备会议；②安排技术支援；③安排及控制会议程序。

第五步：学员将解决问题的方法的初稿与其他学员一起研究，以期达成一致方案。

第六步：拿出最后解决方案，由学员向大家报告。

2. 课题研究法

所谓课题研究法是指根据学习内容，确定研究课题，明确研究的方向，开展研究活动，在研究活动中提高自己的一种方法。课题研究法具有以下特点。① 一是研究活动的自主性，即整个研究活动均由自己决定，从研究计划的确定、研究方法的选择、研究过程的实施，到研究的过程就是学习的过程、提高的过程；从理论知识的准备、各种研究资料的查找、对实践的调查到完成各项研究活动，其实质既是研究的过程，也是学习的过程，正是在研究过程中，个人的素质不断得以提高和发展。二是学习活动的无限性。从时间和空间的角度来讲，课题研究这种学习方法具有无限性，也就是在任何地点、任何时间你都可以思考、学习。课题研究法在专业技术人员的成长过程中，特别是专业成长过程中具有非常重要的作用。

课题研究法的程序主要是：①提出研究课题；②设计研究方案；③实施研究；④收集资料；⑤分析资料；⑥得出结论。

3. 比较学习法

比较学习法是指就某一个问题，集中有关的学习材料进行对照学习的一种学习方法。

运用比较学习法有以下基本步骤。

第一步：确定一个学习的问题。确定的学习问题要具体明确，不能模

---

① 于爱君,孙德旭. 中小学教师继续教育方法体系的构建[J]. 当代教育科学,2006(16).

棱两可。

第二步:选定几本有代表性的并与确定的学习问题有关的教材、参考书和著作。

第三步:比较阅读。阅读时,只比较阅读各教材和参考书中与所确定的学习问题有关的部分内容,不必从头到尾阅读各教材、参考书和著作。

第四步:比较分析各教材、参考书和著作中不同或完全不同的观点,形成自己对确定的学习问题的观点。比较时,可采用类比、对比、作图对比等几种比较。

4. 疑问学习法

疑问学习法不是按教材的先后顺序来学习,而是从每一章的课后练习题入手,先了解一下每一章都有哪些问题,然后带着这些疑问走进教材内容。这样,在学习的时候就会针对这些问题去学习、去思考。这种学习方法是把每一章的内容分成若干个疑问点,然后一个一个地加以解决,最后达到对教材内容的全面把握。当然,运用这种方法去解决问题不可能一次完成,有时需要多次看课后练习题,强化疑问意识,以便准确地解决问题。另外,学生在学习中也可根据情况自己设计一些疑问进行训练。总之,疑问学习法就是把知识内容变成问答,有问有答,一问一答,便于提醒记忆。"问题"是问题学习的关键,一个好的"问题"必须能够引出与所学领域相关的知识。[1]

古人云:"学起于思,思根于疑。"疑是学习的起点,有疑才有问,有思、有究,才有所得。

5. 专题积累学习法

所谓专题积累学习法,就是对学习中某一个问题,不指望一蹴而就地解决它,而是把它作为一个有待研究的专题,逐渐积累与此专题相关的材料、数据、事例等,不断引导自己对专题进行思考,从而实现对这个专题从感性认识到理性认识的飞跃。[2]

① 徐书奇.自主学习应注意的几种方法[J].河南广播电视大学学报,2002(4).
② 肖峰.专题积累学习方法[J].同学少年,2004(7).

专题积累学习法的基本步骤是：

①选择和确定专题。选择较复杂，且有较大价值的问题作为学习的专题。

②收集与整理资料。积极收集与专题有关的资料，并对收集到的无序资料进行整理，剔除意义不大的资料，突出重点。

③分析资料。对收集到的历史资料和现状资料进行比较、分析、综合和概括，从而得出结论。

6. 归纳学习法

归纳学习法是指将某一学科领域学到的知识，从不同的方面、特性、因素等，分别加以考察，然后通过分析、综合、抽象、概括、归纳的思维加工，推导和预见出具有一般性规律的一种学习方法。知识是分散的、孤立的，而学习又需要一个过程，因此，对整个学习过程中的每一个阶段及时地进行归纳整理，可以使分散、孤立的知识系统化，便于理解记忆。归纳学习法实质上是逻辑学的"归纳推理"，即"从特殊到一般，由实验事实到理论"的推理方法。

概括归纳可从两方面进行。① 第一，条理性概括归纳。从纷繁复杂、头绪万千的内容中，抽绎出"脊柱"和"骨架"，遵循系统层次性的准则，进行多层次、多剖面的概括归纳，形成互相联系、简单明了的纲要化的知识网状结构。第二，浓缩性的概括归纳。用少而精的语言，点明复杂内容的中心思想或核心内容。两种概括归纳密不可分，条理性以浓缩性为前提，又包含浓缩性；浓缩性服务于条理性，又体现于条理性之中。概括归纳表达方式，一可通过甲乙丙丁……"中药铺"式来表现，它适用于单个问题或较简单内容的归纳概括。二可采用包含式，它在较大程度上克服了"中药铺"式存在的给人以知识割裂感觉的缺陷，适用于大范围和复杂内容的概括归纳。

---

① 于蘋. 博读慎思强记 ——成人学生学习方法探讨点滴[J]. 甘肃广播电视大学学报, 1999(4).

7. 跟踪学习法①

跟踪学习法，是就某一专题的内容"顺藤摸瓜"、"追根溯源"，逐步展开并层层深入的学习方法。

在比较成熟的著作或教科书中，我们见到的是比较简捷而明晰的结论性知识。但当逐步追溯原始论文时，情况就不是这样了，它们能够提供许多科学发现的实质资料。所以，跟踪学习法不仅有利于拓宽学习的广度，而且有利于开掘学习的深度。

跟踪学习法可以按参考文献和注释的线索追踪，也可以利用文献检索工具的主题目录、著者目录、分类目录等进行跟踪，还可以利用辞海、百科全书等工具书进行跟踪。通过一系列追踪，就能使对某一专题的知识领域得到系统深入的认识，对进一步学习和研究奠定扎实的基础。

8. 嵌入式学习

嵌入式学习是指在研究过程中发生的学习。所谓的嵌入是指镶嵌之意，意即学习是在研究的过程中发生和存在的。镶嵌性的特点决定这种方式的学习是和具体的问题情境耦合在一起的，是在解决一个具体问题情形下发生的学习。② 嵌入式学习将学习真正"嵌入"到日常的专业工作中，确保了知识的有效转化。

例如，李镇西在《走进心灵：民主教育手记》中写道：我在大学是很不喜欢教育学、心理学课程的。不单单是因为这些课的教材枯燥、乏味，更重要的是，当时我还一厢情愿地做着我的文学梦……每次上这样的课，我多半是坐在最后一排写自己的所谓"朦胧诗"。这种"惯性"甚至一直持续到我已经分配到乐山一中。在参加工作最初的一段时间，我从来没想过要读什么经典教育学著作。……那是我出手打了学生之后，校长狠狠批评了我一顿，叫我"好好想想"。当时，我顶撞道：我早就想过了，没什么可想的。其实，我当时何曾不知道教师打学生是极其不对的，只是嘴硬罢了。在那一段时间里，我心里十分难受：不是对自己的错误后悔莫及，而

① 李方葛. 大学学习新论[M]. 成都：成都出版社，1990：159.
② 金美福. 教师自主发展论——教学研同期互动的教职生涯研究[M]. 2005：201.

是对自己的性格是否适合当老师产生了怀疑与自卑。星期天,我去逛书店,在玻璃书柜中(那时还不兴开架售书),我看到了一本薄薄的名为《要想信孩子》的书。这本书,并没有具体的某一句话是针对我打学生的,但全书的灵魂——对孩子的爱和信任,使我认识的深刻程度远远超越了"打学生"这个具体的错误,并使我积极地从人性角度来审视我的学生和我的教育。……就这样,苏霍姆林斯基开始走进了我的教育生活,也走进了我的心灵。……本来我是在因打学生而产生苦闷的心境中打开苏霍姆林斯基这本小册子的,但当那个夜晚合上这本书以后,我心中已曙光初露,霞光万道! 以后十几年中,我对民主教育的思考和探索,都是从这个朴素的观点开始的。从此,我开始如饥似渴地阅读我所能买到的或借到的苏霍姆林斯基的著作……在接触苏霍姆林斯基著作之初,我就有意识地学习他:学习他对学生的挚爱,学习他对教育的执著,包括学习他坚持不懈地写"教育手记"。后来我在写有关教育论文或著作时,我的行文风格也散发着一股浓浓的"苏霍姆林斯基味儿——夹叙夹议,以情动人,将自己对教育的思考融会于一个个教育故事之中。甚至我的第一专著《青春期悄悄话——致中学生的一百封信》,书名都是模仿苏霍姆林斯基的《给教师的一百条建议》……①由此可见,李镇西的学习发生在一个特殊的问题情境里。学习是他发生在他出手打了学生之后,困扰产生和需要解决问题的时候,学习给了他解决问题的可能,并促使他转入新的问题情境。

9. 基于网络的协作学习法

网络教育是终身学习的最好学习模式。在时间、地点上体现了灵活、及时的特点。基于网络的协作学习就是利用网络技术、网络资源建立协作学习的环境,通过小组或团队的形式组织教师进行学习,让教师与有经验的教师、专家进行互动来学习,这种互动可以使教师获得专家们的思考方式,教师还可以通过与不同水平的其他教师相互协作、交换和分享他人的学习经验来促进学习。

---

① 李镇西. 走进心灵:民主教育手记[M]. 成都:四川少年儿童出版社,1999:288-293.

　　基于网络的协作学习的基本步骤如下。①

　　第一步:通过"网上论坛"、"网友天地"、"聊天室"、"电子邮件(E-mail)"等多种渠道,结识网友,在网上沟通的基础上,结成学习伙伴,确定协作学习的主题。

　　第二步:通过进一步协商,制订出协作学习的方案。包括确定协作学习的内容、方法与原则,明确各自的职责与义务。

　　第三步:在分工协作、互帮互助的氛围中展开合作行动。如合作解一道难题、合编一个软件等。

　　第四步:分析评价对方的合作态度与成果,商讨下一轮的协作意向。

【案例与评析】

　　[案例背景]

一位名师成长的真实故事(节选)②

　　李传柟,他的经历,他的业绩,和他的"柟"字一样少见。李老师退休前是江西省兴国平川中学的党支部书记、校长,市政治学科带头人,市拔尖科技人才,被评为过全国优秀教师、全国优秀班主任,是享受国务院特殊津贴中学教育专家。李传柟老师在一定范围内确实颇有名气,但许多人可能并不知道,李老师刚开始从教时是名专科生,一名普通的农村初中教师。回首李老师的教育成长之路,不难发现,这其中有曲折、有坎坷,也有幸福、有欢乐。

　　……

与时俱进勤学习

　　"老牛自知夕阳短,不用扬鞭自奋蹄"。他深知,作为一名专科生,连高中教师资格都没有,当完全中学30年的校长谈何容易? 只有努力、努

①　詹素青.基于网络环境下协作学习的特点及优化[J].苏州职业大学学报,2004(3).
②　郭金华,李金生.一位名师成长的真实故事[J].中小学教师培训,2010(9).

力、再努力,拼命、拼命、再拼命。他常说:学历未达标要学习,学历已达标仍需继续学习。目前科技发展很快,知识更新很快,一天不学习就会跟不上形势,一月不学习,就会讲外行话。

他的办公室除了有十余种学校订的报纸杂志外,每年他还要自费订阅十余种报纸杂志。他说:"自己订的报纸杂志可以圈圈点点、涂涂画画,还可以剪贴收集。"他的报刊可分为政治类、教育类、专业类、管理类四大类。他常对老师说:由于工作的需要,老师学习的内容要全面些,要学习党的路线、方针、政策,思想上始终和党中央保持一致;要学习教育理论和教育方面的方针政策,教育战线的先进人物、先进事迹、典型经验;更要学自己所教学科的专业知识,掌握本学科教学改革的最新动态,了解本学科知识发展的趋势。他常说,教师的生命在于学习,要不断获取新知识,不断树立新观念,不断研究新情况,不断解决新问题。

学习的方法除了他常说的带着问题学、联系实际学、在实践中学之外,他还特别强调教师中的合作学习。平川中学政治教研组是全省教改的先进教研组。省教研室政治教研员多次讲:论政治组老师的个人素质比平川中学强的有的是,可每逢赛课、制作课件、科研攻关等关键时刻,平川中学政治组就能上,就是要拿第一,关键就是他们坚持了合作学习,充分汇集了集体的智慧。老师的合作学习肯定会影响学生,所以,学生中的合作学习也抓得很好,《学习方法报》为此还做了专门的介绍。

在李老师身上还有一个谜大家很难解开。现在重点中学的校长、书记一般不上课,他不但上课,还一直是上高三毕业班的课,还带高三的班主任,还在市级以上报刊还发了近400篇文章,其中国家级就有102篇,时间哪里来?他给我们算了三笔账:一是领导分工明确,有职有权,各负其责。如基建、财务只是宏观把握,具体由分管副校长抓,30年来他从不批发票,这就节省了不少时间。二是不陪客,一律对口接待。起初客人很不理解,特别是有些县领导不高兴,时间久了不但理解,还美其名曰:"学者品格"、"学者风度",这就挤出了不少时间。三是明确认定,晚上10:00~12:00,双休日、节假日是属于他自己的时间,从不打扑克、麻将,而是用于学习、调研、写文章。这就利用了不少休息时间。这样一算,时间就充足了,学习就能坚持。

……

[案例评析]

李传枬的专业成长实践证明,终身学习是他成长为享受国务院特殊津贴中学教育专家的根本保障。"人为什么要读书,知识分子为什么渴求读学术精品,究其主要原因,我认为,是因为学术精品中具有强大的文化的力量。"①正是李传枬在不断的读书学习中,丰富了学识,提升了理念,奠定了他成长发展的基础和动力。

终身学习是时代赋予教师的历史使命,也是一个人获得成功的基本要素之一,更是一个人生存的需要。每个人脑海里固有的知识是有限的,在知识、信息飞速发展的今天,不学则停,不学则退。学习的内容和形式有多种多样,作为教师,要通过书本、专家、同事、学生及家长等多种途径学习。还要带着教育教学中的问题"研究性学习"。

思考与练习

1.什么是终身学习?

2.联系实际,谈谈终身学习的特征有哪些。

3.请结合自身实践,论述为什么要终身学习。

4.拟订你自己终身学习的内容。

6.简述知识经济时代的学习观念将发生哪些根本性的改变。

7.结合专业实际,论述自己利用什么途径,更新自己的知识、能力结构?

8.请举出你常用的学习方法2~3种,并简述其步骤。

---

① 朱小曼.让读书支撑我们的生命[J].上海教育,2005(14).

主要参考文献

[1]田秀云.社会道德与个体道德[M].北京:人民出版社,2004.

[2]王易,邱吉.职业道德[M].北京:中国人民大学出版社,2009.

[3]吕一中.职业道德教育与就业指导[M].北京:北京师范大学出版社,2006.

[4]郭飞跃.财经法规与职业道德[M].北京:中国劳动社会保障出版社,2009.

[5]范慰慈.职业道德[M].北京:中国劳动社会保障出版社,2005.

[6]汪辉勇.专业技术人员职业道德[M].海口:海南出版社,2005.

[7]柴振群等.专业技术人员职业道德与创新能力教程[M].北京:中国人事出版社,2004.

[8]刘建民.职业道德与法律基础[M].上海:立信会计出版社,2006.

[9]陈劲松.职工诚信和职业道德教程[M].北京:中国传媒大学出版社,2004.

[10]陈文博,韩绍祥.教师职业道德[M].北京:新华出版社,2003.

[11]王辅成等.教师职业道德[M].北京:北京理工大学出版社,2005.

[12]胡克培.思想品德修养与职业道德[M].北京:北京大学出版社,2005.

[13]林伟健.公民道德新标杆:社会主义荣辱观大学生读本[M].广州:广东人民出版社,2006.

[14]盛宗范.社会主义职业道德[M].上海:上海社会科学院出版社,1987.

[15]李仁山.大学生职业道德教育与就业指导[M].北京:首都经济贸易大学出版社,2006.

[16]何茂勋,何昭红.大学生职业伦理学教程[M].桂林:广西师范大学出版社,2004.

[17]罗国杰,马博宣,余进.伦理学教程[M].北京:中国人民大学出版社,1986.

[18]黄晓光. 教师职业道德修养:新规范内涵解读与实践导行[M].长春:东北师范大学出版社,2009.

[19]冯坚,王英萍,韩正之.科学研究的道德与规范[M].上海:上海交通大学出版社,2007.

[20]姜勇,洪秀敏,庞丽娟.教师自主发展及其内在机制[M].北京:北京师范大学出版社,2009.

[21]傅建明.教师专业发展:途径与方法[M].上海:华东师范大学出版社,2007.

[22]金美福.教师自主发展论:教学研同期互动的教职生涯研究[M].北京:教育科学出版社,2005.

[23]柳建营,许德宽,郭宝亮. 职业生涯规划与指导[M].北京:北京工业大学出版社,2004.

[24]邵宝祥等.中小学教师继续教育基本模式的理论与实践[M].北京:北京教育出版社,1999.

[25]叶澜等.教师角色与教师发展新探[M].北京:教育科学出版社,2001.

[26]饶从满,杨秀玉,邓涛.教师专业发展[M].长春:东北师范大学出版社,2005.

[27]邹尚智.教育科研与教师自主专业发展[M].北京:开明出版社,2008.

[28]张再生.职业生涯管理[M].北京:经济管理出版社,2001.

[29]石柠,陈文龙,王玮.生涯规划与自我实现[M].广州:广东世界图书出版公司,2010.

[30][美]Germaine L. Taggart,A. P. W.赴丽译.提高教师反思力50策略[M].北京:中国轻工业出版社,2008.

[31]王艳玲,刘时勇,李志专.中小学教育科研的理论与实践[M].合肥:合肥工业大学出版社,2006.

[32]郑金洲.校本研究指导[M].北京:教育科学出版社,2002.

[33]吴义昌.中小学教育研究与应用[M].北京:知识出版社,2006.

[34]宋虎平.行动研究[M].北京:教育科学出版社,2003.

[35]吴雪萍.终身学习的推进机制比较研究[M].杭州:浙江大学出版,2010.

[36]教育部高等教育司.学会学习[M].北京:教育科学出版社,1999.

[37]高志敏等.终身教育、终身学习与学习化社会[M].上海:华东师范大学出版社,2005.